常用办公软件
快速入门与提高

Dreamweaver CC 2018 中文版
入门与提高

职场无忧工作室◎编著

清华大学出版社
北京

内 容 简 介

Dreamweaver CC 2018 是著名影像处理软件公司 Adobe 收购 Macromedia 公司后最新推出的网站及网络应用程序制作软件。

全书分为 12 章，全面、详细地介绍了 Dreamweaver CC 2018 的特点、功能、使用方法和技巧。本书主要内容包括网页制作基础知识，站点构建与管理，编辑网页文本，在网页中应用图像，用表格规划网页，超级链接的应用，使用多媒体对象，利用 CSS+Div 设计网页，创建表单网页，应用行为创建交互效果，统一站点风格，旅游网站制作综合实例的详细制作过程。

本书实例丰富，内容翔实，操作方法简单易学，不仅适合对网页制作和网站管理感兴趣的初、中级读者学习使用，也可供从事网站设计及相关工作的专业人士参考。

本书附有二维码，内容为书中所有实例网页文件的源代码、相关资源以及实例操作过程录屏动画，另外附赠大量实例素材，供读者在学习中使用。

图书在版编目（CIP）数据

Dreamweaver CC 2018 中文版入门与提高 / 职场无忧工作室编著 . — 北京：清华大学出版社，2019
（常用办公软件快速入门与提高）
ISBN 978-7-302-51553-1

Ⅰ . ① D… 　Ⅱ . ①职… 　Ⅲ . ①网页制作工具 　Ⅳ . ① TP393.092.2

中国版本图书馆 CIP 数据核字（2018）第 257408 号

责任编辑：赵益鹏
封面设计：李召霞
责任校对：赵丽敏
责任印制：宋　林

出版发行：清华大学出版社
网　　　址：http://www.tup.com.cn，http://www.wpbook.com
地　　　址：北京清华大学学研大厦A座　　　　　　　邮　　编：100084
社 总 机：010-62770175　　　　　　　　　　　　　邮　　购：010-62786544
投稿与读者服务：010-62776969，c-service@tup.tsinghua.edu.cn
质量反馈：010-62772015，zhiliang@tup.tsinghua.edu.cn

印 装 者：三河市龙大印装有限公司
经　　销：全国新华书店
开　　本：210mm×285mm　　　印　　张：24　　　字　　数：744 千字
版　　次：2019 年 8 月第 1 版　　　　　　　印　　次：2019 年 8 月第 1 次印刷
定　　价：79.80 元

产品编号：074421-01

在网络浪潮中随着宽带的普及,上网变得越来越方便,就连以前只有专业公司才能提供的 Web 服务现在许多普通的宽带用户也能做到。您是否也有种冲动,想自己来制作网站,为自己在网上安个家? 也许你会觉得网页制作很难,然而如果使用 Dreamweaver CC 2018,即使制作一个功能强大的网站,也是件非常容易的事情。

被誉为"网页制作三剑客"之一的 Dreamweaver CC 2018 是 Adobe 公司收购 Macromedia 公司后推出的网页设计制作工具,是继 Dreamweaver CC 2017 之后的升级版本,是目前最完美的网站制作工具。Dreamweaver CC 2018 是一种专业的 HTML 编辑器,用于对 Web 站点、Web 页和 Web 应用程序进行设计、编码和开发。无论您喜欢直接编写 HTML 代码,还是偏爱"所见即所得"的工作环境,Dreamweaver CS4 都会为您提供许多方便的工具,助您迅速高效地制作网站。

一、本书特点

☑ 实用性强

本书的编者都是高校从事计算机图形图像教学研究多年的一线人员,具有丰富的教学实践经验与教材编写经验,有一些执笔者是国内 Dreamweaver CC 2018 图书出版界知名的作者,前期出版的一些相关书籍经过市场检验很受读者欢迎。多年的教学工作使他们能够准确地把握学生的心理与实际需求,本书是作者总结多年的设计经验以及教学的心得体会,历时多年的精心准备,力求全面、细致地展现 Dreamweaver CC 2018 软件在网站设计制作应用领域的各种功能和使用方法。

☑ 实例丰富

本书的实例不管是数量还是种类,都非常丰富。从数量上说,本书结合大量的网站设计制作实例,详细讲解了 Dreamweaver CC 2018 知识要点,让读者在学习案例的过程中潜移默化地掌握 Dreamweaver CC 2018 软件的操作技巧。

☑ 突出提升技能

本书从全面提升 Dreamweaver CC 2018 实际应用能力的角度出发,结合大量的案例来讲解如何利用 Dreamweaver CC 2018 软件设计开发网站,使读者了解 Dreamweaver CC 2018,并能够独立地完成各种网站设计与制作。

本书有很多实例本身就是网站开发项目案例,经过作者精心提炼和改编,不仅保证读者能够学好知识点,更重要的是能够帮助读者掌握实际的操作技能,同时培养网站开发实践能力。

二、本书内容

全书分为 12 章,全面、详细地介绍了 Dreamweaver CC 2018 的特点、功能、使用方法和技巧。具体内容如下:网页制作基础知识、站点构建与管理、编辑网页文本、在网页中应用图像、用表格规划网页、超级链接的应用、使用多媒体对象、利用 CSS+Div 设计网页、创建表单网页、应用行为创建交互效果、统一站点风格、旅游网站制作综合实例的详细制作过程。

三、本书服务

☑ 本书的技术问题或有关本书信息的发布

读者如果遇到有关本书的技术问题，可以登录网站 www.sjzswsw.com 或将问题发到邮箱 win760520@126.com，我们将及时回复。也欢迎加入图书学习交流群（QQ 群：512809405）交流探讨。

☑ 安装软件的获取

按照本书上的实例进行操作练习，以及使用 Dreamweaver CC 2018 进行网站设计与制作时，需要事先在计算机上安装相应的软件。读者可从 Internet 中下载相应软件，或者从软件经销商处购买。QQ 交流群也会提供下载地址和安装方法的教学视频。

☑ 手机在线学习

为了配合各学校师生利用本书进行教学的需要，随书附有多个二维码，内容为书中所有实例网页文件的源代码及相关资源以及实例操作过程录屏动画，另外附赠大量实例素材，供读者在学习中使用。

四、关于作者

本书主要由职场无忧工作室编写，具体参与本书编写的有胡仁喜、刘昌丽、康士廷、王敏、闫聪聪、杨雪静、李亚莉、李兵、甘勤涛、王培合、王艳池、王玮、孟培、张亭、王佩楷、孙立明、王玉秋、王义发、解江坤、秦志霞、井晓翠等。本书的编写和出版得到了很多朋友的大力支持，值此图书出版发行之际，向他们表示衷心的感谢。同时，也深深感谢支持和关心本书出版的所有朋友。

书中主要内容来自于编者多年来使用 Dreamweaver 的经验总结，也有部分内容取自于国内外有关文献资料。虽然几易其稿，但由于时间仓促，加之水平有限，书中纰漏与失误在所难免，恳请广大读者批评指正。

编　者

2□□□年□月

DW 实例源文件

目　录

二维码目录

第 1 章

初识Dreamweaver CC 2018

本章导读

Dreamweaver CC 2018 是由 Adobe 公司开发的专业 HTML 编辑器,用于对 Web 站点、Web 页面和 Web 应用程序进行设计、编辑和开发。利用 Dreamweaver CC 2018 的可视化编辑功能,用户可以快速地创建页面而无须编写任何代码。

学习要点

◆ 了解 Dreamweaver CC 2018 安装与卸载的方法
◆ 熟悉 Dreamweaver CC 2018 的工作界面及基本操作
◆ 掌握网页的基本操作

1.1 认识 Dreamweaver CC 2018

Dreamweaver CC 2018 是一款集网页制作和网站管理于一身的所见即所得网页编辑器，利用它可以轻而易举地制作出跨越平台限制和浏览器限制的充满动感的网页。随着技术的不断发展，HTML5、CSS3 转换、jQuery 和 jQuery Mobile 等新技术也应用到 Dreamweaver CC 2018 中。Dreamweaver CC 2018 势必成为各种工程师们最理想的 Web 开发工具。

Dreamweaver CC 2018 在 Windows 系统中安装的最低系统要求

CPU	Intel® Core ™ i3 处理器和更高版本，或同等性能的兼容型处理器
操作系统	Microsoft Windows 7 Service Pack 1、Windows 8.1 或 Windows 10
内存	2GB 内存
硬盘空间	2GB 可用硬盘空间用于安装；安装过程中需要约 2GB 额外的可用空间（无法安装在可移动闪存设备上）
显示器	1280 × 1024 显示器，16 位视频卡
产品激活	必须具备 Internet 连接并完成注册，才能激活软件、验证订阅和访问在线服务

Dreamweaver CC 2018 在 Mac OS 中安装的系统要求

CPU	具有 64 位支持的多核 Intel 处理器
操作系统	Mac OS v10.13、OS X v10.12 或 OS X v10.11
内存	2GB 内存
硬盘空间	2GB 可用硬盘空间用于安装；安装过程中需要约 2GB 额外的可用空间（无法安装在使用区分大小写的文件系统的卷或可移动闪存设备上）
显示器	1280 × 1024 显示器，16 位视频卡
产品激活	必须具备 Internet 连接并完成注册，才能激活软件、验证订阅和访问在线服务

1.1.1 安装 Dreamweaver CC 2018

Creative Cloud（创意云）是 Adobe 提供的云服务之一，它将创意设计需要的所有元素整合到一个平台，简化了整个创意过程。自 Adobe Dreamweaver CC 起，安装不再提供光盘、独立安装包等，应使用 Adobe ID 登录创意云客户端在线安装、激活。

本节简要介绍下载、安装 Dreamweaver 应用程序，并使用 Creative Cloud 客户端管理、更新 Dreamweaver 应用程序的方法。

（1）打开浏览器，在地址栏中输入 https://www.adobe.com.cn/ 进入 Adobe 的官网。在页面导航中单击"支持与下载"，然后在弹出的下拉菜单中选择"下载与安装"，如图 1-1 所示。

1-1 安装 Dreamweaver
CC 2018

图 1-1　选择"下载与安装"

（2）在弹出的界面中选择要下载的软件 Dreamweaver，单击进行下载。如图 1-2 所示。然后在刷新的网页中单击"开始免费使用"。

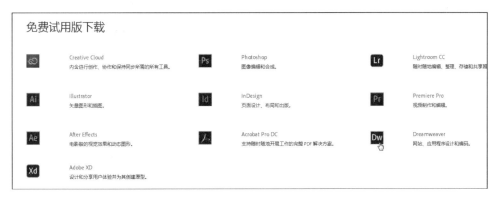

图 1-2　选择要下载的软件

在下载 Dreamweaver 时，将同时下载 Creative Cloud 桌面应用程序，以便访问 Adobe 应用程序和服务，并将应用保持在最新版本。下载完成后，双击下载的安装程序 Dreamweaver_Set_Up.exe 开始安装。安装完成后，在"开始"菜单中可以看到安装的应用程序，在桌面上可看到 Adobe Creative Cloud 的图标◎。

（3）双击 Adobe Creative Cloud 的图标◎，打开如图 1-3（a）所示的 Creative Cloud 客户端界面。

(a)　　　　　　　　　　　　　　(b)

图 1-3　Creative Cloud 客户端

登录 Creative Cloud 客户端需要使用 Adobe ID，如果还没有 Adobe ID，则单击"注册"按钮。

在这里，用户可以查看已安装的 Adobe 应用程序是否有更新。如果有，在如图 1-3（b）所示的界面中单击"更新"按钮，可自动下载更新并安装。如果在图 1-2 中选择下载的软件不是 Dreamweaver，可以单击"试用"按钮，自动安装选择的软件。

> **注意：** 这种方法安装的软件只是试用版，若要使用完整版，可到经销商处购买。

1.1.2 卸载 Dreamweaver CC 2018

（1）双击 Adobe Creative Cloud 的图标，打开 Creative Cloud 客户端界面。

（2）单击 Dreamweaver CC 2018"开始试用"右侧的按钮，在弹出的下拉菜单中选择"卸载"，如图 1-4 所示，即可卸载该软件。

图 1-4 选择"卸载"命令

1.1.3 启动与退出

Dreamweaver CC 2018 经过重新设计，具备更直观的、可自定义的现代化用户界面，更易于访问菜单和面板，以及可配置的上、下文相关工具栏。

1. 启动

在 Adobe Creative Cloud 客户端界面的"Apps"面板中找到应用程序图标，然后单击"打开"按钮；

或执行"开始"|"所有程序"|"Adobe Dreamweaver CC 2018"命令,即可启动 Dreamweaver CC 2018 中文版。

为帮助用户快速适应 Dreamweaver CC 2018 工作区中的更改,初次启动时,Adobe 提供"首次使用体验",用户可以快速完成自定义体验,以找到适合的工作区和主题选项,如图 1-5 所示。

> 🔋 **提示:** 开发人员工作区默认情况下仅包括开发人员对网站进行编码时最必不可少的面板,例如"文件"面板和"代码片段"面板。
>
> 标准工作区包括处理代码和设计时所需的所有内容,例如"文件""CC 库""CSS 设计器""插入""DOM""资源""代码片段"面板。建议初学者选择标准工作区。

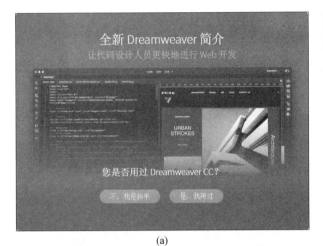

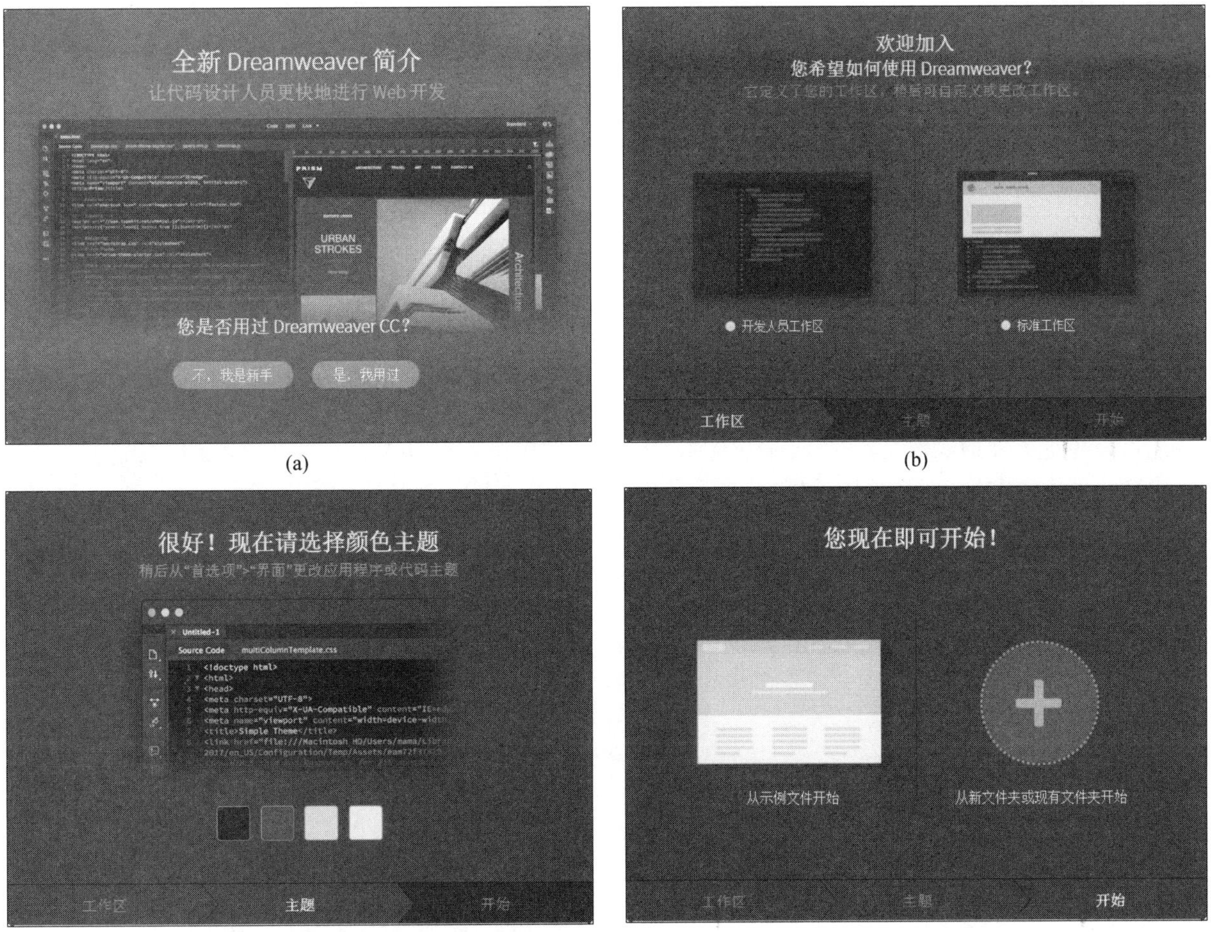

(a)

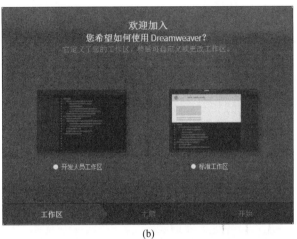

(b)

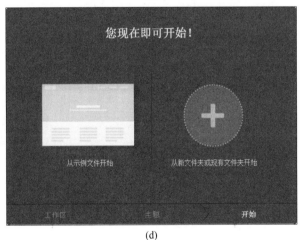

(c)

(d)

图 1-5　首次自定义体验

首次启动最新版本的 Dreamweaver 时,可以看到一个全新的欢迎屏幕。除了可快速访问最近打开的文件、Creative Cloud 文件和初学者模板,欢迎屏幕顶部还显示有"工作""学习"两个选项卡。"工作"选项卡用于访问最近打开的文件;"学习"选项卡用于访问 Dreamweaver 的学习视频。

启动 Dreamweaver CC 2018 或关闭所有 Dreamweaver 文档时都会显示新的"开始"页,如图 1-6 所示。在"开始"页可以方便地访问最近使用过的文件、库和起始页模板。

2. 退出 Dreamweaver

� 单击用户界面右上角的"关闭"按钮 ❌ 。

� 执行"文件"|"退出"命令。

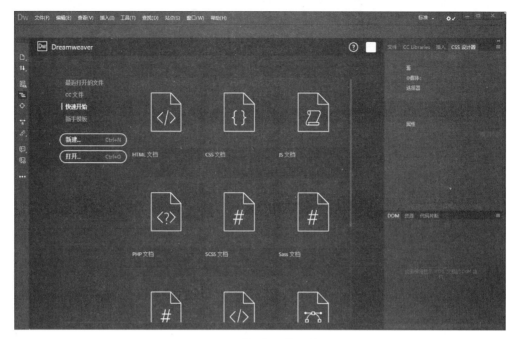

图 1-6   标准工作区的开始页

1.2   Dreamweaver CC 2018 的工作界面

Dreamweaver CC 2018 的工作区将多个文档集中到一个界面中，这样不仅可以降低系统资源的占用，而且还可以更加方便地操作文档。Dreamweaver CC 2018 的操作界面包括菜单栏、文档工具栏、通用工具栏、文档窗口、状态栏和浮动面板组。如图 1-7 所示为 Dreamweaver CC 2018 的操作界面。

图 1-7   Dreamweaver CC 2018 的操作界面

1.2.1 菜单栏

Dreamweaver CC 2018 的主菜单共分九种，文件、编辑、查看、插入、工具、查找、站点、窗口和帮助，如图 1-8 所示。

| 文件(F) | 编辑(E) | 查看(V) | 插入(I) | 工具(T) | 查找(D) | 站点(S) | 窗口(W) | 帮助(H) |

图 1-8　菜单栏

1. "文件"菜单

"文件"菜单如图 1-9 所示，包含文件操作的标准菜单项，还包括用于查看当前文档或对当前文档执行操作的命令。

2. "编辑"菜单

"编辑"菜单如图 1-10 所示，包含用于基本编辑操作的标准菜单项。不仅包括文本、图像、表格等网页元素命令，而且提供对键盘快捷方式编辑器和代码格式的访问，以及对 Dreamweaver CC 2018 "首选项" 的访问。

3. "查看"菜单

"查看"菜单如图 1-11 所示，用于在文档的各种视图之间进行切换，并且可以显示和隐藏相关文件。

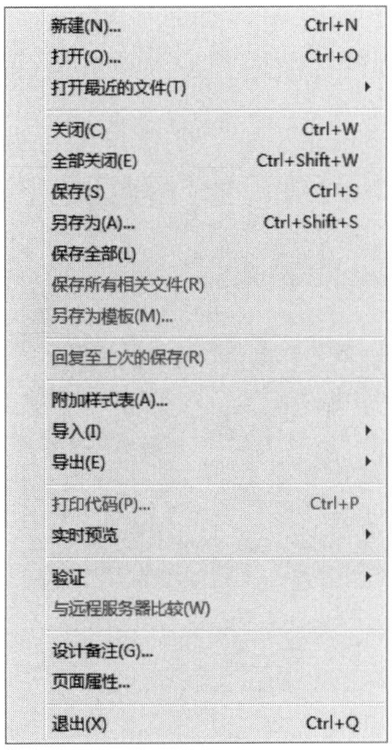

图 1-9　"文件"菜单　　　　图 1-10　"编辑"菜单

图 1-11　"查看"菜单

4. "插入"菜单

"插入"菜单如图 1-12 所示，提供将页面元素插入到网页中的命令。

5. "工具"菜单

"工具"菜单如图 1-13 所示，用于更改选定的页面元素的属性，并且为库和模板执行不同的操作。

图 1-12 "插入"菜单

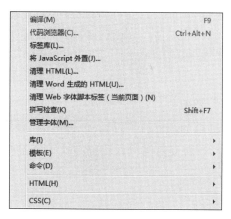

图 1-13 "工具"菜单

6."查找"菜单

"查找"菜单如图 1-14 所示，用于在当前窗口、整个站点的浏览器中查找，还可以在 HTML 源程序中查找或替换源代码。

全新的"查找和替换"工具栏位于窗口顶部，如图 1-15 所示。不会阻挡屏幕的任何部分，与 Dreamweaver 的早期版本相比，"查找和替换"功能更加便捷且高效，在"查找"面板中输入搜索字符串时即开始查找该字符串，并在当前文档中高亮显示该字符串的所有实例。

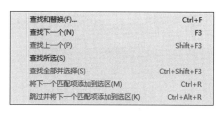

图 1-14 "查找"菜单

图 1-15 "查找和替换"对话框

7."站点"菜单

"站点"菜单如图 1-16 所示，用于创建、打开和编辑站点，以及管理当前站点中的文件。

8."窗口"菜单

"窗口"菜单如图 1-17 所示，提供对 Dreamweaver CC 2018 中的所有浮动面板和窗口的访问。

9."帮助"菜单

"帮助"菜单如图 1-18 所示，提供对 Dreamweaver CC 2018 帮助系统的访问，以及上、下文功能提示重置和错误报告的处理。

图1-16 "站点"菜单

图1-17 "窗口"菜单

图1-18 "帮助"菜单

1.2.2 文档工具栏

新建或打开一个网页文档后，文档窗口顶部显示文档工具栏，该工具栏集中在文档的不同视图之间快速切换的常用命令，如图1-19所示。

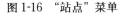

图1-19 文档工具栏

各个按钮图标的功能如下：

➡ 代码：显示代码视图。

➡ 拆分：将文档窗口进行拆分，在同一屏幕中显示"代码"视图和"设计"视图或"实时视图"。

➡ 实时视图 ▼：在不打开浏览器的情况下实时预览页面的效果。Dreamweaver CC 2018整合了"设计视图"和"实时视图"，单击该按钮右侧的倒三角形按钮，在弹出的下拉菜单中可选择"设计"视图。

1.2.3 通用工具栏

通用工具栏位于界面左侧，开始页面的通用工具栏如图1-20所示，主要集中了一些与查看文档、在本地和远程站点间传输文档，以及代码编辑有关的常用命令和选项。

> 💡 提示：不同的视图和工作区模式下，显示的通用工具栏也会有所不同。

➡ ▯：单击该按钮显示当前打开的所有文档列表。

图1-20 通用工具栏

> ⬇ 🔃：单击该按钮弹出文件管理下拉菜单。
> ⬇ 🖼：单击该按钮，弹出实时视图选项下拉菜单。
> ⬇ ☰：隐藏 / 显示可视媒体查询栏。
> ⬇ ⚙：打开实时视图和 CSS 检查模式，以可视方式调整 CSS 属性。
> ⬇ ⛶：扩展全部。
> ⬇ ⚡：格式化源代码。
> ⬇ 🗨：应用注释。
> ⬇ 🗨：删除注释。
> ⬇ •••：自定义工具栏。单击该按钮打开如图 1-21 所示的 "自定义工具栏"对话框，在工具列表中勾选需要的工具左侧的复选框，即可将工具添加到通用工具栏中。

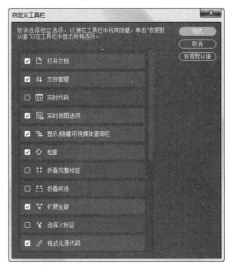

图 1-21 "自定义工具栏"对话框

1.2.4 文档窗口

文档窗口用于显示当前打开或编辑的文档，根据选择的视图不同而显示不同的内容。

单击文档工具栏中的 设计 按钮，切换到"设计"视图，如图 1-22 所示。文档窗口显示的内容与浏览器中显示的内容基本相同。使用 Dreamweaver CC 2018 提供的工具或命令，可以方便地进行创建、编辑文档的各种工作，即使完全不懂 HTML 代码的读者也可以制作出精美的网页。

图 1-22 "设计"视图

单击文档工具栏中的 代码 按钮，切换到"代码"视图，在文档窗口中显示的是当前文档的代码，如图 1-23 所示。

在编写文档时，如果要兼顾设计样式和实现代码，可以单击工具栏中的 拆分 按钮，使"代码"视图与"设计"视图（或"实时视图"）同屏显示，如图 1-24 所示。如果选中"设计"视图或者"代码"视图中的某一部分，"代码"视图或者"设计"视图中相应的网页元素也同时被选中。

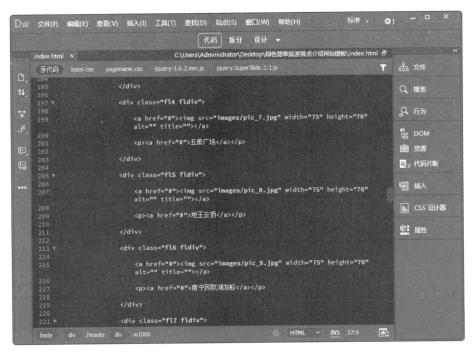

图 1-23　"代码"视图

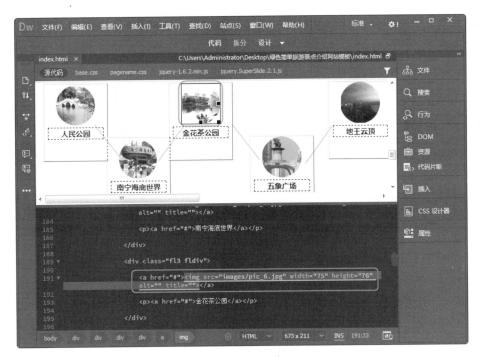

图 1-24　"拆分"视图

> **教你一招：** 默认情况下，水平拆分文档窗口，选择"查看"|"拆分"|"顶部的实时视图"命令，可以将拆分的两个视图上、下进行调换；选择"查看"|"拆分"|"垂直拆分"菜单命令，可以将文档窗口左、右拆分；选择"查看"|"拆分"|"左侧的实时视图"命令，可以将拆分的两个视图左、右进行调换。

1.2.5 状态栏

Dreamweaver CC 2018 的状态栏位于文档窗口底部,嵌有几个重要的工具如标签选择器、Linting 图标、实时预览和窗口大小等。"拆分"视图下的状态栏如图 1-25 所示。

图 1-25　"拆分"视图下的状态栏

> **提示**:不同的视图下,状态栏上显示的功能图标的多少也不相同。在"代码"视图中工作时,状态栏会显示有用的信息。

1. 标签选择器

显示当前选定内容的标签。单击该标签,可以选中页面上相应的区域。例如,单击 <body> 标签可以选择文档的全部正文。

2.Linting 图标

Dreamweaver CC 2018 支持 Linting,用于调试网页或网页的一部分代码,以查找任何语法或逻辑错误。HTML 语法错误、CSS 中的分析错误或 JavaScript 文件中的警告都是 Linting 要标记的内容。

状态栏中的 Linting 图标指示 Linting 结果:红色❌表示当前文档包含错误和警告;绿色✅表示当前文档没有错误。

> **提示**:当文档中有错误或警告时,单击状态栏上的 Linting 图标,将打开"输出"面板,如图 1-26 所示。包含错误或警告的行将分别以红色和黄色突出显示,双击"输出"面板中的消息可跳转到发生错误的行。修复错误后,面板中的列表会滚动以显示下一组错误。在"代码"视图中,将鼠标悬停在错误行的行号上,可以查看错误或警告预览。

图 1-26　"输出"面板

3. 文件类型

更改不同文件类型的语法高亮显示。Dreamweaver CC 2018 目前适用于以下文件类型的代码着色:HTML、JS、CSS、PHP、XML、LESS、Sass、SCSS、SVG、Bash、C、C#、C++、clojure、CoffeeScript、Dart、Diff、EJS、Embedded Ruby、Groovy、Handlebars、Haskell、Haxe、Java、JSON、Lua、Markdown、Markdown (GitHub)、Perl、属性、Python、RDF Turtle、Ruby、Scala、SQL、Stylus、文本、VB、VBScript、XML 和 YAML。

图1-27 "窗口大小"菜单

4. 窗口大小

单击窗口大小区域可弹出如图1-27所示的"窗口大小"菜单，该菜单仅在"设计"视图和"拆分"视图下可用，用于调整"文档"窗口的大小到预定义或自定义的尺寸，以像素为单位。

显示的窗口大小是指浏览器窗口的内部尺寸（不包括边框）。更改"设计"视图或"实时"视图中页面的视图大小时，仅更改视图大小的尺寸，而不更改文档尺寸。

在大多数先进的移动设备中，可根据设备的持握方式更改页面方向。当用户以垂直方向把握设备时，显示纵向视图。当用户水平翻转设备时，页面将重新调整自身，以适合横向尺寸。在Dreamweaver CC 2018中，实时视图和设计视图中都提供纵向或横向查看页面的选项，使用这些选项可预览用于移动设备的页面。

> 💡 **注意：** 在Windows中，用户可以选中"全大小"选项将文档窗口最大化，以便它填充集成窗口的整个文档区域，此时无法调整它的大小。

5. 行号和列号

行号和列号指示鼠标指针所在的行和列。

6. 输入模式

输入代码时，在INS（插入）模式和OVR（覆盖）模式之间切换。

7. 实时预览

Dreamweaver CC 2018支持在多个设备上同时预览、测试网页，且不需要安装任何移动应用程序或将设备物理连接到桌面。

单击"实时预览"按钮 ，弹出如图1-28所示的"实时预览"窗口。

1）在浏览器中预览

默认情况下，将启动Internet Explorer预览网页。单击"编辑列表"命令，如图1-29所示的"首选项"对话框，用户可以添加浏览器，并指定主浏览器和次浏览器。

图1-28 "实时预览"窗口

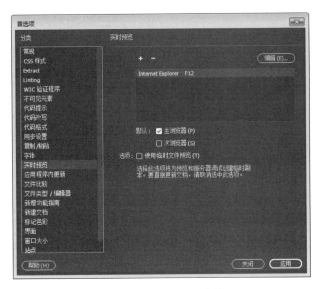

图1-29 "首选项"对话框

Dreamweaver CC 2018 已与浏览器连接，在浏览器中预览网页时，不需刷新浏览器，就能在浏览器中实时预览页面更改。

2）在设备上预览

在多个不同外形规格的设备上同时测试网页。利用要预览网页的移动设备扫描"设备预览"窗口左侧的二维码，或复制显示的短链接，并粘贴到桌面浏览器中，在弹出的登录窗口中成功登录后，已连接设备的名称将显示在"设备预览"窗口中（图1-30），并可通过该设备预览网页。

图 1-30 "设备预览"窗口

注意：要在设备上预览网页，必须具备以下条件：

（1）设备上安装了 QR 代码扫描仪。

（2）桌面和移动设备已连接到 Internet，并位于同一网络中。

（3）已准备好 Adobe ID 凭据。在预览时，使用桌面上 Dreamweaver 所用的 Adobe ID 登录设备。

（4）设备的浏览器设置中启用了 JavaScript 和 Cookie。

1.2.6　浮动面板组

在 Dreamweaver CC 2018 工作环境的右侧停靠着许多浮动面板，并且自动对齐。这些面板可以自由地在界面上拖动，也可以将多个面板组合在一起，成为一个选项卡组，以扩充文档窗口。

在"窗口"菜单的下拉菜单中单击面板名称可以打开或者关闭这些浮动面板。

1."属性"面板

在制作网页时，对象都有各自的属性，就要"属性"面板对对象属性进行设置。"属性"面板的设置项目会根据对象的不同而变化，如图 1-31 所示为在选中图形对象时"属性"面板上的内容。

图 1-31　"属性"面板

默认情况下，Dreamweaver CC 2018 没有开启"属性"面板，用户可以通过"窗口→属性"命令打开，并且"属性"面板上的大部分内容都可以在"编辑"菜单中找到。

"属性"面板分成上、下两部分，单击面板右下角的▲按钮可以关闭"属性"面板的下面部分。此时，▲按钮变成▼按钮，单击此按钮可以重新打开"属性"面板的下面部分。

2."插入"面板

网页的内容虽然多种多样，但是都可以称为对象，大部分的对象都可以通过"插入"面板插入。Dreamweaver CC 2018 默认开启"插入"面板，在文档窗口右侧的浮动面板组中单击"插入"页签，即可显示"插入"面板，如图 1-32 所示。

"插入"面板的初始视图为"HTML"面板，单击"插入"面板中"HTML"右侧的下拉按钮，即可在弹出的下拉菜单中选择需要的面板，从而在不同的面板之间进行切换，如图 1-33 所示的"隐藏标签"命令。

如果要在文档中添加某一个对象，打开相应类别的"插入"面板，然后单击相应的图标即可。

图1-32 "插入"面板

图1-33 "隐藏标签"命令

> **教你一招**：默认状态下，"插入"面板中的对象图标显示右侧标签，如图1-32所示。如果单击如图1-33中下拉菜单中的"隐藏标签"命令，则只显示对象图标而不显示图标右侧的标签，如图1-34所示。

图1-34 隐藏标签的"HTML"插入面板

3. 其他浮动面板

浮动面板的一个好处是可以节省屏幕空间。用户可以根据需要显示或隐藏浮动面板，其他浮动面板的功能简要介绍如下。

- ➤ 资源：管理站点资源，比如模板、库文件、各种媒体、脚本等。
- ➤ 行为：为页面元素添加、修改 Dreamweaver CC 2018 预置的行为和触发事件，创建简单的交互效果。
- ➤ 代码检查器：在单独的编码窗口中查看、编写或编辑代码，就像在"代码"视图中工作一样。
- ➤ CSS 设计器：定义、编辑 CSS 样式。
- ➤ CSS 过渡效果：创建 CSS 过渡效果。使用 CSS 过渡效果可将平滑属性变化应用于页面元素，以响应触发器事件，如悬停、单击和聚焦。
- ➤ DOM：呈现包含静态和动态内容的交互式 HTML 树。在 DOM 面板中编辑 HTML 结构，可在实时视图中查看即时生效的更改。
- ➤ Extract：提取 Photoshop 复合中的 CSS、图像、字体、颜色、渐变和度量值，直接添加到网页中。
- ➤ 文件：管理本地计算机的文件及站点文件。
- ➤ jQuery Mobile 色板：使用此面板可以在 jQuery Mobile CSS 文件中预览所有色板（主题），或从 jQuery Mobile Web 页的各种元素中删除色板。
- ➤ Git：该面板用于高效地对网站资源进行版本管理，可以使用文件名搜索存储库中的文件，并在搜索结果中查看文件的状态，帮助用户跟踪已暂存、已修改和未跟踪的文件。

➥ 结果：提供 HTML、CSS、ASP、JSP 等一系列代码的参考资料、验证是否有代码错误、检查各种浏览器对当前文档的支持情况、检验是否存在断点链接，以及站点服务器的测试结果。

➥ 代码片断：收集、分类一些非常有用的小代码，以便在网页中反复使用。

➥ 扩展：添加扩展功能。

> 💡 **注意：** 在安装扩展功能前必须安装功能扩展管理器，用于安装和管理 Adobe 应用程序中的扩展功能。如果要在多用户操作系统中安装所有用户都能访问的扩展功能，必须以管理员身份（Windows）或 Root 身份（Mac OS X）登录。

1.2.7 上机练习——组合、拆分浮动面板组

 练习目标

Dreamweaver CC 2018 三个重要的功能分别是网页设计、代码编写和应用程序开发，相应的浮动面板也可以这样分类。在实际使用中，用户应该根据自己的设计习惯，将常用的面板组合在一起，并放在适当的地方，以配置出最适合于个人使用的工作环境。结合本节的练习实例，使读者掌握组合、拆分浮动面板组的具体操作方法。

1-2 上机练习——组合、拆分浮动面板组

 设计思路

首先将"插入"面板从"文件"面板组中拆分出来，然后与"资源"面板合并为一个面板组。

✍ **操作步骤**

（1）选择"窗口"|"插入"命令，打开"插入"面板。

（2）在"插入"面板的标签上按下鼠标左键，然后拖动到合适的位置，释放鼠标。此时"插入"面板成为一个独立的面板，可以在工作界面上随意拖动，如图 1-35 所示。

（3）选择"窗口"|"资源"命令，打开"资源"面板。

（4）在"资源"面板的标签上按下鼠标左键，然后拖动到"插入"面板上，此时"插入"面板顶端将以蓝色显示，表示"插入"面板将到达的目的位置，释放鼠标。即可将"插入"面板与"资源"面板进行合并，如图 1-36 所示。

图 1-35 分离出的"插入"面板

图 1-36 组合"资源"面板和"插入"面板

1.3　网页的基本操作

通过 1.2 节的学习，读者对 Dreamweaver CC 2018 的工作界面应该有一个初步的认识。本节将介绍网页操作最基本的三个操作，即创建新页面、保存网页和打开已有的网页文件，让读者进一步了解 Dreamweaver CC 2018 的用户界面和操作体验。

1.3.1　上机练习——创建一个 HTML 页面

 练习目标

本节通过讲解创建 HTML 页面的具体步骤，介绍 Dreamweaver CC 2018 支持的文档类型和预定义的框架、模板，使读者掌握使用"新建文档"创建页面的方法。

 设计思路

首先使用"新建"命令打开"新建文档"对话框，然后选择文档类型、是否使用框架，最后单击"创建"按钮新建一个页面。

 操作步骤

（1）执行"文件"|"新建"命令，弹出如图 1-37 所示的"新建文档"对话框。

1-3　上机练习——创建
一个 HTML 页面

图 1-37　"新建文档"对话框

（2）在对话框最左侧选择想要创建文件的类型和模板。

↘ 新建文档：新建一个空白的网页文件。

↘ 启动器模板：创建一个启动器页面。选中这一项后，可以在预置的启动器类型中选择示例页面布局，快速地创建比较专业的页面。

↘ 网站模板：在已有的站点中选择一个模板，创建一个与模板文件布局、风格相同的页面。但只有可编辑区域中的内容可以修改，页面的其他区域处于锁定状态。

本节练习选择"新建文档"。

（3）在"新建文档"对话框中的"文档类型"列表中选择"HTML"。

在这里，读者可以看到 Dreamweaver CC 2018 可创建的文档类型有十多种。

（4）在"框架"区域选择是否应用 Bootstrap 框架。

↘ 无：不采用框架。

↘ Bootstrap框架：基于Bootstrap网页设计框架生成页面。Bootstrap框架包括适用于按钮、表格、导航、图像旋转视图等网页元素的 CSS 和 HTML 模板，以及几个可选的 JavaScript 插件，用于开发或编辑移动优先的网站，以适应不同屏幕大小。只具备基本编码知识的开发人员也能够开发出快速响应的出色网站。

新版本软件提供对 Boots trap 4.0.0 版的支持。

知识拓展

Bootstrap 文档与流体网格文档的区别

在 Dreamweaver CC 2018 中创建 Bootstrap 文档与创建流体网格文档类似。不同的是，流体网格文档针对三种基本外形规格（手机、平板和台式机）创建，而 Bootstrap 针对四种基本屏幕大小（小型、中型、大型和特大型）创建文档，如图 1-38 所示。

本节练习选择"无"。

（5）设置文档类型，也就是设置网页的 HTML 代码的版本。默认使用 HTML5。

（6）单击"创建"按钮关闭对话框。即可创建一个空白的 HTML 文件，"拆分"视图如图 1-39 所示。

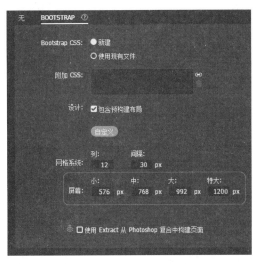

图 1-38　四种基本屏幕大小

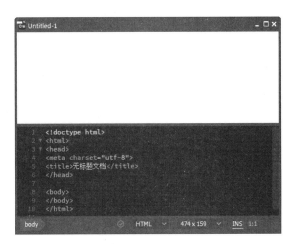

图 1-39　"拆分"视图

从图 1-39 可以看出，尽管当前的网页文件是空白的，但"代码"视图中已自动生成了必要的 HTML 代码。

1.3.2　保存网页

在 Dreamweaver CC 2018 中，保存网页文件的方法随保存文件目的的不同而不同。

1. 只保存当前编辑的页面

执行"文件"|"保存"命令。

> **提示**：如果是第一次保存该文件，则执行"文件"|"保存"命令会弹出"另存为"对话框。若文件已保存过，则执行"文件"|"保存"命令时，直接保存文件。

如果要将当前编辑的页面以另一个文件名保存，则执行"文件"|"另存为"命令。

2. 保存打开的所有页面

执行"文件"|"保存全部"命令。

3. 以模板的形式保存

执行"文件"|"另存为模板"命令，打开"另存模板"对话框：在"站点"下拉列表框中选择模板

保存的站点，在"另存为"文本框中输入文件的名称，然后单击"保存"按钮。

> **提示：**第一次保存模板文件时，Dreamweaver CC 2018 将自动为站点创建 Templates 文件夹，并把模板文件存放在 Templates 文件夹中。

1.3.3 上机练习——打开已有的网页

 练习目标

如果要编辑一个网页文件，必须先打开该文件。Dreamweaver CC 2018 可以打开多种格式的文件，如 htm、html、shtml、asp、php、js、dwt、xml、lbi、as、css 等。通过本节的练习实例使读者掌握打开网页文件的操作方法。

1-4 上机练习——打开已有的网页

设计思路

首先使用"打开"命令弹出"打开"对话框，然后选择网页文件所在的路径，选中要打开的文件，最后单击"打开"按钮。

操作步骤

（1）启动 Dreamweaver CC 2018，执行"文件"|"打开"命令，弹出"打开"对话框，如图 1-40 所示。

（2）浏览到网页所在的路径，在文件列表中选中要打开的文件，然后单击"打开"按钮；或者双击所需的文件，即可在 Dreamweaver CC 2018 中打开指定的网页，如图 1-41 所示。

在 Dreamweaver CC 2018 中打开网页之后，用户在"设计"视图或"代码"视图中选中网页上的对象，对网页上的内容进行修改，例如替换图片、编辑文本等。具体方法将在本书后续章节中进行介绍。

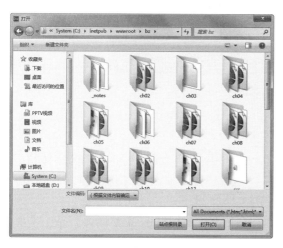

图 1-40 "打开"对话框

图 1-41 在 Dreamweaver CC 2018 中打开网页

1.4 设置页面属性

通常情况下，新建一个网页文件后，其默认的页面属性都不符合设计需要。用户通过设置文档的页面属性来自定义页面外观。在 Dreamweaver CC 2018 中，网页的属性通过"页面属性"对话框进行设置。

　　新建或打开一个网页文件之后，执行"文件"|"页面属性"命令，弹出"页面属性"对话框，如图 1-42 所示。在这里可以设置页面的字体、边距、背景、链接、标题/编码、跟踪图像等属性。

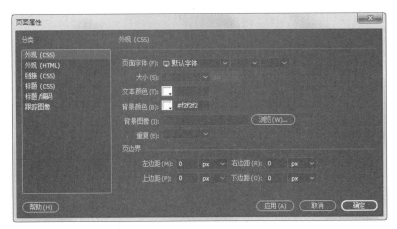

图 1-42　"页面属性"对话框

1.4.1　设置页面外观

　　在"页面属性"对话框的分类列表中选择"外观"（CSS），如图 1-43 所示。

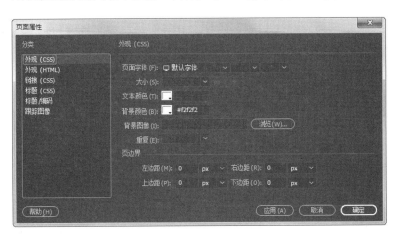

图 1-43　设置页面外观

1.设置文本样式

　　（1）字体和样式：在"页面字体"右侧的第一个下拉列表框中，可以设置页面使用的字体组合；在第二个下拉列表框中设置字体样式，如斜体、加粗；在第三个下拉列表框中设置字体粗细。

　　（2）字号：在"大小"下拉列表框中设置字体大小和单位。

　　（3）文本颜色：单击"文本颜色"右侧的拾色器按钮　弹出调色板，如图 1-44 所示。单击选取饱和度和亮度，然后拖动色相滑块调整色调，拖动光亮度滑块调整亮度，拖动 Alpha 滑块调整颜色的不透明度。在调色板之外单击，即可设置文本颜色。也可直接在文本框中输入颜色的 RGB 值。

　　　教你一招：如果要拾取 Dreamweaver CC 2018 界面上任何位置的颜色，可以选中调色板上的滴管按钮　，然后在需要取样的位置单击。如果要拾取 Dreamweaver CC 2018 之外的颜色，则选中滴管工具后，按下鼠标左键拖动到需要取样的位置，然后释放鼠标。

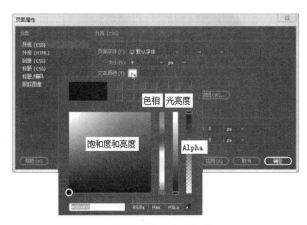

图 1-44　设置文本颜色

2. 设置背景

（1）背景颜色：单击"背景颜色"右侧的拾色器按钮▢，在弹出的调色板中选择需要的颜色。

（2）背景图像：单击"背景图像"右侧的"浏览"按钮，在弹出的对话框中选择需要的图像文件。

默认情况下，如果选择的图像尺寸比页面的尺寸小，则自动平铺图像以填满整个页面区域。如果不希望背景图像自动平铺，可以使用"重复"选项。

➥ 重复：该选项为默认设置，即自动平铺，如图 1-45（a）所示。

➥ 水平重复：仅在水平方向上平铺，如图 1-45（b）所示。

➥ 垂直重复：仅在垂直方向上平铺，如图 1-45（c）所示。

➥ 不重复：不平铺，默认显示在页面左上角，如图 1-45（d）所示。

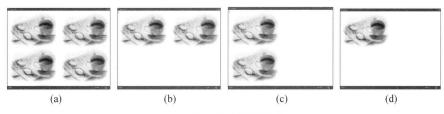

(a)　　　　　　　(b)　　　　　　　(c)　　　　　　　(d)

图 1-45　背景平铺效果

> 🔒 **提示**：如果同时使用背景图像和背景颜色，下载图像时会先显示颜色，然后图像覆盖颜色。如果背景图像包含任何透明像素，则背景颜色会透过背景图像显示出来。

3. 设置页边距

页边距是指页面文档主体部分与浏览器上、下、左、右边框的距离。直接在边距文本框中输入需要的边距值和单位即可。

> 💡 **注意**：默认情况下，页面有边距，尽管在"页面属性"对话框中不显示，但在浏览器中可以看到页面与浏览器边框有空白。如果要将边距设置为 0，必须在文本框中输入 0。

此外，在"外观"（HTML）分类中可以使用 HTML 指定页面属性。如果在该分类中指定页面属性，属性面板上的字体、大小、颜色和对齐方式控件将只显示使用 HTML 标签的属性设置，应用于当前选择的 CSS 属性值将不可见，且"大小"弹出菜单也将被禁用。因此不建议使用该分类设置页面属性。

1.4.2　设置页面链接样式

在"页面属性"对话框的分类列表中选择"链接"（CSS），如图 1-46 所示。

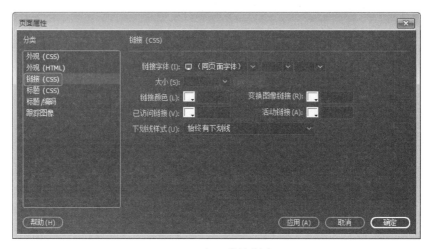

图 1-46　设置链接样式

在"链接"（CSS）分类中，可以定义链接的默认字体样式、大小，以及链接文本不同状态下的颜色、下画线样式。设置方法与设置页面外观的方法相同，不再赘述。

- 链接字体：设置页面超链接文本在默认状态下的字体。
- 大小：设置超链接文本的字体大小。
- 链接颜色：设置网页中的文本超链接在默认状态下的颜色。
- 变换图像链接：设置在网页中当鼠标移动到超链接文字上方时超链接的颜色。
- 已访问链接：设置网页访问过的文本超链接的颜色。
- 活动链接：设置网页中的运行的文本超链接的颜色。
- 下画线样式：设置在网页中当鼠标移动到超链接文字上方时采用怎样的下画线。

1.4.3　设置标题属性

在"页面属性"对话框的分类列表中选择"标题"（CSS），如图 1-47 所示。

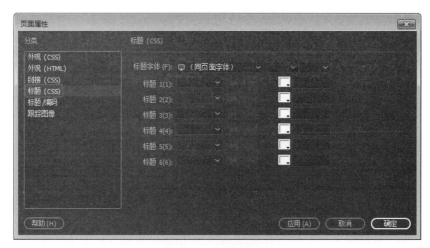

图 1-47　设置标题样式

在"标题"（CSS）分类中，用户可以定义标题文字的字体、样式、颜色，并可分别定义一级标题至六级标题使用的字体大小和颜色。

1.4.4 设置页面标题和编码

在"页面属性"对话框的分类列表中选择"标题"|"编码"，如图 1-48 所示。

图 1-48 设置"标题 / 编码"

- ❯ 标题：在文本框中输入的页面标题将显示在浏览器标题栏上。如果不设置，将显示默认的"无标题文档"。
- ❯ 文档类型：设置页面代码使用的 HTML 版本，默认为 HTML5。
- ❯ 编码：设置网页代码所用语言的文档编码类型，建议初学者使用默认设置。
- ❯ Unicode 标准化表单：指定用于网页编码类型的 Unicode 范式。通常保留默认设置。

1.4.5 上机练习——设置网页外观

 练习目标

通过前面对页面属性设置方法的讲解，结合本节的练习实例，使读者更直观地掌握设置网页外观的具体操作步骤。

1-5 上机练习——设置网页外观

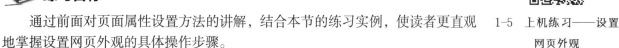 **设计思路**

首先新建一个空白的网页文件，然后打开"页面属性"对话框，依次设置页面字体、颜色、背景颜色和背景图像，最后设置链接文本的样式和标题 / 编码。

 操作步骤

（1）启动 Dreamweaver CC 2018，执行"文件"|"新建"命令，在弹出的"新建文档"对话框中选择"新建文档"分类，文档类型为"HTML"，无框架，然后单击"创建"按钮，新建一个空白的网页文件。

（2）执行"文件"|"页面属性"命令，打开"页面属性"对话框。

（3）在"外观"（CSS）分类中，设置页面字体为默认字体，且字体加粗，大小为 14；文本颜色为深蓝色（#0B1A4D）；背景颜色为浅绿色（#94CDC7），背景图像为包含透明背景的 GIF 图像，且背景图像"垂直平铺"；在"左边距"和"上边距"文本框中输入 0，其他保留默认设置。

（4）切换到"链接"（CSS）分类，设置链接文本的大小为 16，链接颜色为蓝色（#0B10EF），已访问链接颜色为深红色。

（5）切换到"标题/编码"分类，输入页面的标题为"鱼戏莲叶间"，其他选项保留默认设置。

（6）为观察页面字体效果，在页面中输入文本。选中"鱼戏莲叶间"，执行"窗口"|"属性"命令，打开属性面板，在"链接"文本框中输入"#"。有关链接的设置将在本书后续章节中进行讲解。

（7）执行"文件"|"保存"命令，在弹出的"另存为"对话框中指定文件保存的位置，并输入文件名称（例如 lianye.html），单击"保存"按钮保存文件。

（8）双击保存的网页文件，在浏览器中预览页面效果，如图 1-49 所示。

图 1-49 页面效果

1.5 答 疑 解 惑

1. 在 Dreamweaver CC 2018 中如何改变编辑窗口的大小？

答：可以通过 Dreamweaver CC 2018 中的状态栏改变编辑窗口的大小。

2. 在 Dreamweaver CC 2018 中使用什么面板可以修改几乎所有元素的属性？

答：通过"属性"面板可以设置几乎所有元素的属性。

3. 如何显示或隐藏标尺与网格？

答：在"设计"视图中，执行"查看"|"设计视图选项"|"标尺"|"显示"命令，即可在"设计"视图中显示标尺；再执行一次该命令，即可隐藏标尺。

执行"查看"|"设计视图选项"|"网格设置"|"显示网格"命令，可显示或隐藏网格。

1.6 学习效果自测

一、选择题

1. 目前在 Internet 上应用最为广泛的服务是（　　　）。

 A. FTP 服务　　　　　　B. WWW 服务　　　　　　C. Telnet 服务　　　　　　D. Gopher 服务

2. 安装 Dreamweaver CC 2018 的最低内存要求是（　　　）。

 A. 2GB　　　　　　B. 256MB　　　　　　C. 512MB　　　　　　D. 1GB

3. 在 Dreamweaver CC 2018 的"插入"面板上提供了（　　　）个选项卡。

 A. 5　　　　　　B. 6　　　　　　C. 7　　　　　　D. 8

4. 查找和替换的快捷键是（　　　）。

 A. Ctrl+F　　　　　　B. Ctrl+T　　　　　　C. Ctrl+S　　　　　　D. Ctrl+L

5. 创建新文档的快捷键是（　　　　）。

　　A. Ctrl　　　　　　　　　B. Ctrl+N　　　　　　　　C. Ctrl+O　　　　　　　　D. Shift+N

二、判断题

1. 在安装 Dreamweaver CC 2018 时，必须将 Dreamweaver CC 2018 安装到本地磁盘的 C 盘中。（　　　　）

2. Dreamweaver CC 2018 只支持 Windows 操作系统，并不支持苹果操作系统。（　　　　）

3. 通过 Dreamweaver CC 2018 中的"属性"面板可以修改页面中的几乎所有元素的属性。（　　　　）

三、填空题

1. Dreamweaver CC 2018 的工作界面有（　　　　）、（　　　　）。

2. 在 Dreamweaver CC 2018 中，文档窗口提供了三种视图进行页面设计：（　　　　）、（　　　　）、（　　　　）。

3. 在"代码"视图中编辑代码时，可以在（　　　　）和（　　　　）两种模式之间进行切换。

四、操作题

1. 安装 Dreamweaver CC 2018。

2. 认识 Dreamweaver CC 2018 的界面组成。

第 2 章

站点构建与管理

本章导读

了解 Dreamweaver CC 2018 的工作界面后，就可以向网页制作迈出下一步。无论是初学者还是熟练的网页设计师，都要从构建站点开始，理清网站结构的条理。当然，网站的结构不一定都是相同的，功能也不一定相同，一切都要按照需求组织站点结构。

学习要点

- ◆ 创建本地站点
- ◆ 管理站点
- ◆ 管理站点文件

2.1　创建本地站点

制作一个能够被其他人在浏览器上浏览的网站，首先需要在本地磁盘上制作这个网站，然后将这个网站上传到因特网的 Web 服务器上。放置在本地磁盘上的网站称为本地站点，位于 Web 服务器中的网站称为远程站点。Dreamweaver CC 2018 提供了对本地站点和远程站点的强大的管理功能。

2.1.1　建立站点

在 Dreamweaver 中建立站点很方便，操作步骤如下。

（1）打开 Dreamweaver CC 2018，执行"站点"|"新建站点"命令，弹出"站点设置对象"对话框，如图 2-1 所示。

图 2-1　"站点设置对象"对话框（1）

（2）在"站点名称"文本框中输入站点名称，并指定本地站点文件夹的路径。

➥ 站点名称：用于设置新建站点的名称。该名称仅供参考，并不显示在浏览器中。

➥ 本地站点文件夹：用于设置站点在本地计算机中的存放路径，可以直接输入，也可以通过用鼠标指针单击右侧的"浏览文件夹"按钮，打开"选择根文件夹"对话框，从中找到相应的文件夹后保存。

（3）单击"高级设置"选项卡，然后在展开的子菜单中选择"本地信息"，如图 2-2 所示。在这里设置站点的默认图像文件夹、文档路径的类型和站点地址。

➥ 默认图像文件夹：用于设置本地站点图像文件的默认保存位置。对于比较复杂的网站，图片往往不只存放在一个文件夹中，所以实用价值不大。

➥ 链接相对于：用于设置文档路径的类型：文档相对路径、站点根目录相对路径。默认方式为文档相对路径。

➥ Web URL：用于设置网站在因特网上的网址，以便 Dreamweaver CC 2018 对文档中的绝对地址进行校验。如果目前没有申请域名，可以暂时输入一个容易记忆的名称，等将来申请域名后，再用正确的域名进行替换。

❧ 区分大小写的链接检查：选中此项后，对站点中的文件进行链接检查时，等将检查链接的大小写
与文件名的大小写是否相匹配。此选项用于文件名区分大小写的 UNIX 系统。

❧ 启用缓存：创建本地站点的缓存以加快站点中链接更新的速度。

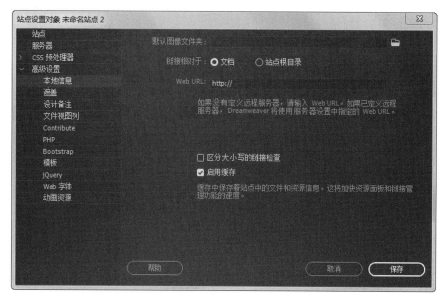

图 2-2 "站点设置对象"对话框（2）

至此，一个简单的站点定义完成，单击"保存"按钮，即可完成站点创建，并关闭对话框。此时，"文
件"面板展开，并自动切换到上述步骤创建的站点。

如果要创建动态网页，还需要测试服务器的服务，以便在进行操作时生成和显示动态内容。测试服
务器可以是本地计算机、开发服务器、中间服务器或生产服务器。设置测试服务器的步骤如下。

（4）单击"服务器"类别，然后单击"添加新服务器"按钮 +，如图 2-3 所示。弹出添加服务器的界面，
如图 2-4 所示。

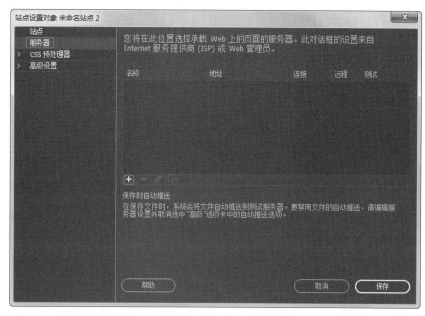

图 2-3 "站点设置对象"对话框（3）

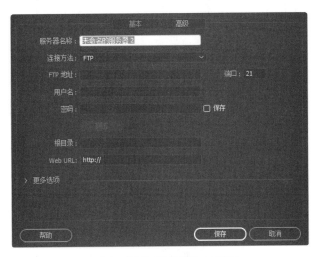

图 2-4 "添加服务器"对话框

（5）在"服务器名称"文本框中输入服务器的名称。

（6）在"连接方法"弹出菜单中选择连接到服务器的方式。

在通常情况下，都是先在本地站点中编辑网页，然后再通过 FTP 上传到远程服务器。在这种情况下应该选择"FTP"，如图 2-4 所示。

在选择"FTP"后，可以在其下出现的 4 个文本框中分别填写远程站点的 FTP 地址、远程站点存放在 Web 服务器上的文件夹、FTP 的用户名和 FTP 的密码。最后选中"保存"复选框即可保存这些设置，单击"测试"按钮可以测试 FTP 的连接情况。

> 💡 提示：FTP 地址是计算机系统的完整 Internet 名称，如 ftp.mindspring.com。因此，应输入完整的地址，并且不要附带其他任何文本，特别是不要在地址前面加上协议名。如果不知道 FTP 地址，可与 Web 托管服务商联系。

有些读者习惯于在本地计算机上存储文件或运行测试服务器，或连接到网络文件夹，在这种情况下应该选择"本地"|"网络"选项。

（7）在"服务器文件夹"文本框中指定远程文件夹地址。

> 💡 提示：如果指定的本地文件夹与在运行 Web 服务器的系统上为站点文件创建的文件夹相同，则不需要指定服务器文件夹。这意味着该 Web 服务器正在本地计算机上运行。

（8）在"Web URL"文本框中输入 Web 站点的 URL。Dreamweaver CC 2018 使用 Web URL 创建站点根目录相对链接，并在使用链接检查器时验证这些链接。

（9）单击"高级"按钮，切换到"高级"选项卡。在这一步中，可以设置站点需要用到的服务器技术，如图 2-5 所示。

> 💡 提示：Dreamweaver CC 2018 默认自动将文件推送到测试服务器以便实现在实时视图中无缝编辑动态文档。用户通过取消选中"将文件自动推送到测试服务器"禁用文件自动推送功能。

图 2-5　设置服务器模型

（10）单击"保存"按钮，然后在"服务器"类别中，通过单选按钮指定刚添加的服务器为远程服务器或测试服务器，如图 2-6 所示。

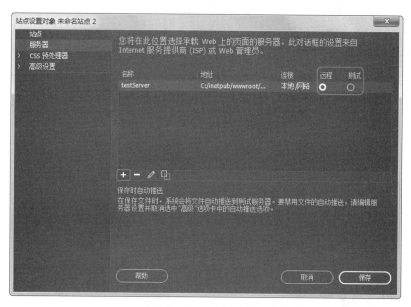

图 2-6　设置服务器类别

> **注意：** 指定测试服务器时，必须在"基本"选项界面中指定 Web URL。Dreamweaver CC 2018 允许指定特定服务器作为测试服务器或远程服务器，但不能同时指定两者。如果打开一个站点或导入在早期版本的 Dreamweaver 中创建的站点的设置，并指定某个服务器同时作为测试服务器和远程服务器，则系统会创建一个重复的服务器条目。然后，将一个标记为远程服务器（使用 _remote 后缀），将另一个标记为测试服务器（使用 _testing 后缀）。

（11）单击对话框中的"保存"按钮，即可关闭"站点设置对象"对话框。至此，站点创建完成。此时的站点为空站点，没有网页。

教你一招：如果本地磁盘上有创建好的网页，也可以将这些现有的网页组织为本地站点打开。例如本地计算机 E:\fashion\ 目录下有一些网页，通过在"站点设置对象"对话框"站点"类别下的"本地站点文件夹"文本框中填入相应的根目录信息，可以将这些网页生成一个站点，便于以后统一管理。从这里也可以看出站点的概念与文档不同。换句话说，站点只是文档的组织形式。

2.1.2　上机练习——创建"美食天下"网站

 练习目标

2.1.1 节简要介绍了创建站点的操作步骤，下面通过实例的讲解进一步掌握建立本地站点的方法和注意事项。

2-1　上机练习——创建
"美食天下"网站

 设计思路

首先设置站点的名称、本地站点的文件夹和默认图像文件夹，接着设置本地站点与服务器的连接方式，然后设置站点使用的服务器技术，最后添加测试服务器，完成本地站点的建立。

操作步骤

（1）打开 Dreamweaver CC 2018，执行"站点"|"新建站点"命令，弹出"站点设置对象"对话框，输入站点名称"美食天下"；在"本地站点文件夹"文本框中输入站点文件夹路径"G:\food\"，如图 2-7 所示。

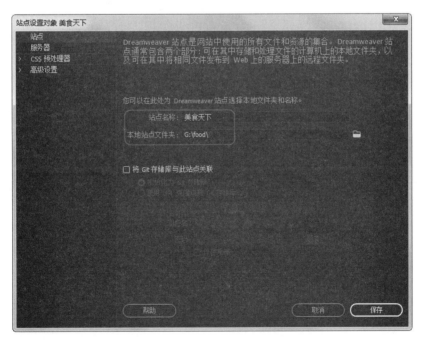

图 2-7　设置站点名称和文件夹

（2）展开"高级设置"分类，选择"本地信息"分类，在"默认图像文件夹"文本框中输入"G:\food\images\"；链接相对于"文档"；"Web URL"显示为无网络链接，如图 2-8 所示。

（3）切换到"服务器"分类，单击"添加新服务器"按钮，在弹出的屏幕中输入服务器名称 foodServer；连接方法选择"本地 / 网络"；服务器文件夹设置为 G:\food\，此时 Web URL 自动填充为 http://localhost/，如图 2-9 所示。

（4）由于本网站将使用 ASP.NET 制作动态网页，因此，单击"高级"按钮，在"服务器模型"下拉列表中选择"ASP.NET VB"，其他选项保留默认设置，如图 2-10 所示。

图 2-8　设置图像文件夹和 Web URL

图 2-9　填写服务器信息

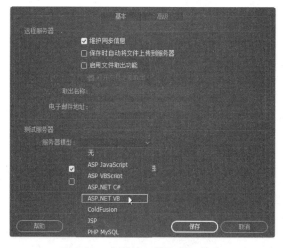

图 2-10　定义使用的服务器技术

（5）单击"保存"按钮，返回"站点设置对象"对话框，此时在服务器列表中可以看到添加的服务器，Dreamweaver CC 2018 默认将该服务器设置为远程服务器，单击"测试"单选按钮，将它设置为测试服务器，如图 2-11 所示。

（6）单击"保存"按钮，关闭对话框。"文件"面板将自动展开，并切换到"美食天下"站点，如图 2-12 所示。

（7）执行"站点"|"管理站点"命令，在打开的"管理站点"对话框中也可以看到新创建的站点，如图 2-13 所示。

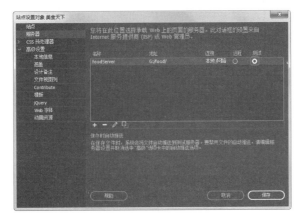

图 2-11　设置服务器类别

图 2-12　显示新创建的站点

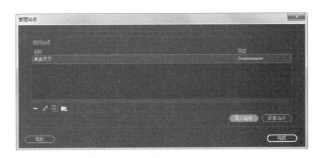

图 2-13　"管理站点"对话框

2.2　管 理 站 点

在制作多个网站时，需要对各个网站进行管理，这就需要使用 Dreamweaver CC 2018 中的专门的工具来完成站点的切换、添加、删除、复制、编辑、导入、导出等操作。

2.2.1　切换站点

在对网站进行编辑或进行管理时，每次只能操作一个站点。如果要在多个站点之间进行切换，就要用到"文件"面板。

执行"窗口"|"文件"命令，即可打开"文件"面板。在"文件"面板左上角的下拉列表框中选中需要的站点，如图 2-14 所示，就可以切换到对应的站点。

图 2-14　切换站点

教你一招：在"管理站点"对话框中选中要切换到的站点，单击"完成"按钮，也可以切换站点。

2.2.2　上机练习——编辑"美食天下"站点

 练习目标

本节通过练习编辑"美食天下"网站，加深读者对切换站点和编辑网站设置　2-2　上机练习——编辑
的理解。　　　　　　　　　　　　　　　　　　　　　　　　　　　　　　　　"美食天下"站点

设计思路

首先切换到"美食天下"网站，然后修改该网站的服务器模型，完成网站的编辑操作。

 操作步骤

（1）执行"站点"|"管理站点"命令，打开"管理站点"对话框。

（2）在"管理站点"对话框的站点列表中单击"美食天下"，切换到需要编辑的站点，然后单击"编辑当前选定的站点"按钮，如图 2-15 所示，弹出"站点设置对象 美食天下"对话框。

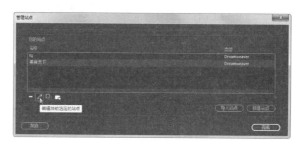

图 2-15　编辑站点

（3）按照 2.1.1 节的操作方法，在打开的站点设置对象对话框中修改站点的属性。本例仅修改网站使用的服务器模型，因此单击"服务器"分类，在服务器列表中选中要修改的服务器名称 foodServer，然后单击"编辑现有服务器"按钮，如图 2-16 所示。

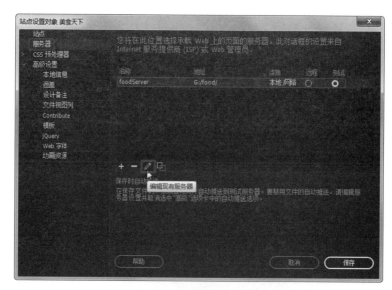

图 2-16　编辑现有服务器

（4）在弹出的服务器信息设置界面，单击"高级"按钮，然后在"服务器模型"下拉列表中选择"无"。

（5）单击"保存"按钮关闭"站点设置对象 美食天下"对话框，然后单击"完成"按钮关闭"管理站点"对话框。

至此，站点编辑完成。

2.2.3　添加站点

（1）执行"站点"|"管理站点"命令，打开"管理站点"对话框。

（2）在对话框的右下侧单击"新建站点"按钮，弹出如图 2-17 所示的对话框。在对话框中设置站点名称以及站点的存放目录位置，然后单击保存。

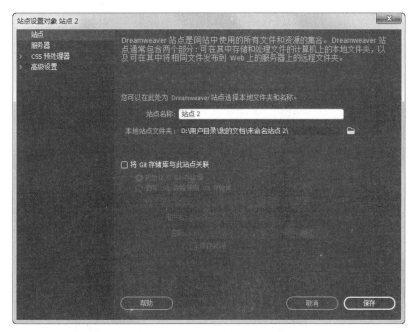

图 2-17　添加站点

2.2.4　删除站点

如果不再需要某个本地站点，可以将其从站点列表中删除，步骤如下。

（1）执行"站点"|"管理站点"命令，打开"管理站点"对话框。

（2）选择需要删除的站点，单击"删除当前选定的站点"按钮█，弹出一个对话框，提示用户本操作不能通过执行"编辑"|"撤销"命令的办法恢复。

（3）单击"是"按钮，即可删除选中站点。

> 🔒 **提示**：删除站点实际上只是删除了 Dreamweaver CC 2018 与该本地站点之间的关系。实际的本地站点内容，包括文件夹和文档等，仍然保存在磁盘上相应的位置。用户可以重新创建指向该位置的新站点。

2.2.5　导入、导出站点

如果希望当前站点在其他计算机上也能保留相同的设置，可以将该站点设置导出，在今后需要时导入。

（1）执行"站点"｜"管理站点"命令，打开"管理站点"对话框。

（2）选择要导出的站点，单击"导出当前选定的站点"按钮，弹出"导出站点"对话框，文件名将自动填充为网站名称，保存类型为"站点定义文件"（*.ste），如图 2-18 所示。

图 2-18　"导出站点"对话框

（3）设置文件保存位置后，单击"保存"按钮，即可导出站点设置。

如果要导入站点设置，在"管理站点"对话框中单击"导入站点"按钮，在弹出的对话框中选择要导入的站点定义文件后，单击"打开"按钮。

2.3　管理站点文件

在 Dreamweaver CC 2018 中，站点文件的管理主要是通过使用"文件"面板实现的。借助"文件"面板还可以访问站点、服务器和本地驱动器、显示或传输文件。

2.3.1　认识"文件"面板

执行"窗口"｜"文件"命令，打开"文件"面板。单击"文件"面板上的"展开以显示本地和远端站点"按钮，展开的"文件"面板的选项，如图 2-19 所示。

图 2-19　展开的"文件"面板的选项

➥ 显示文件视图

这是 Dreamweaver CC 2018 的默认设置，在"文件"面板中显示站点的文件列表。

➥ 显示 Git 视图

切换到 Git 视图。要在 Dreamweaver 中使用 Git，必须先下载 Git 客户端并创建 Git 账户，然后在"站点设置"对话框中将 Dreamweaver 站点与 Git 存储库相关联。

Dreamweaver CC 2018 支持使用开源的分布式版本控制系统 Git 管理源代码。用户可以先在任何位置单独处理代码，然后将更改合并到 Git 中央存储库。Git 会持续跟踪文件中的各项修改，而且允许恢复到之前的版本。

⤷ 站点列表

可以选择 Dreamweaver CC 2018 站点并显示该站点中的文件，还可以访问本地磁盘上的全部文件。

⤷ 视图列表

使站点视图在本地视图、远程服务器视图和测试服务器视图之间进行切换。在"首选项"|"站点"面板中可以设置本地文件和远端文件哪个视图在左，哪个视图在右。

⤷ 连接到服务器

用于连接到服务器或断开与服务器的连接。默认情况下，如果 Dreamweaver CC 2018 空闲 30 分钟以上，则将断开与服务器的连接（仅限 FTP）。若要更改时间限制，可以在"首选项"|"站点"面板中进行设置。连接到服务器后，该图标显示为 。

⤷ 从服务器获取文件

用于将选定文件从服务器复制到本地站点。如果该文件有本地副本，则将其覆盖。

> 💡 **提示**：如果在"站点设置对象"对话框中已选中"启用文件取出功能"选项，则本地副本为只读，文件仍留在远程站点上，可供其他小组成员取出。如果已禁用"启用文件取出功能"，则文件副本将具有读写权限。

⤷ 向服务器上传文件

将选定的文件从本地站点复制到服务器。

⤷ 与服务器同步

同步本地和远端文件夹之间的文件。

⤷ 展开 / 折叠按钮

展开或折叠"文件"面板。

2.3.2 新建、删除站点文件

1. 在本地站点中新建文件或文件夹

（1）执行"窗口"|"文件"命令，打开"文件"面板。

（2）在"文件"面板左上角的下拉列表中选择需要新建文件或文件夹的站点。

（3）单击"文件"管理面板右上角的选项按钮，选择"文件"|"新建文件"或"新建文件夹"命令新建一个文件或文件夹，如图 2-20 所示。

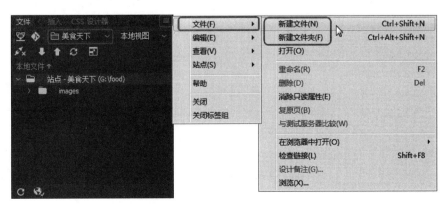

图 2-20 通过选项按钮打开菜单

　　教你一招：也可以直接在站点名称上单击鼠标右键，在弹出的快捷菜单中选择"新建文件"或"新建文件夹"命令。

　　（4）操作完成，在站点目录下将添加一个网页文件或文件夹。

2. 从本地文件列表面板中删除文件

　　（1）在"文件"面板左上角的下拉列表中选择需要删除文件或文件夹的站点。
　　（2）在文件列表中选中要删除的文件或文件夹。
　　（3）按 Delete 键，系统弹出一个"提示"对话框，询问用户是否确定要删除文件或文件夹。
　　（4）单击"是"按钮，即可将文件或文件夹从本地站点中删除。

　　注意：与删除站点的操作不同，这种对文件或文件夹的删除操作，会从磁盘上真正删除相应的文件或文件夹。

2.3.3　重命名站点文件

　　（1）在"文件"面板左上角的下拉列表选择需要重命名的文件或文件夹所在的站点。
　　（2）在文件列表中选中需要重命名的文件或文件夹，然后单击文件或文件夹的名称，使其名称区域处于可编辑状态。
　　（3）输入文件或文件夹的新名称，然后单击面板空白区域，或按下 Enter 键，即可重命名文件或文件夹。

2.3.4　上机练习——添加网站首页

 练习目标

　　前面简要介绍了添加、重命名文件的操作步骤，下面通过在"美食天下"网站中添加网站首页的讲解进一步熟悉管理站点文件的操作方法。

2-3　上机练习——添加
网站首页

 设计思路

　　首先添加一个网页文件，然后将该文件重命名为 index.html。

操作步骤

　　（1）启动 Dreamweaver CC 2018，执行"窗口"|"文件"命令，打开"文件"面板。
　　（2）在"文件"面板左上角的站点列表中选择"美食天下"，如图 2-21 所示。
　　（3）在文件列表中，右键单击站点名称，在弹出的快捷菜单中选择"新建文件"命令，如图 2-22 所示。在文件列表中即可添加一个网页文件，且文件名称处于可编辑状态，如图 2-23 所示。

　　提示：如果设置了服务器模型，则添加的网页文件的类型为指定的服务器类型，例如，选择了 ASP.NET 服务器模型，则添加的网页文件默认为 WebForm.aspx。如果没有指定服务器模型，则添加一个 HTML 文件 untitled.html。

图 2-21　选择要添加文件的站点　　　图 2-22　选择"新建文件"命令　　　图 2-23　新建的文件

（4）输入文件的名称 index.html，如图 2-24 所示。

2.3.5　移动、复制站点文件

（1）执行"窗口"|"文件"命令，打开"文件"面板。

（2）在"文件"面板左上角的下拉列表中选择需要移动或复制的文件所在的站点。

（3）如果要进行移动操作，选择"编辑"|"剪切"命令；如果要进行复制操作，选择"编辑"|"复制"命令。

（4）选中要接收文件的文件夹，执行"编辑"|"粘贴"命令，即可将文件或文件夹移动或复制到相应的文件夹中。

此外，使用鼠标拖动也可以很方便地实现文件或文件夹的移动操作。方法如下：

（1）在"文件"面板中选中要移动的文件或文件夹。

（2）按下鼠标左键拖动选中的文件或文件夹，移动到要接收文件的文件夹上，如图 2-25 所示，释放鼠标。即可将选中的文件或文件夹移动到指定的文件夹中。

图 2-24　修改文件名称　　　　　　　图 2-25　移动文件到文件夹

2.4　答 疑 解 惑

1. 网页与网站的关系是什么？

答：网页是网络上的基本文档，网页中包含文字、图片、声音、动画、影像以及链接等元素，通过对这些元素的有机组合，就构成了包含各种信息的网页。简单地说，通过浏览器在 WWW 上所看到的每一个超文本文件都是一个网页，而通过超链接连接在一起的若干个网页的集合即构成网站。

2. 怎样在所有站点操作中排除指定扩展名的文件？

答：编辑站点，在"站点设置对象"|"高级设置"|"遮盖"对话框中选中"遮盖具有以下扩展名的文件"复选框，然后指定要排除的文件扩展名。

3. 什么是远端站点？

答：远端站点是相对于本地站点而言的，通常将存储于 Internet 服务器上的站点称作远端站点。在 Internet 上浏览网页，就是用浏览器打开存储于 Internet 服务器上的 HTML 文档及其他相关资源。既然位于 Internet 服务器上的站点仍然是以文件和文件夹作为基本要素的磁盘组织形式，那么，能不能首先在本地计算机的磁盘上构建出整个网站的框架，编辑相应的文档，然后放置到 Internet 服务器上呢？答案是可以的，这就是本地站点的概念。

2.5　学习效果自测

一、选择题

1. 下面（　　）项命令，可以打开"站点设置对象"对话框。

　A. "文件→新建"命令　　　　　　　　　　B. "文件→打开"命令

　C. "文件→保存"命令　　　　　　　　　　D. "站点→新建站点"命令

2. 下面说法错误的是（　　）。

　A. 没有指定服务器模型，在"文件"面板中新建的文件名称默认为 untitled.html

　B. 在 Dreamweaver CC 2018 中，不能调整本地文件视图和远端文件视图的位置

　C. 在"文件"面板中删除文件，会从磁盘上真正删除该文件

　D. Web URL 用于设置网站在因特网上的网址，以便 Dreamweaver CC 2018 对文档中的绝对地址进行校验

3. 下面（　　）操作不能在 Dreamweaver CC 2018 的"文件"面板中完成，而必须在"管理站点"对话框中完成。

　A. 删除站点　　　　　　　　　　　　　　B. 移动、删除站点文件

　C. 文件重命名　　　　　　　　　　　　　D. 创建文件夹

4. 在 Dreamweaver CC 2018 中，下面关于定义站点的说法中错误的是（　　）。

　A. 首先定义新站点，打开"站点设置对象"对话框

　B. 在"站点设置对象"对话框中，可以设置本地网站的保存路径，但不可以设置图片的保存路径

　C. 在"站点设置对象"对话框的站点名称中填写网站的名称

　D. 本地站点的定义比较简单，基本上选择好目录就可以了

二、判断题

1. 切换站点只能在"管理站点"对话框中进行。（　　）

2. 在 Dreamweaver CC 2018 中，只能创建一个站点，如果需要创建新的站点，必须将原有的站点删除。（　　）

3. Dreamweaver CC 2018 允许指定特定服务器作为测试服务器或远程服务器，但不能同时指定两者。（　　）

4. 删除站点和删除站点文件的效果是一样的。（　　）

5. 本地站点的名称将显示在浏览器中。（　　）

三、填空题

1. 在"管理站点"对话框中，可以对站点进行（　　）、（　　）、（　　）、（　　）、（　　）、（　　）等操作。

2. 通常情况下，都是在本地站点中编辑网页，再上传到远程服务器。在这种情况下，连接方式应该选择（　　）。

3. 在 Dreamweaver CC 2018 中定义站点时，设置文档路径的类型有两种，分别为（　　）、（　　）。

四、操作题

启动 Dreamweaver CC 2018，在本机上建立一个本地站点。

第 3 章

编辑网页文本

本章导读

　　文本是网页中不可缺少的东西，文本的格式化可以充分体现文档所要表达的重点，比如在页面里制作一些段落的格式，在文档中构建丰富的字体，从而让文本达到赏心悦目的效果，这些对于专业网站来说，是不可或缺的。本章将通过对网页中文本的插入和设置的学习，从而使读者掌握基本的文本网页的制作方法。

学习要点

- ◆ 学会在网页中输入文本
- ◆ 网页中文本的格式设置
- ◆ 能够在页面中插入相关的文本要素
- ◆ 能够实现网页中滚动文本的效果

3.1　添加网页文本

网页文本的典型文档类型有 ASCII 文本文件、RTF 文件和 Microsoft Office 文档。Dreamweaver CC 2018 可以从这些文档类型中的任何一种获取文本，然后将文本并入网页中。

3.1.1　上机练习——直接输入文本

 练习目标

在 Dreamweaver CC 2018 中输入文本的方法与其他文字编辑软件类似，本节　3-1　上机练习——直接通过输入在线问题的练习，使读者掌握在 Dreamweaver CC 2018 中直接输入文本　　　输入文本的方法。

 设计思路

首先打开一个需要添加文本的网页，然后在网页中直接输入文本。

 操作步骤

（1）打开文件。执行"文件"|"打开"命令，在弹出的"打开"对话框中选择一个制作好的页面，如图 3-1 所示。

（2）输入文本。删除 Div 标签中的占位文本，然后单击，布局块中随即出现闪动的指针，表示输入文字的起始位置。选择合适的输入法，即可在网页中输入文字，如图 3-2 所示。

（3）保存文件。执行"文件"|"保存"命令保存文件。在浏览器中的页面效果如图 3-3 所示。

图 3-1　打开页面

图 3-2　输入文本

图 3-3　页面效果

3.1.2　从其他文档中复制文本

如果其他应用程序中已存在需要的文本，可以从其他应用程序中复制文本，粘贴到 Dreamweaver CC 2018 文档窗口中。

（1）在其他的应用程序或文档中复制文本，然后切换回 Dreamweaver CC 2018 "文档"窗口的"设计"视图。

（2）在要放置文本的地方单击，选择"编辑"|"粘贴"命令。

如果执行"编辑"|"选择性粘贴"命令，则会弹出"选择性粘贴"对话框，如图 3-4 所示。

利用粘贴选项，可以保留所有源格式设置；也可以只粘贴文本，还可以指定粘贴文本的方式。

图 3-4　"选择性粘贴"对话框（1）

> 🔒 **教你一招**：设置复制 | 粘贴首选项
>
> 执行"编辑" | "首选项"命令，在弹出的"首选项"对话框中选择"复制" | "粘贴"分类，可以设置使用"编辑" | "粘贴"命令从其他应用程序粘贴文本到"设计"视图时，默认的粘贴方式，如图 3-5 所示。

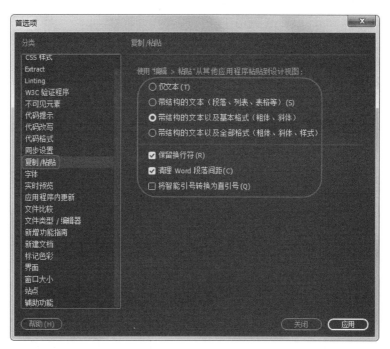

图 3-5　"选择性粘贴"对话框（2）

此外，也可以从支持文本拖放功能的应用程序中拖放文本到 Dreamweaver CC 2018 的文档窗口。方法如下：

（1）在支持文本拖放功能的应用程序（如 Word）中，选中需要复制的文本。

（2）在选中的文本上按下鼠标左键，拖动到 Dreamweaver CC 2018 的"设计"视图，然后释放鼠标左键，即可插入复制的文本。

3.1.3　导入表格式数据

执行"文件" | "导入" | "表格式数据"命令，可以导入 XML 和表格式数据。有关导入表格式数据

的具体操作将在第 5 章详细讲述。

　　此外，Dreamweaver CC 2018 集成了适用于设备的 Extract，使用 Extract 浮动面板，用户可以将 PSD 复合中的 CSS、文本、图像、字体、颜色、渐变和度量值提取到文档中。

3.2　设置文本格式

　　网页中的文字主要包括标题、信息、文本链接等几种主要形式。良好的文本格式，能够充分体现文档要表述的意图，激发读者的阅读兴趣。在文档中构建丰富的字体、多种的段落格式以及赏心悦目的文本效果，是一个专业网站必不可少的要求之一。

3.2.1　设置文本属性

　　文本的大部分格式设置都可以通过属性面板实现。执行"窗口"|"属性"命令，即可打开"属性"面板。用鼠标指针选中要修饰的文字，此时在"属性"面板上显示的就是当前文字的属性，如图 3-6 所示。

图 3-6　"属性"面板

1. HTML 属性

1）格式

　　在"属性"面板上的"格式"下拉列表中选择"段落"选项，即可以把选中的文本设置成段落格式。段落格式在 Dreamweaver CC 2018 的设计视图中的效果如图 3-7 所示。在浏览器中的效果如图 3-8 所示。

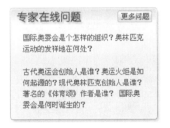

图 3-7　选中文本设置段落的效果　　　　图 3-8　段落在浏览器中的效果

　　"格式"下拉列表中的"标题 1"到"标题 6"分别表示各级标题，并应用于网页的标题部分。其对应字体由大到小，同时文字全部加粗。应用"标题 3"的文本效果如图 3-9 所示。

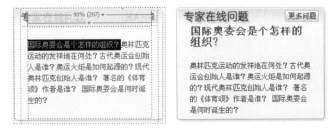

图 3-9　设置"标题 3"在设计视图和在浏览器中的效果

> **教你一招**：在"代码"视图中，使用"标题 1"时，文字两端使用 <h1></h1> 标记；使用"标题 2"时，文字两端使用 <h2></h2> 标记，依次类推。手动删除这些标记，文字的样式随即消失。

2）ID

为所选内容分配一个 ID。如果已声明过 ID，则该下拉列表中将列出文档的所有未使用的已声明 ID。

3）类

选择要应用于当前所选文本的样式。如果没有对所选内容应用过任何样式，则显示"无"。

◢ 重命名：修改当前选定文本采用的样式的名称。

◢ 附加样式表：弹出"使用现有的 CSS 文件"对话框。

4）链接

创建所选文本的超文本链接。有关链接的设置方法，将在第 6 章进行讲解。

5）其他属性

◢ **B**：将文本字体设置为粗体。

◢ **I**：将文本字体设置为斜体。

◢ **≔**：项目列表。选择需要建立列表的文本，并单击该按钮，即可建立无序列表。

◢ **≣**：编号列表，用于建立有序列表。

◢ **≤**：删除内缩区块，减少文本右缩进。

◢ **≥**：内缩区块，增加文本右缩进。

◢ 标题：为超级链接指定文本工具提示，即在浏览器中，当鼠标移到超级链接上时显示的提示文本。

◢ 目标：指定链接文件打开的方式。

◢ 页面属性：单击此按钮弹出"页面属性"对话框，对页面属性进行设置。

◢ 列表项目：列表项的属性设置窗口。有关设置将在 3.3.3 节讲解。

2. CSS 属性

单击"属性"面板上的 ▦ CSS 按钮，即可使用 CSS 规则格式化文本，如图 3-10 所示。

图 3-10　CSS 规则属性

◢ 目标规则：显示当前选中文本已应用的规则，也可以使用"目标规则"下拉菜单中的命令创建新的内联样式或将现有类应用于所选文本。有关 CSS 规则的创建和编辑，将在本书后续章节中进行介绍。

> **提示**：在创建 CSS 内联样式时，Dreamweaver CC 2018 会将样式属性代码直接添加到页面的 body 部分。

◢ 编辑规则：单击该按钮可以打开目标规则的"CSS 设计器"面板进行修改。

◢ CSS 和设计器：单击该按钮可以打开"CSS 设计器"面板，并在当前视图中显示目标规则的属性。

◢ 字体：设置目标规则的字体。

知识拓展

管 理 字 体

如果字体列表中没有需要的字体，可以单击字体下拉列表中的"管理字体"命令，在弹出的"管理字体"对话框中的"自定义字体堆栈"选项卡中设置需要的字体列表，如图 3-11 所示。

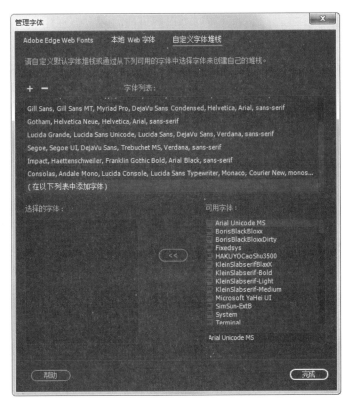

图 3-11　"管理字体"对话框

单击➕按钮添加字体堆栈，然后在"可用字体"列表中选中需要的字体后，单击 ≪ 按钮，即可将字体添加到字体列表中。

➥ 大小：设置目标规则的字体大小。
➥ ▭：设置目标规则中的字体颜色。

> 💡注意："字体""大小""颜色""字体样式""字体粗细""对齐"属性始终显示应用于"文档"窗口中当前所选内容的规则的属性。更改其中的任何属性，将会影响目标规则。

3.2.2　文本空格

要在文本中插入空格，可以直接按键盘上的空格键。

在 Dreamweaver CC 2018 之前的版本中，默认情况下，两个字符之间只能包含一个空格，即使多次按下空格键也无济于事。

若要在两个字符之间添加空格，可以执行以下操作之一：
➥ 单击"HTML"插入面板中的"不换行空格"按钮⬇。
➥ 执行"插入"|"HTML"|"不换行空格"命令。

➥ 按 Ctrl + Shift + Space 组合键。

➥ 在"代码"视图中需要插入空格的位置输入" "。

Dreamweaver CC 2018 默认允许输入多个连续的空格，用户可以根据需要，执行"编辑"/"首选项"命令，在"常规"分类中取消选中"允许多个连续的空格"复选框，禁用多个连续空格。

3.2.3 文本换行

在 Dreamweaver CC 2018 中，文本在一行结束的时候具有自动换行功能。如果要使文本强制换行，可以按键盘上的 Enter 键或者 Shift+Enter 快捷键来实现。

按 Enter 键，换行的行距较大，如图 3-12 所示；按 Shift+Enter 快捷键，换行的行距比较小，如图 3-13 所示。

图 3-12　按 Enter 键换行

图 3-13　按 Shift+Enter 键换行

在文档窗口中，每输入一段文字，按下 Enter 键后，就自动生成一个段落。按下 Enter 键的操作通常被称作"硬回车"。如果要在段落中实现强制换行的同时不改变段落的结构，就要使用"HTML"插入面板中的换行符，或按下 Shift + Enter 组合键。

3.2.4 上机练习——美化网页文本

 练习目标

文本是网页中不可缺少的元素，丰富合理的文本格式往往可以起到事半功倍的效果。本练习将对网页文本进行美化，使读者进一步掌握格式化文本的操作方法。

3-2　上机练习——美化网页文本

 设计思路

首先打开一个需要美化文本的网页，然后选中需要设置格式的文本，在"属性"面板上设置文本的标题、大小和颜色，并对文本进行换行，便于阅读，最终效果如图 3-14 所示。

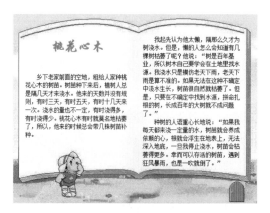
图 3-14　页面最终效果

操作步骤

（1）打开文件。执行"文件"|"打开"命令，在弹出的"打开"对话框中选择一个已创建页面布局的文件，如图 3-15 所示。

（2）输入文本。删除布局块中的占位文本，将指针放置在布局块中，输入需要的文本。将指针放置在每一段文本的最前面，在"HTML"插入面板上单击"不换行空格"两次，如图 3-16 所示。实现首行缩进，此时的页面效果如图 3-17 所示。

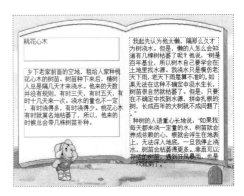

图 3-15　页面布局　　　　图 3-16　插入"不换行空格"　　　　图 3-17　添加文本的效果

（3）设置标题文本格式。选中页面上的标题文本"桃花心木"，在"属性"面板上设置格式为"标题 1"；然后切换到 CSS 属性区域，设置字体为"华文行楷"，颜色为 #FF6600，如图 3-18 所示。此时的页面效果如图 3-19 所示。

图 3-18　设置标题文本格式　　　　图 3-19　设置格式的标题文本效果

（4）设置正文格式。选中左侧的正文文本，在"属性"面板上设置字体为"新宋体"，大小为 14px，如图 3-20 所示。同样的方法，设置右侧正文的格式，此时的页面效果如图 3-21 所示。

图 3-20　设置正文"属性"　　　　图 3-21　设置格式后的正文文本效果

（5）设置文本的行距。单击文档工具栏上的"代码"按钮，切换到"代码"视图，在 #left 和 #right 的代码区域添加如下代码：

```
line-height: 140%;
```

如图 3-22 所示，#left 为左侧的布局块的规则定义；#right 为右侧的布局块的规则定义。此时的页面效果如图 3-23 所示。

图 3-22　设置行距

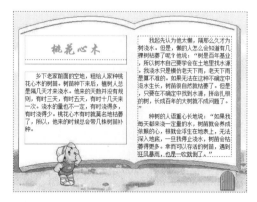

图 3-23　页面效果

（6）保存文件。执行"文件"|"保存"命令保存文件，然后在浏览器中预览页面，效果如图 3-14 所示。

3.3　添加其他文本要素

网页中除了可以插入文本，还可以插入一些其他的文本要素，如日期和时间、特殊字符和水平线。本节将简要介绍插入这些 HTML 对象的方法。

3.3.1　插入日期

在网页中，经常会看到显示有日期，且日期自动更新。Dreamweaver CC 2018 为读者提供了插入日期的功能，使用它可以用多种格式在文档中插入当前的日期和时间。而且通过设置，可以使网页在每次保存时都能自动更新。

（1）将插入点放在文档中需要插入日期的位置。

（2）执行"窗口"|"插入"命令，打开"插入"面板的"HTML"分类，单击面板中的"日期"按钮 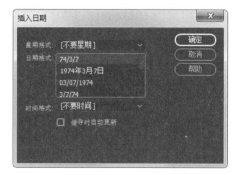，弹出"插入日期"对话框，如图 3-24 所示。

（3）在"星期格式""日期格式""时间格式"下拉列表中分别选择星期、日期、时间的显示方式。

图 3-24　"插入日期"对话框

> 🔊 提示："插入日期"对话框中显示的日期和时间不是当前日期，也不反映访问者在查看站点时所看到的日期和时间。它们只是信息的显示方式的示例。

（4）如果希望插入的日期在每次保存文档时自动进行更新，可以选中"储存时自动更新"复选框。

（5）单击"确定"按钮关闭对话框，即可在文档中插入日期和时间。

（6）选中插入的日期，在属性面板上调整日期显示的字体、大小和对齐方式。

例如，在 2016 年 11 月 30 日向页面中插入时间。若在"星期格式"下拉列表框中选择了"[不要星期]"，在"日期格式"选框中选择了"1974 年 3 月 7 日"，在"时间格式"下拉列表框中选择"[不要时间]"，则最后生成的日期效果如图 3-25 所示。

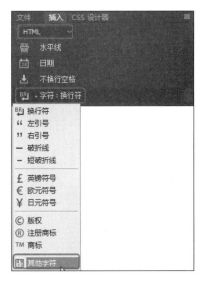

松鹤延年

2016年11月30日

图 3-25　最终效果

3.3.2　插入特殊字符

本节所说的特殊字符是指在键盘上不能直接输入的字符。如果需要向网页中插入特殊字符，可使用"插入"面板的"HTML"分类。

（1）单击"HTML"插入面板中的"换行符"按钮 ![BR] 右侧的向下箭头，弹出下拉列表，如图 3-26 所示，在下拉菜单中可以选择需要的字符。

（2）如果需要插入更多的特殊字符，可以单击下拉菜单上的"其他字符"按钮，如图 3-26 所示。弹出"插入其他字符"对话框。

（3）在该对话框中单击需要的字符按钮，如图 3-27 所示。对话框左上角的"插入"文本框中将显示该字符对应的实体参考。单击"确定"按钮，即可插入相应的特殊字符。

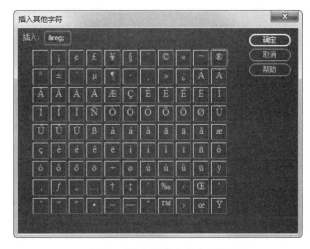

图 3-26　插入特殊字符　　　　　　　　图 3-27　"插入其他字符"对话框

📖 知识拓展

特殊字符的数字参考和实体参考

在 HTML 中，一个特殊字符有两种表达方式，一种称作数字参考，另一种称作实体参考。

数字参考，就是用数字来表示文档中的特殊字符，通常由前缀"&#"加上数值，再加上后缀";"组成，其表达方式为：&#D;，其中 D 是一个十进制数值。

实体参考，就是用有意义的名称来表示特殊字符，通常由前缀"&"加上字符对应的名称，再加上后缀";"组成。其表达方式为：&name;，其中 name 是一个用于表示字符的名称，且区分大小写。

例如，可以使用"®"和"®"来表示注册商标符号"®"。尽管实体参考比数字参考要容易记忆，不过，并非所有的浏览器都能够正确识别采用实体参考的特殊字符，但是它们都能够识别出采用数字参考的特殊字符。

对于那些常见的特殊字符，使用实体参考方式是安全的，在实际应用中，只要记住这些常用特殊字符的实体参考就足够了。对于一些特别不常见的字符，则应该使用数字参考方式。

3.3.3 创建列表

在编辑网页文本时，常常需要对同级或不同级的多个项目进行编号或排列，以显示多个项目之间的层次关系，或使文本布局更有条理，这就需要用到列表。列表分为项目列表和编号列表两种。

1. 项目列表

项目列表（也称无序列表），列表没有顺序，用不同的符号及缩进的多少来区分不同的层次。默认的项目符号是圆点。

（1）选中需要设置成项目列表的文本。

（2）打开"属性"面板，在 HTML 属性中单击"项目列表"按钮，如图 3-28 所示。

图 3-28　创建"项目列表"

2. 编号列表

编号列表（也称有序列表），每一项前都会有序号引导（默认为数字），通过数字及缩进来区分不同的层次。

（1）选中需要设置成编号列表的文本。

（2）打开"属性"面板，在 HTML 属性中单击"编号列表"按钮，如图 3-29 所示。

图 3-29　创建"编号列表"

3. 设置列表属性

如果默认的项目编号不符合设计需求，用户还可以自定义列表属性。

在 Dreamweaver CC 2018 的"设计"视图中选中要修改的列表,执行"编辑"|"列表"|"属性"命令,弹出"列表属性"对话框，如图 3-30 所示。在其中可以对列表进行更深入的设置。

- ↘ "列表类型"：用于改变选中列表的列表类型,有"项目列表""编号列表""目录列表""菜单列表"四个选项。其中，"目录列表""菜单列表"只在较低版本的浏览器中起作用，在目前通用的高版本浏览器中已失去效果，这里不做介绍。
- ↘ "样式"：用于设置列表中的每行开头的列表标志。列表类型为"项目列表"时，有三个选项——"默认""项目符号""正方形"；列表类型为"编号列表"时,有六个选项——"默认""数字""小写罗马字母""大写罗马字母""小写字母""大写字母"，如图 3-31 所示。

图 3-30　"列表属性"对话框

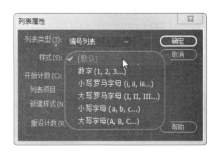

图 3-31　项目编号样式

3.3.4　上机练习——制作李白诗作列表

 练习目标

本节通过创建列表的练习，使读者掌握在 Dreamweaver CC 2018 中创建项目列表、编号列表及嵌套列表的操作方法。

3-3　上机练习——制作
李白诗作列表

 **设计思路**

首先打开一个需要创建列表的网页，然后选中要创建列表的文本，在属性面板上选择相应的按钮创建列表，最后修改列表属性，以凸显列表层次。

操作步骤

1. 创建项目列表

（1）执行"文件"｜"打开"命令，在弹出的"打开"对话框中选择一个制作好的页面，该页面包含三列相同的内容，第一列的内容如图 3-32（a）所示。

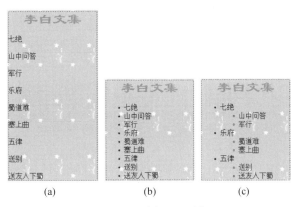

(a)　　　　　　(b)　　　　　　(c)

图 3-32　创建项目列表

（2）用鼠标指针选中除"李白文集"以外的其他项内容，单击属性设置面板中的"项目列表"按钮，则所有项目的左边都会加入一个"●"符号,这样所有项目都被当作项目列表的第一层,如图 3-32（b）所示。

（3）选择"山中问答""军行"两项，单击属性设置面板中的"缩进"按钮，使它们向右缩进，则这两项左边的"●"符号变成了"○"符号，表示它们在列表的第二层。同理设置其他项，最终效果如图 3-32（c）所示。

> 💡 **提示：**如果要取消文本缩进，可以选中要修改的文本，然后单击属性面板上的"凸出"按钮。

2. 创建编号列表

（1）用鼠标指针选中除"李白文集"以外的第二列文本内容，单击属性设置面板中的"编号列表"按钮，则所有项目左边都会加入数字，这样所有项目都被当作编号列表的第一层，如图 3-33（a）所示。

（2）选择"山中问答""军行"两项，单击属性设置面板中的"缩进"按钮，使它们向右缩进，则这两项左边会按顺序加入数字，表示它们是列表的第二层。同理设置其他项，如图 3-33（b）所示。

3. 项目列表和编号列表混排

（1）用鼠标指针选中除"李白文集"以外的第三列文本内容，单击属性设置面板中的"编号列表"按钮，则所有项目左边都会加入编号，如图 3-34（a）所示。

（2）选择"山中问答""军行"两项，单击属性设置面板中的"缩进"按钮，使它们向右缩进，这两项左边会按顺序加入数字。然后单击属性面板中的"缩进"按钮。同理设置其他项，如图 3-34（b）所示。

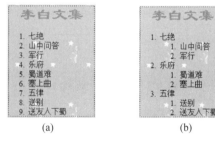

图 3-33　创建编号列表

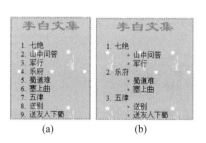

图 3-34　编号列表、项目列表混排

4. 修改列表的编号样式

（1）选中第一列文本中的第一层列表，如选中"五律"，执行"编辑"|"列表"|"属性"命令，打开"列表属性"对话框，在"样式"下拉列表中选择"正方形"，然后单击"确定"按钮关闭对话框。第一层列表的项目符号即被修改为正方形，如图 3-35（a）所示。

（2）选中第二列文本中的第二层列表，如选中"军行"，执行"编辑"|"列表"|"属性"命令，打开"列表属性"对话框，在"样式"下拉列表中选择"大写字母"，然后单击"确定"按钮关闭对话框。第二层列表前两项的项目符号即被修改为大写字母。同样的方法修改第二层的其他列表项，如图 3-35（b）所示。

（3）选中第三列文本中的第一层列表，如选中"五律"，执行"编辑"|"列表"|"属性"命令，打开"列表属性"对话框，在"开始计数"文本框中输入"4"，然后单击"确定"按钮关闭对话框。第一层列表将以 4 开始列序，如图 3-35（c）所示。

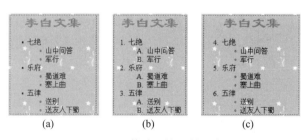

图 3-35　修改属性后的列表

3.4　实例精讲——制作简单的文本页面

在实际中，不少类型的栏目网页都会拥有较多的文本，如新闻栏目、专题栏目、故事栏目等。下面通过一个读书栏目实例讲解文本页面的制作方法。

 设计思路

本实例是制作一个读书栏目的页面。先使用表格布局制作出页面的整体框架，然后在相应的单元格中输入相应的图片和文字内容。选中文字，在"属性"面板上设置文字的相关属性，并对文字进行简单的排版，最终效果如图 3-36 所示。

3-4　实例精讲——制作
简单的文本页面

图 3-36　页面效果

 制作重点

（1）选中页面上输入的文字，在"属性"面板上可设置相关的文字属性，例如字体大小、颜色等。

（2）在 Dreamweaver CC 2018 中有两种文字换行的方式：一种是通过按键盘上的 Enter 键，插入一个段落换行；另一种是通过按键盘上的 Shift+Enter 键，插入一个换行符，换到下一行继续输出。

 操作步骤

1.设置页面属性

启动 Dreamweaver CC 2018，执行"文件"|"新建"命令，新建一个空白的 HTML 页面，然后执行"文件"|"保存"命令，保存文件。执行"文件"|"页面属性"命令，弹出"页面属性"对话框，设置页面字体为"新宋体"，大小为 14px；单击"浏览"按钮，选择需要的背景图像，如图 3-37 所示。

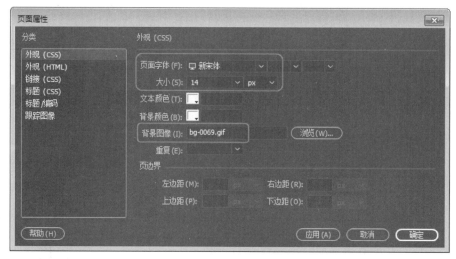

图 3-37　设置"页面属性"面板

在这里没有设置背景图像的重复方式，保留默认设置，即自动铺满整个页面。

2. 插入表格

执行"插入"|"表格"命令，在弹出的"表格"对话框中设置表格行数为 3，列为 2，表格宽度为 800 像素，边框粗细、单元格边距和单元格间距均为 0，如图 3-38 所示。选中刚刚插入的表格，在"属性"面板上设置"对齐"属性为"居中对齐"。

3. 设计表格布局

将鼠标指针移至第 1 行单元格中，在"属性"面板上设置"高"为 60，然后选中第 1 行单元格，单击"属性"面板上的"合并单元格"按钮，如图 3-39 所示。

同样的方法，合并第 3 行单元格。按住 Ctrl 键单击第 1 行和第 3 行选中这两行单元格，在"属性"面板上设置水平"居中对齐"，垂直"居中"，如图 3-40 所示。

图 3-39　合并单元格

图 3-38　"表格"对话框

图 3-40　设置单元格内容对齐方式 1

4. 插入图像

将鼠标指针放在第 2 行第 2 列单元格中，在"属性"面板上设置水平"右对齐"，垂直"底部"，如图 3-41

所示。然后执行"插入"|"图像"命令，在弹出的"选择图像源文件"对话框中，选择需要的图像文件，如图 3-42 所示。

图 3-41　设置单元格内容对齐方式 2

图 3-42　插入图像的效果

5. 插入 Div

将鼠标指针放在第 2 行第 1 列单元格中，执行"插入"|"Div"命令，弹出"插入 Div"对话框，设置 ID 为 text，如图 3-43 所示。单击"新建 CSS 规则"按钮，在弹出的对话框中单击"确定"按钮，打开"#text 的 CSS 规则定义"对话框。

图 3-43　"插入 Div"对话框

（1）在"类型"分类中，设置行高（Line-height）为 180%，如图 3-44 所示。

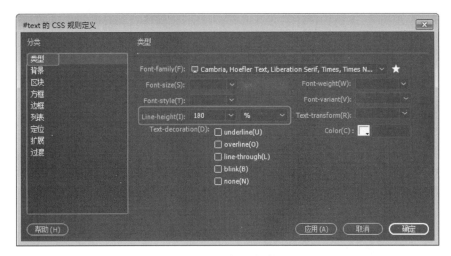

图 3-44　设置行高

（2）在"区块"分类中，设置文本对齐方式（Text-align）为"左对齐"，如图 3-45 所示。

图 3-45　设置文本对齐方式

（3）在"方框"分类中，设置高度（Height）为 600px（与右侧图片高度相同），左（Left）、右（Right）填充为 10px，左、右边距为 auto，如图 3-46 所示。

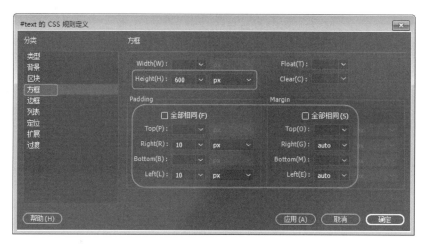

图 3-46　设置方框的高、填充和边距

设置完毕，单击"确定"按钮关闭对话框。此时在页面中将显示插入的 Div 布局块，删除布局块中的占位文本，效果如图 3-47 所示。

6. 输入标题文本

将鼠标指针放在第一行单元格中，输入文本，然后执行"插入"|"HTML"|"水平线"命令，插入一条水平线，如图 3-48 所示。

图 3-47　插入 Div 布局块

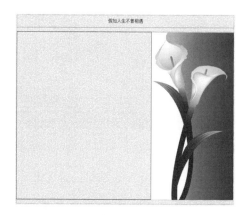

图 3-48　插入文本和水平线

7. 设置文本属性

选中输入的文本，在"属性"面板上的"格式"下拉列表中选择"标题 1"，如图 3-49 所示；切换到 CSS 属性，设置字体为"华文行楷"，大小为 30px，颜色为 #FF6600，如图 3-50 所示，此时的文本效果如图 3-51 所示。

图 3-49　设置格式为"标题 1"　　　　　　　　　　图 3-50　设置 CSS 属性

图 3-51　设置属性后的文本效果

8. 输入正文文本

将鼠标指针放在第 2 行第 1 列的 Div 布局块中，打开"HTML"插入面板，单击"不换行空格"按钮两次，如图 3-52 所示。插入两个不换行空格，然后输入其他文本。一段文本输入完成后，按 Enter 键插入一个换行符，使用同样的方法，插入其他文本，如图 3-53 所示。

图 3-52　插入"不换行空格"

图 3-53　插入文本的效果

9. 制作页脚

将鼠标指针放在第 3 行单元格中，执行"插入"|"HTML"|"水平线"命令，插入一条水平线；按 Enter 键换行，输入第 1 行文本，然后按 Shift+Enter 组合键，插入一个软回车，输入第 2 行文本。将鼠标指针放在要插入特殊符号的位置，在"HTML"插入面板上单击字符按钮，在弹出的下拉列表中选择注册商标，如图 3-54 所示；同样的方法，插入版权符号，效果如图 3-55 所示。

图 3-54　插入特殊字符

图 3-55　页脚效果

10. 保存文件并预览

执行"文件"|"保存"命令，保存页面，然后在浏览器中预览整个页面，效果如图 3-37 所示。

3.5　答　疑　解　惑

1. 如何查找和替换文本？

答：执行"查找"|"查找和替换"命令，即可在文档顶部打开相应的面板，如图 3-56 所示。

在"搜索词"文本框中输入要查找的文本，在"替换词"文本框中输入要替换的文本；在"查找位置"下拉列表中选择要查找的范围；在"筛选"区域可以扩展或限制搜索范围，单击"查找全部"按钮，即可弹出一个"搜索"面板，显示查找结果。单击"替换"或"全部替换"按钮，即可完成操作。

图 3-56　"查找和替换"对话框

2. 如何查找文档中的换行符？

答：在"搜索词"文本框中按 Ctrl + Enter 键或 Shift + Enter 键可以添加换行符，从而搜索回车符。执行此类搜索时，如果不使用正则表达式，则取消选择"忽略空格"选项。此搜索专门查找回车符，而不是仅查找换行符匹配项，例如，它不查找
 标签或 <p> 标签。回车符在"设计"视图中显示为空格而不是换行符。

3.6 学习效果自测

一、选择题

1. 按（　　）组合键可以在文档中插入空格。

   A. Ctrl + Shift + Space   B. Ctrl+Space   C. Shift+Space   D. Alt+Space

2. 按（　　）组合键可以在文档中插入换行符。

   A. Ctrl+Space   B. Shift+Space   C. Shift+Enter   D. Ctrl+Enter

3. 下列关于设置文本格式的说法中错误的是（　　）。

   A. 如果同时设置多个段落的缩进和凸出，则需要先选中这些段落

   B. 执行"工具"|"HTML"|"下画线"命令可以对选中文本添加下画线

   C. 只有在"插入日期"对话框中选中"储存时自动更新"选项，才能保证对文档修改时日期自动更新

   D. "插入日期"对话框中显示的时间是当前时间

4. 以下操作能实现在 Dreamweaver CC 2018 中连续键入空格的是（　　）。

   A. 按住快捷键 Ctrl+Shift+Space

   B. 在"HTML"插入面板中单击"不换行空格"按钮

   C. 执行"插入"|"HTML"|"不换行空格"命令

   D. 连续按多个空格键

二、判断题

1. Dreamweaver CC 2018 提供的编号列表的样式不包括中文数字。（　　　）

2. 选择需要建立列表的文本，并单击属性面板上的"项目列表"按钮，即可建立无序列表。（　　　）

3. 在文档窗口中输入一段文字，在文字中间按下 Enter 键后，可以实现换行的同时不改变段落的结构。（　　　）

4. 在文本的 HTML 属性面板上，可以设置文本的标题格式。（　　　）

5. 在文本的属性面板上可以设置页面属性和文档标题。（　　　）

三、填空题

1. 文本的对齐方式通常有四种：（　　　）、（　　　）、（　　　）和（　　　）。

2. 在文档窗口中，每按一次（　　　）键就会生成一个段落。

3. 在"插入其他字符"对话框中，选中一个特殊字符之后，在"插入"文本框中可以看到该字符的（　　　）。

四、操作题

通过本章讲解的内容制作一个简单的文本页面。

第 **4** 章

在网页中应用图像

本章导读

图像的直观力是平面无法比拟的，图像的应用可以使网页更加生动精彩，更加吸引浏览者。恰当巧妙地利用图像是设计网页的关键。

本章将从最基本的操作入手，通过对网页中的图像的插入和设置的介绍，使读者掌握基本的图像网页的制作方法。

学习要点

◆ 插入图像
◆ 设置图像属性
◆ 编辑图像
◆ 插入鼠标经过图像
◆ 制作图文并茂的网

4.1　网页中常用的图像格式

目前，网页上通常使用的图像格式主要有三种：GIF、JPEG 和 PNG。

❧ GIF：Graphics Interchange Format（图形交换格式），采用 LZW 无损压缩算法，最多使用 256 种颜色，最适合显示色调不连续或具有大面积单一颜色的图像，例如导航条、按钮、图标、徽标或其他具有统一色彩和色调的图像。

❧ JPEG：Joint Photographic Experts Group（联合图像专家组标准），这种格式的文件可以包含数百万种颜色，是用于摄影或连续色调图像的高级格式。随着 JPEG 文件品质的提高，文件的大小和下载时间也会随之增加。通常可以通过压缩 JPEG 文件，在图像品质和文件大小之间达到良好平衡。

❧ PNG：Portable Network Graphic（可移植网络图形），这是一种替代 GIF 格式的无专利权限制的格式，它包括对索引色、灰度、真彩色图像以及 Alpha 通道透明的支持。PNG 文件可保留所有原始层、矢量、颜色和效果信息（例如阴影），并且在任何时候所有元素都是完全可编辑的。

4.2　图　像　效　果

在 Dreamweaver CC 2018 中，可以直接插入图像，也可以将图像作为页面的背景。在插入图片时，还能直接对图片做一些修改，例如为图片添加超链接、给图片加上边框、改变图片的尺寸、在图片周围加上空白区间以及指定图片对齐方式；还可以创建翻转图片或图片地图等交互式图片。

4.2.1　插入图像

在 Dreamweaver CC 2018 中插入图像很方便。

（1）将鼠标指针移至需要插入图像的位置，执行"插入"|"图像"命令，或单击"插入"面板"HTML"分类中的"Image"（图像）按钮，如图 4-1 所示。

（2）在弹出的"选择图像源文件"对话框，单击需要插入的图像文件，如图 4-2 所示。

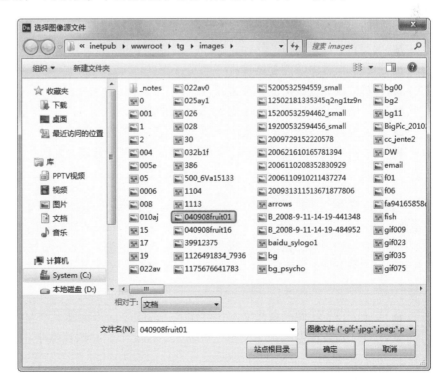

图 4-1　单击"图像"按钮　　　　　　　　　　　　　　　　图 4-2　"选择图像源文件"对话框

（3）在"选择图像源文件"对话框下方的"相对于"下拉列表中，可以选择文件 URL 地址的类型。如果选择"文档"选项，表示图像地址相对于当前文档；如果选择"站点根目录"选项，表示图像地址相对于站点根目录。通常保留默认设置。

（4）单击"确定"按钮，即可将选中的图像插入到页面中的相应位置。

如果图像在站点外部，在保存文件时 Dreamweaver CC 2018 会弹出"复制相关文件"对话框，提醒用户将图片保存在站点内部，如图 4-3 所示。单击"复制"按钮，即可保存图像。

图 4-3 "复制相关文件"对话框

4.2.2 设置图像属性

在网页中插入图像后，Dreamweaver CC 2018 会自动按照图像的原始大小显示，这可能与需要的尺寸不一致，通常还要对图像的一些属性进行调整，如大小、位置、对齐等。这就要通过图像属性面板实现。

在 Dreamweaver CC 2018 中选中一个图像之后，执行"窗口"|"属性"命令，打开图像属性面板，如图 4-4 所示。

图 4-4 "属性"面板

"属性"面板左上角显示所选图片的缩略图，并且在缩略图的右侧显示该图像的大小及其他属性选项。在"属性"面板的左上角的文本框中可以为图像定义名称。

- ID：用来设置图像的名称，主要用于在脚本语言（如 JavaScript 或 VBScript）中引用。该名称必须唯一。
- 源文件：设置图像的路径。
- 链接：设置图像的超链接。
- 目标：设置超链接的打开方式。
- 类：用于设置应用到图像的 CSS 样式的名称。
- 宽：用来设置图像的宽度，可填入数值，单位为像素。
- 高：用来设置图像的高度，可填入数值，单位为像素。

> **提示**：调整图片大小后，"宽""高"右侧会出现两个按钮。单击"重置为原始大小"按钮，可以取消修改图片尺寸。单击"提交图像大小"按钮，则修改图片尺寸。
>
> 本书建议，只有在以确定布局为目的时，才在 Dreamweaver CC 2018 中以可视的方式调整位图的大小。确定了理想的图像大小之后，应在图像编辑应用程序中编辑该文件。

- 替换：设置图像的替代文本，可输入一段文字。当图像无法显示时，将显示这段文字。
- 标题：设置图像的提示文本，可输入一段文字。在浏览器中将鼠标指针移到图像上时，将显示输入的文本。
- "地图"及下面的四个按钮：用于制作映射图的热点工具，详细内容会在 6.2.2 节中介绍。
- 原始：指定图像的 PNG 或 PSD 格式的源文件。

4.2.3 上机练习——图文混排

练习目标

本节通过制作一个简单的诗文混排的页面，使读者掌握在页面中插入图　　4-1　上机练习——图文混排
像，并设置图像属性的方法。

设计思路

首先新建一个空白的 HTML 网页，然后在网页中插入图片，并设置图片的属性，最后输入文本。最
终效果如图 4-5 所示。

图 4-5　插入图像与文本的效果

操作步骤

（1）执行"文件"|"新建"命令，弹出"新建文档"对话框。设置文档类型为 HTML，无框架，如图 4-6
所示。单击"创建"按钮创建一个空白的 HTML 文件。

图 4-6　"新建文档"对话框

（2）单击文档工具栏上的"设计"按钮，切换到"设计"视图。

（3）执行"窗口"|"属性"命令，打开"属性"面板。切换到 CSS 属性，然后单击"居中对齐"按钮▤，如图 4-7 所示。这样，页面中的内容将默认居中对齐。

图 4-7　设置页面内容的对齐方式

（4）在"设计"视图空白处单击，鼠标指针将在中间位置显示。执行"插入"|"图像"命令，或单击"插入"面板"HTML"子面板上的"图像"按钮，弹出"选择图像源文件"对话框。

（5）在"选择图像源文件"对话框中选择要插入的图像，如图 4-8 所示。然后单击"确定"。该图像将出现在文档中。

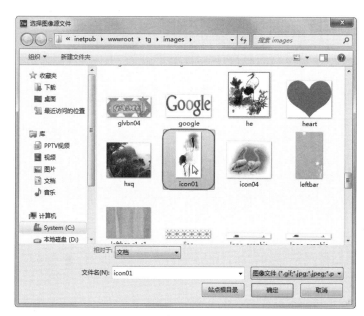

图 4-8　"选择图像源文件"对话框

（6）将鼠标指针置于图片右侧，按 Enter 键另起一行，输入"黄鹤楼"，然后按下 Ctrl+Shift 组合键，输入"作者：崔颢"。

（7）将鼠标指针置于文本右侧，按 Enter 键另起一行，输入诗《黄鹤楼》的文本，按 Ctrl+Shift 键进行分隔。

（8）执行"文件"|"保存"命令，保存文件。在浏览器中预览的效果如图 4-5 所示。

4.2.4　鼠标经过图像

所谓鼠标指针经过图像，就是当鼠标指针移动到图像上，图像切换成另一幅图像；移开鼠标，则恢复原来的图像，如图 4-9 所示。鼠标指针没有移到图像上时，显示图 4-9（a）的图片；移到图片上时，显示图 4-9（b）的图；移开鼠标指针，又显示图 4-9（a）的图片。如果单击图像，还可打开链接的网页。

　（a）　　　　　　（b）

图 4-9　鼠标经过前、后的图像效果

> **注意**：一个鼠标指针经过图像其实是由两张图片组成的：页面加载时显示的图像（第一张）和鼠标指针经过时显示的图像（第二张）。这两张图像应具有相同的尺寸，如果尺寸不同，Dreamweaver CC 2018 会自动将第二张图片的尺寸调整为与第一张图片相同的大小。

在 Dreamweaver CC 2018 的"设计"视图中，将鼠标指针置于要插入鼠标经过图像的位置。执行"插入"|"HTML"|"鼠标经过图像"命令，或单击"插入"面板"HTML"子面板上的"鼠标经过图像"按钮 ，如图 4-10 所示。弹出"插入鼠标经过图像"对话框，如图 4-11 所示。

图 4-10　"鼠标经过图像"按钮　　　　图 4-11　"插入鼠标经过图像"对话框

- 图像名称：鼠标经过图像的名称。
- 原始图像：第一张图像的路径。
- 鼠标经过图像：第二张图像的路径。
- 预载鼠标经过图像：将图片预先加载到浏览器的缓存中，加快图片的下载速度。
- 替换文本：鼠标经过图像时显示的文本。
- 按下时，前往的 URL：在浏览器中单击鼠标经过图像打开的链接网页。

4.2.5　上机练习——制作导航条

 练习目标

前面讲解了有关图像操作的基础知识，通过本节练习实例的制作，进一步掌握在页面中插入图像和鼠标经过图像的操作方法。

4-2　上机练习——制作导航条

 设计思路

本练习实质上是制作一系列的鼠标经过图像。首先打开一个制作好的页面，将鼠标指针移至页面中需要插入鼠标经过图像的位置，设置"插入鼠标经过图像"对话框，插入相应的鼠标经过图像。

操作步骤

（1）启动 Dreamweaver CC 2018，执行"文件"|"打开"命令，打开已设置背景图像和表格的页面，如图 4-12 所示。

有关表格的操作将在第 6 章进行讲解。

（2）在"设计"视图中，将鼠标指针置于表格第 1 行。执行"插入"|"HTML"|"鼠标经过图像"命令，弹出"插入鼠标经过图像"对话框（图 4-13）。

（3）在"图像名称"文本框中输入鼠标经过图像的名称，例如"Follow Me"。

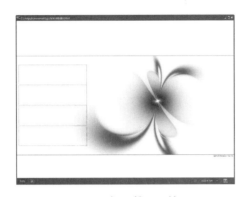

图 4-12 打开的网页效果 　　　　图 4-13 设置"插入鼠标经过图像"对话框

（4）单击"原始图像"文本框右侧的"浏览"按钮，从弹出的对话框中选择所需的第一张图像。

（5）单击"鼠标经过图像"文本框右侧的"浏览"按钮，从弹出的对话框中选择需要的第二张图像。

（6）保留"预载鼠标经过图像"复选框的选中状态，以加快图片的下载速度。

（7）在"替换文本"文本框中输入鼠标掠过图像时显示的文本，例如"Follow Me"。

（8）在单击"按下时，前往的 URL"文本框中输入链接文件的路径和文件名，表示在浏览时单击鼠标经过图像，会打开链接的网页。由于还没有制作链接页面，因此本例输入 #，如图 4-13 所示。

（9）单击"确定"按钮关闭对话框。选中插入的图像，在属性面板上的"标题"文本框中输入提示信息：单击此按钮查看站点地图，如图 4-14 所示。

（10）用同样的方法在其他三行单元格中插入鼠标经过图像，并保存文件。在实时视图中的预览效果如图 4-15 所示。

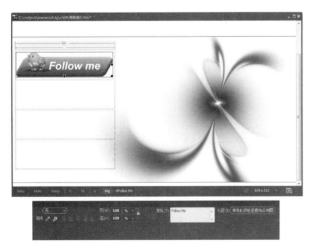

图 4-14 设置图像标题 　　　　　图 4-15 导航条预览效果

4.2.6 水平线

在对页面内容分栏时，常会使用水平线作为分界线，因此在本书，将水平线作为图像的一种进行介绍。在 Dreamweaver CC 2018 中可以很便捷地插入水平线。

（1）将插入点放在"设计"视图中需要添加水平线的位置。例如图 4-16 中，"春日"的上方。

（2）单击"插入"|"HTML"|"水平线"命令，即可在指针处插入一条水平线。

（3）在属性面板中，设置水平线的宽度为 600，高度为 10，水平线居中对齐，最终效果如图 4-17 所示。

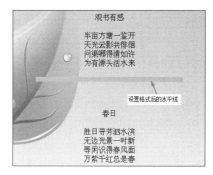

图 4-16　插入水平线前的效果　　　　　　　图 4-17　插入水平线后的效果

> **教你一招**：如果要修改水平线的颜色，可以先在属性面板上设置水平线的 ID（例如 line），然后使用"CSS 设计器"面板定义 CSS 样式 #line，设置背景颜色。有关 CSS 规则的定义将在第 8 章进行讲解。

4.3　编　辑　图　像

在网页制作过程中，可能常常需要编辑网页中的图像，以满足特定的设计需要。4.2.2 节已介绍了常用的图像属性，本节将重点介绍图像"属性"面板中的一些编辑属性，如图 4-18 所示。

图 4-18　图像的"属性"面板

4.3.1　编辑属性

➥ 🖉：用于打开在"外部编辑器"首选参数中指定的图像处理软件，编辑当前选中的图像。如果没有设置编辑软件，将弹出一个如图 4-19 所示的对话框，提示用户找不到此文件扩展名对应的有效编辑器。单击"确定"按钮，将打开"首选项"对话框，便于用户设置图像编辑器。有关设置外部图像编辑器的具体操作，请参见下一节的介绍。

➥ 🛠：编辑图像设置。单击该按钮打开"图像优化"对话框，优化图像，如图 4-20 所示。

图 4-19　提示对话框　　　　　　　图 4-20　"图像优化"对话框

➡ ：从原始更新。如果对原始图像文件进行了修改，当前页面上的图像与原始图像不同步，单击该按钮，图像将自动更新，以反映对原始图像所做的任何更改。

➡ ：用于修剪图片，删去图片中不需要的部分。

➡ ：重新取样，调整图片大小后此按钮可用。增加或减少像素以提高调整大小后的图片质量。

➡ ：用于改变图片亮度和对比度。该操作将永久性改变所选图像。

➡ ：锐化图像，用于改变图片内部边缘对比度。该操作将永久性改变所选图像。

4.3.2 上机练习——使用外部编辑器修改图像

 练习目标

使用 Dreamweaver CC 2018 的"首选项"对话框指定首选图像编辑器，并使用指定的外部编辑器修改网页图像，提高整个工作过程的效率。

4-3 上机练习——使用外部编辑器修改图像

 设计思路

首先打开 Dreamweaver CC 2018 的"首选项"对话框，设置指定图像格式的主要编辑器。然后选中网页中要修改的图像，使用"编辑"按钮打开外部编辑器对图像进行修改，编辑完成后，单击"完成"按钮更新网页上的图像。

操作步骤

（1）启动 Dreamweaver CC 2018，执行"编辑"|"首选项"命令，打开"首选项"对话框，在"分类"列表框中单击"文件类型/编辑器"，如图 4-21 所示。

图 4-21 设置外部编辑器首选项

（2）在"扩展名"列表中，选择要设置编辑器的文件类型后缀名（例如 .jpg）。

如果在"扩展名"列表中没有找到需要的后缀名，可以单击列表顶部的 ➕ 按钮，然后在"扩展名"

列表中出现的空栏中输入所需的后缀，按 Enter 键即可，如图 4-22 所示。

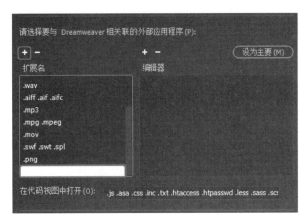

图 4-22　添加"扩展名"

（3）单击"编辑器"列表上方的█按钮，弹出"选择外部编辑器"对话框，从中浏览选择所需的外部编辑器。本练习选择 Fireworks。

（4）选中添加的编辑器，单击 设为主要(M) 按钮，可将所选编辑器设置为指定类型图像的首选编辑器。

（5）单击"确定"按钮关闭对话框。此时，属性面板上的"编辑"按钮将显示为指定的编辑器图标█。

> 🔒 **提示**：如果指定 Photoshop 为主要编辑器，则"编辑"按钮会变成 Photoshop 的按钮。

接下来在 Dreamweaver CC 2018 窗口中启动指定的图像编辑器编辑 JPG 图像。

（6）在 Dreamweaver CC 2018 的文档窗口中选择需要编辑的图像文件，然后单击属性面板中的"编辑"按钮，即可启动指定的编辑器 Fireworks。

如果在"属性"面板上的"原始"文本框中指定了网页图像的源文件，Fireworks 会自动打开该图像的源文件进行编辑。如果没有指定，则会弹出如图 4-23 所示的"查找源"对话框询问是否编辑源文件。

图 4-23　"查找源"对话框

（7）单击"使用此文件"按钮，即可在 Fireworks 中打开指定的图像文件，如图 4-24 所示。

在 Fireworks 的图像编辑窗口上方显示此图像是从 Dreamweaver CC 2018 转到 Fireworks 中进行编辑的。

（8）在 Fireworks 中修改图像的色相，然后单击图像编辑窗口上方的"完成"按钮，如图 4-25 所示，可以直接切换回 Dreamweaver CC 2018。

与此同时，Dreamweaver CC 2018 中的图像也会被更新。如果在开始时选择了该图像的源文件，则对源文件的修改将被保存下来。

图 4-24　使用 Fireworks 编辑　　　　　图 4-25　单击"完成"按钮

4.4　实例精讲——制作饮料宣传页面

 练习目标

通过前面对基础知识的讲解，结合本节实例掌握在网页中运用图像的方法。

4-4　实例精讲——制作
饮料宣传页面

设计思路

本实例是制作一个饮料宣传页面。首先使用表格设计页面布局，然后在各单元格中插入相应的图像，定义 CSS 规则应用背景图像。最终的页面效果如图 4-26 所示，将鼠标指针移到导航图片上时，导航文本将显示不同的颜色。

图 4-26　页面效果

 制作重点

（1）通过表格设计页面布局，并为单元格设置相应的宽度和高度，再插入图像。
（2）通过定义 CSS 规则将图像作为单元格的背景图像，然后在单元格中插入图像或其他页面元素。

操作步骤

1. 打开文件

启动 Dreamweaver CC 2018，执行"文件"|"打开"命令，在弹出的对话框中选择一个已创建页面

布局的网页文件，如图 4-27 所示。然后执行"文件"|"另存为"命令，保存文件。

从图 4-27 可以看出，本实例使用表格设计页面布局，将一个 6 行 7 列的表格通过合并，创建页面的结构。有关表格的操作，请参见第 5 章的介绍。

2. 插入图像 1

将鼠标指针放在第 1 行单元格中，执行"插入"|"图像"命令，在弹出的"选择图像源文件"对话框中选择需要的图像文件后，单击"确定"按钮即可在指定位置插入图像，如图 4-28 所示。

3. 插入图像 2

将鼠标指针放在左侧的单元格中，执行"插入"|"图像"命令，插入图像文件，如图 4-29 所示。

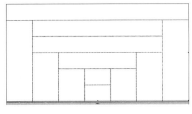

图 4-27　页面布局

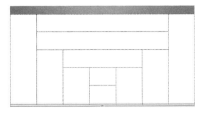

图 4-28　插入图像 1

图 4-29　插入图像 2

4. 定义单元格背景图像 1

将鼠标指针放在第 2 行第 2 列的单元格中，单击鼠标右键，在弹出的快捷菜单中选择"CSS 样式"|"新建"命令，如图 4-30 所示。在弹出的"新建 CSS 规则"对话框中输入选择器名称 .tdbg01（名称以点开头），规则定义的位置为"仅限该文档"，如图 4-31 所示。单击"确定"按钮，打开".tdbg01 的 CSS 规则定义"对话框。

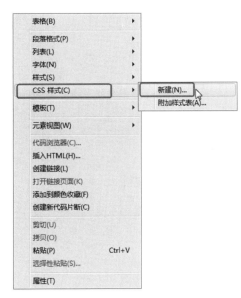

图 4-30　"新建"菜单

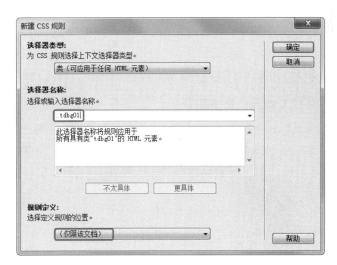

图 4-31　"新建 CSS 规则"对话框

在"背景"分类中单击"浏览"按钮，选择需要的背景图像。

设置背景图像重复方式为"no-repeat"（不重复）。

背景的位置 Background-positon(X)（水平）为"left"（左），Background-positon(Y)（垂直）为"top"（顶部），如图 4-32 所示。

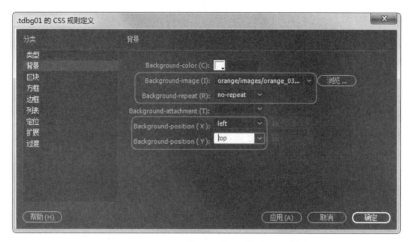

图 4-32 ".tdbg01 的 CSS 规则定义"对话框

5. 应用 CSS 规则

将鼠标指针放在第 2 行第 2 列的单元格中,在"属性"面板上的"目标规则"下拉列表中选择 .tdbg01,单元格宽为 216,高为 92,如图 4-33 所示。此时的页面效果如图 4-34 所示。

图 4-33 设置单元格属性

图 4-34 设置单元格背景图像效果

6. 插入图像 3

将鼠标指针放在第 3 行第 2 列的单元格中,执行"插入"|"图像"命令,在单元格中插入图像。同样的方法,在第 5 行第 2 列和第 5 行第 6 列的图像,如图 4-35 所示。

7. 定义单元格背景图像 2

将鼠标指针放在第 4 行第 3 列单元格中,在"属性"面板上设置"高"为 33。然后按照第 4 步的方法定义规则 .tdbg02,按照第 5 步的方法应用规则,并插入图像,效果如图 4-36 所示。

图 4-35 插入图像 3

图 4-36 定义单元格背景图像并插入图像效果

8. 插入图像 4

将鼠标指针放在第 5 行第 3 列单元格中,执行"插入"|"图像"命令,在指定的单元格中插入图像;同样的方法,在第 5 行第 5 列单元格中插入图像,效果如图 4-37 所示。

9. 定义单元格背景图像 3

将鼠标指针放在第 5 行第 4 列单元格中，在"属性"面板上设置"高"为 281。然后按照第 4 步的方法定义规则 .tdbg03，按照第 5 步的方法应用规则，效果如图 4-38 所示。

图 4-37　插入图像 4

图 4-38　定义单元格背景图像效果

10. 插入图像 5

将鼠标指针放在剩余的单元格中，执行"插入"|"图像"命令，在指定的单元格中插入图像，效果如图 4-39 所示。

图 4-39　插入图像 5

11. 嵌套表格

将鼠标指针放在第 5 行第 4 列单元格中，执行"插入"|"表格"命令，在弹出的"表格"对话框中设置行数为 6，列为 1，表格宽度为 100%，边框粗细、单元格边距和单元格间距均为 0，如图 4-40 所示。单击"确定"按钮，此时的页面效果如图 4-41 所示。

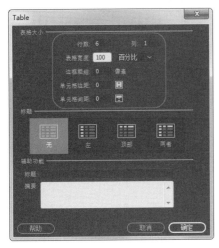

图 4-40　"表格"对话框

图 4-41　插入的表格

该表格用于放置导航图像。

12. 插入导航图片

将鼠标指针放在表格的第 1 行单元格中,执行"插入"|"HTML"|"鼠标经过图像"命令,弹出"插入鼠标经过图像"对话框。

❯ 图像名称:本例输入 about。读者也可以输入喜欢的名称,但一定不要与其他导航图片的名称重复。
❯ 原始图像和鼠标经过图像:单击"浏览"按钮,在弹出的对话框中选择需要的图像文件。
❯ 替换文本:本例输入"关于我们"。
❯ 按下时前往的 URL:本例没有制作链接页面,因此输入 #,如图 4-42 所示。

图 4-42 设置"插入鼠标经过图像"对话框

设置完毕,单击"确定"按钮关闭对话框。

13. 插入其他导航图片

按照上一步同样的方法,在其他单元格中插入鼠标经过图像,如图 4-43 所示。

图 4-43 插入导航图片

14. 保存文件并预览

执行"文件"|"保存"命令,保存页面,然后在浏览器中预览页面效果,如图 4-26 所示。

4.5 答 疑 解 惑

1. 在 Dreamweaver CC 2018 中为图片添加的替换文本不显示怎么办?

答:在网页中显示图片替换文本的是 title 标签("标题"属性)。alt 标签("替换"属性)用于在图片不能成功加载时显示,补充说明图片所表达的意思。因此,在设置图片属性时,最好同时设置"标题"和"替换"属性。

2. 怎样使水平线的长度自适应浏览器窗口大小?

答: 在"属性"面板上将水平线的"宽度"单位设置为"百分比"。

3. 如何使页面中的文字与图片对齐?

答: 选中图片之后, 单击鼠标右键, 在弹出的快捷菜单中的"对齐"子命令中可以设置对齐方式。

4.6　学习效果自测

一、选择题

1. 实现鼠标经过图像的两幅图像应(　　　)。

　A. 相差 3 倍　　　　　　B. 相差 2 倍　　　　　　C. 相差 1 倍　　　　　　D. 大小一样

2. 在网页中使用的最为普遍的图像格式主要是(　　　)。

　A. GIF 和 JPG　　　　　B. GIF 和 BMP　　　　　C. BMP 和 JPG　　　　　D. BMP 和 PSD

3. 具有图像文件小、下载速度快、下载时隔行显示、支持透明色、多个图像能组成动画的图像格式的是(　　　)。

　A. JPG　　　　　　　　B. BMP　　　　　　　　C. GIF　　　　　　　　D. PSD

4. 如果需要在 Dreamweaver CC 2018 中对图像文件使用 Fireworks 进行编辑,则应该进行以下(　　　)项准备工作。

　A. 在插入图像后马上存盘

　B. 找到图像的源 PNG 文件

　C. 必须将 Fireworks 和 Dreamweaver CC 2018 都安装在计算机上

　D. 在 Dreamweaver CC 2018 中,必须将 Fireworks 设置为 PNG 文件的默认图像编辑器

5. 通过图像的属性面板不能完成的任务是(　　　)。

　A. 修改图像的大小　　　　　　　　　　　B. 设置图像的边距

　C. 设置图像的 ID　　　　　　　　　　　　D. 指定图像的第二幅替换图像

二、判断题

1. GIF 图像采用 LZW 无损压缩算法,最多能显示 256 种颜色。(　　　)

2. 在 Dreamweaver CC 2018 的图像属性面板上,可以对图像进行优化。(　　　)

3. 在 Dreamweaver CC 2018 中,并不可以对图像进行编辑,如果需要对图像进行编辑,必须在图像处理软件中进行。(　　　)

4. 背景图像的重复方式有不重复、重复、横向重复和纵向重复。(　　　)

5. 通过属性面板可以设置水平线的显示颜色。(　　　)

三、填空题

1. 网页中的图像标签是(　　　)。

2. 在网页中,可以使用(　　　)、(　　　)和(　　　)格式的图像。

3. 在"插入鼠标经过图像"对话框中,"原始图像"用于指定(　　　);"鼠标经过图像"用于指定(　　　)。

四、操作题

参照本章的实例讲解,制作一个简单的图像页面。

第 5 章

用表格规划网页

本章导读

在网页设计的众多环节中，页面布局是最为重要的环节之一。表格可以将数据、文本、图片规范地显示在页面上，避免杂乱无章。不仅如此，表格还具有灵活的特点，合并、拆分单元格和嵌套表格可以实现复杂的布局设计，是用于在 HTML 页面上显示表格式数据及对文本和图像进行布局的强有力的工具。

学习要点

◆ 了解表格的基本组成
◆ 掌握表格的基本操作
◆ 利用表格排版制作页面

5.1　创建表格的方法

使用表格设计网页布局，可以精准地控制页面元素位置，使网页看起来条理清晰、意图鲜明。本节将重点介绍创建表格的几种常用方法。

5.1.1　表格的基本组成

常见的表格如图 5-1 所示，由一些被线条分隔的小格组成，每个小格就是一个单元格，这些线条就是单元格的边框。表格一般被划分为单元格、行和列三部分。单元格是表格的基本单元，它们是边框分割开的区域，文字、图像等对象均可根据需要插入到单元格中。位于水平方向上的一行单元格称作一行，位于垂直方向上的一列单元格称作一列。表格是可以嵌套的元素。

图 5-1　表格的基本结构

5.1.2　上机练习——使用"表格"对话框插入表格

 练习目标

通过在 Dreamweaver CC 2018 中插入表格的练习，熟悉"表格"对话框中各个选项的意义和设置方法。

5-1　上机练习——使用"表格"
对话框插入表格

 设计思路

新建一个空白的网页文件，然后使用"表格"对话框设置表格属性。

 操作步骤

（1）启动 Dreamweaver CC 2018，执行"文件"|"新建"命令，在弹出的对话框中设置文档类型为HTML，无框架，创建一个空白的网页文件。

（2）在"设计"视图中需要插入表格的位置单击，然后执行"插入"|"表格"命令，或打开"HTML"插入面板，单击"表格"按钮▦，如图 5-2 所示。弹出如图 5-3 所示的"表格"对话框。

图 5-2　单击"Table"（表格）按钮

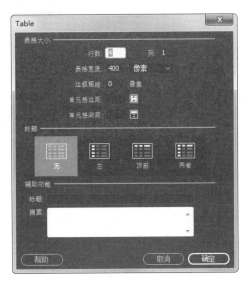

图 5-3　"Table"（表格）对话框

➥ 行数：设置表格的行数。

➥ 列：设置表格的列数。

➥ 表格宽度：设置表格的宽度和单位。

> 🔒✎ **提示：** "像素""百分比"这两种单位的区别在于，以像素为单位设置的表格宽度是表格的实际宽度，是固定的；而用百分比设定的表格宽度将随浏览器窗口的大小改变而改变。

➥ 边框粗细：设置表格的边框厚度，以像素为单位。设置为 0 时不显示边框。

> 🔒✎ **提示：** "边框粗细"属性设置的是表格边框的宽度，表格中单元格的边框不受该值影响。

➥ 单元格边距：用于设置表格内单元格的内容和边框的间距。

➥ 单元格间距：用于设置表格内单元格之间的距离，相当于设置单元格的边框厚度。

➥ 标题：用于设置标题显示方式，有四个选项，具体效果见相应的图标，可以点击图标选中其一。

➥ 辅助功能——标题：用于设置表格的标题。

➥ 辅助功能——"摘要"：用于设置表格的说明信息，对表格的显示无影响。

（3）在"行数"文本框中输入表格的行数 3；在"列"文本框中输入表格的列数 3；在"表格宽度"文本框中输入 400 像素；"边框粗细"设置为 1 像素；"标题"选择"顶部"，在"辅助功能——标题"文本框输入"第一张表格"，其余选项保持默认值。

图 5-4　插入的表格

（4）单击"确定"按钮即可插入表格，最终制作效果如图 5-4 所示。

🔍 知识拓展

使用 DOM 面板插入表格

使用 Dreamweaver CC 2018 中的 DOM 面板也可以很便捷地在网页中插入表格。方法如下：

（1）执行"窗口"|"DOM"命令，打开 DOM 面板。

（2）按空格键或单击 DOM 面板中与表格插入位置相邻的标签。例如，要在一张图片附近插入表格，则选中该图片的标签 <img>。

（3）单击标签左侧的"添加元素"按钮，弹出下拉菜单，用于选择要插入元素的位置，如图 5-5 所示。

（4）根据需要选择要插入元素的位置。例如要在图片后插入元素，则选择"在此项后插入"命令。DOM 面板中将插入一个占位符 Div 标签。

（5）修改标签名称。如果要插入表格，则键入需要的表格标签 table，如图 5-6 所示。此时，在页面中将自动插入一个宽为 200 像素，3 行 3 列的表格，如图 5-7 所示。

图 5-5　"添加元素"下拉菜单

由于在 Dreamweaver CC 2018 中，表格总是单独占据一行，因此，尽管选择在图片后插入表格，但表格会显示在图片下方，而不是右侧。

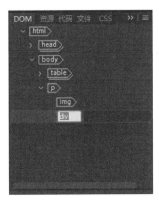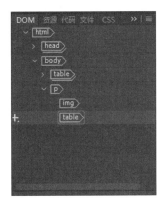

图 5-6   修改标签名称

图 5-7   使用 DOM 面板插入的表格

5.1.3   创建嵌套表格

嵌套表格是位于一个单元格中的表格，使用嵌套表格可以创建更复杂的网页布局。

在要嵌套表格的单元格中单击鼠标，执行"插入"|"表格"命令，即可创建嵌套表格。例如，在一个宽度为 300 像素的 3 行 3 列的表格的中间单元格中插入一个宽度为 200 像素的 3 行 3 列的表格，就形成一个如图 5-8 所示的嵌套表格。

在 Dreamweaver CC 2018 中，可以像编辑普通表格一样对嵌套表格进行格式设置，但其宽度受它所在单元格的宽度的限制，如图 5-8 所示。尽管设置了嵌套表格的宽度为 200，但其实际宽度为它所在单元格的宽度。

与插入表格类似，使用 DOM 面板也可以很轻松地插入嵌套表格。例如，要在第 2 行第 2 列单元格中嵌套一个 3 行 3 列的表格，可以执行如下操作：

（1）选中要嵌套表格的单元格，打开 DOM 面板，单击"添加元素"按钮，在弹出的下拉菜单中选择"插入子元素"命令，如图 5-9 所示。

（2）将自动插入的 Div 标签修改为 table，按 Enter 键提交，如图 5-10 所示。在 DOM 面板中可以很直观地看到元素之间的结构关系。嵌套后的表格效果如图 5-8 所示。

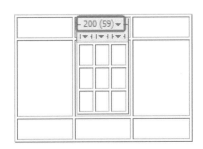

图 5-8   嵌套表格

图 5-9   插入子元素

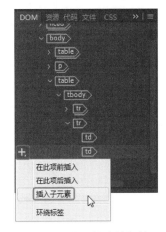

图 5-10   嵌套的表格标签

> 💡 **提示：** 制作嵌套表格应遵循以下两个原则：
> （1）从外向内建立。先建立最大的表格，再在其内部创建较小的表格。
> （2）最好将外部表格宽度设置成一个特定的绝对像素值，而将内部表格宽度设置为相对的百分比数。当然，这不是一个不容改变的规则，如果内部表格宽度也设为一个绝对的像素值，那么表格的每一部分宽度都要计算精准。

5.2 编辑表格和单元格

通常情况下，直接插入的表格并不能满足网页布局的需求，因此还需要对表格和单元格进行编辑，例如设置表格在页面上的显示位置、单元格内容的对齐方式、背景颜色和背景图像等。

5.2.1 选择表格元素

在对表格或单元格进行操作之前，必须先选中表格元素。在 Dreamweaver CC 2018 中选择表格元素的方法有很多种，下面简要介绍几种常用的方法。

1. 选择整个表格

- 将鼠标指针放置在表格的任一单元格中，然后在状态栏上单击 <table> 标签，如图 5-11 所示。
- 单击表格的任一条边线，即可选中整个表格。选中整个表格的效果如图 5-12（a）所示。
- 执行"修改"|"表格"|"选择表格"命令。
- 在"实时"视图中，单击表格顶端或底部的"设置表格格式"按钮▤，即可选中整个表格，如图 5-12（b）所示。

图 5-11 选中 <table>（表格）标签

图 5-12 选中整个表格

2. 选中一行或一列单元格

- 将鼠标指针放置在一行单元格的左边界上，或一列单元格的顶端，当显示黑色箭头（↓或➡）时单击鼠标左键。选中一列表格单元的情况如图 5-13（a）所示。

图 5-13 选中一列或一行表格单元

- 在"实时"视图中选中表格，将鼠标指针悬停在要选择的行或列的边框即可看到一个黑色箭头，如图 5-13（b）所示，单击以进行选择。

3. 选中多个连续的单元格

➥ 在一个单元格中按下鼠标左键纵向或横向拖动到另一个单元格。选中多个连续单元格的情况如图 5-14（a）所示。

➥ 单击一个表格单元，然后按住 Shift 键单击另一个表格单元，所有矩形区域内的表格单元都被选择。

➥ 在"实时"视图中选中表格后，按下鼠标左键拖动；或按住 Shift 键单击需要选择的单元格，如图 5-14（b）所示。

4. 选中多个不连续的单元格

➥ 按住 Ctrl 键，单击多个要选择的单元格。选中后的效果如图 5-15（a）所示。

➥ 在"实时"视图中选中表格后，按住 Ctrl 键单击需要选择的单元格，效果如图 5-15（b）所示。

　　(a)　　　　　　　　(b)　　　　　　　　　　　(a)　　　　　　　　(b)

图 5-14　选中多个连续的单元格　　　　　　　图 5-15　选中多个不连续表格单元

5.2.2　设置表格属性

与其他网页元素类似，表格也有属于自己的属性面板，如图 5-16 所示。

图 5-16　表格属性

"属性"面板上的属性与"表格"对话框中的参数基本相同，下面简要介绍几个特定的属性。

➥ 表格：用于设置表格可被脚本引用的名称。一般可不填。

➥ Align：用于设置表格相对于文档的对齐方式，有 4 个选项："默认""左对齐""居中对齐""右对齐"。

➥ Class：用于设置应用于表格的 CSS 样式。

➥ Border：用于设置表格的边框厚度，以像素为单位。设置为 0 时将不显示边框。

> 🔒 **教你一招**：如果要在"边框"设置为 0 时查看单元格和表格边框，可以选择"查看"|"设计视图选项"|"可视化助理"|"表格边框"命令。

➥ 🗑 ：清除列宽。单击此按钮将表格的列宽压缩到最小值，但不影响单元格内元素的显示，如图 5-17 所示。

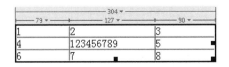

图 5-17　清除列宽前、后

➥ : 清除行高。单击此按钮将表格的行高压缩到最小值，但不影响单元格内元素的显示。

➥ : 将表格宽度的单位转化为像素（即固定大小）。

➥ : 将表格宽度的单位转化为百分比（即相对大小）。

5.2.3 设置单元格属性

把鼠标指针移动到单元格内，在"属性"面板上可对这个单元格的属性进行设置，如图 5-18 所示。

图 5-18 设置单元格属性

单元格属性面板分为上、下两部分。上半部分用于设置单元格内容的属性，下半部分用于设置单元格的属性。

➥ 水平：设置单元格内容的水平对齐方式。

➥ 垂直：设置单元格内容的垂直对齐方式。

➥ 宽：设置单元格宽度，可用像素或百分比表示，默认以像素为单位。

➥ 高：设置单元格高度，可用像素或百分比表示，默认以像素为单位。

➥ 不换行：防止单词换行。选择此选项，单元格将根据文本长度自动加宽，而不是自动换行。

➥ 标题：将当前单元格设置为标题单元格。其中的文字将以加粗黑体显示。

➥ 背景颜色：设置单元格的背景颜色。单击颜色按钮 ，可在弹出的调色板中选择一种颜色，或在文本框中输入对应于某种颜色的代码。

➥ : 合并单元格，选中多个连续的单元格时可用。作用是将多个单元格合并为一个单元格。

➥ : 拆分单元格，将单元格拆分为多行或多列。

> 💡 **注意**：使用属性面板更改表格和单元格的属性时，要注意表格格式设置的优先顺序。单元格格式设置优先于行格式设置，行格式设置又优先于表格格式设置。例如，将单个单元格的背景颜色设置为蓝色，然后将整个表格的背景颜色设置为黄色，则蓝色单元格不会变为黄色，因为单元格格式设置优先于表格格式设置。

📖 知识拓展

设置单元格背景图像

从前面两节可以看出，用户不能直接在 Dreamweaver CC 2018 的属性面板上设置表格或单元格的背景图像，需要定义 CSS 规则进行指定。

1. 插入表格

执行"插入"→"表格"命令，在弹出的"表格"对话框中设置表格的宽度为 300 像素，行数为 3，列为 3，边框粗细为 1。

2. 定义 CSS 规则

（1）将鼠标指针放于第 1 行第 1 列的单元格中，鼠标右击弹出快捷菜单，选择"CSS 样式"|"新建"命令，打开"新建 CSS 规则"对话框，如图 5-19 所示。

图 5-19　"新建 CSS 规则"对话框

（2）在"选择器类型"下拉列表中选择"标签"，"选择器名称"选择"td"，"规则定义"选择"仅限该文档"。然后单击"确定"按钮打开对应的规则定义对话框。

（3）在对话框左侧的"分类"列表中选择"背景"，然后单击"背景图像"（Background-image）右侧的"浏览"按钮，在弹出的资源对话框中选择需要的背景图片，如图 5-20 所示。单击"确定"按钮关闭对话框。

图 5-20　设置背景图像

此时，在文档窗口中可以看到表格中所有的单元格都自动应用了选择的背景图片，如图 5-21 所示。

如果希望不同的单元格应用不同的背景图像，则选中要设置背景图像的单元格之后，在设置"选择器类型"时选择"类"，然后在"选择器名称"中输入名称，如 .background1，如图 5-22 所示。有关选择器的类型和定义规则将在第 8 章进行详细讲解。

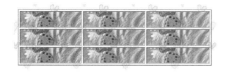
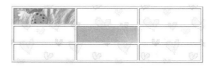

图 5-21　设置单元格背景图像　　　　图 5-22　设置单元格背景图像

表格的背景图像或背景颜色设置方法与此相同，不同的是，选择器为"标签"时，标签应选择 table。具体操作方法在此不再赘述。

5.2.4 拆分与合并单元格

1. 合并单元格

选中多个连续的单元格之后，执行以下操作之一可以将选中的单元格合并为一个单元格。

➥ 单击属性面板中的"合并单元格"按钮 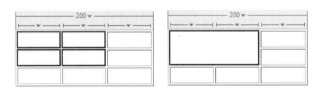。

➥ 执行"编辑"|"表格"|"合并单元格"命令。

➥ 在选中的单元格上单击鼠标右键，在弹出的快捷菜单中执行"表格"|"合并单元格"命令。

➥ 在实时视图中选中单元格，单击鼠标右键，在弹出的快捷菜单中选择"合并单元格"命令。

这时原来的多个单元格就合并为一个，如图 5-23 所示。

图 5-23　合并单元格前、后的效果

2. 拆分单元格

将鼠标指针放置在要拆分的单元格中，执行以下操作之一，弹出如图 5-24 所示的"拆分单元格"对话框，可将一个单元格拆分为多行或多列单元格。

➥ 单击属性面板中的"拆分单元格"按钮。

➥ 执行"编辑"|"表格"|"拆分单元格"命令。

➥ 在选中的单元格上单击鼠标右键，在弹出的快捷菜单中执行"表格"|"拆分单元格"命令。

➥ 在实时视图中选中单元格，单击鼠标右键，在弹出的快捷菜单中选择"拆分单元格"命令。

例如，在对话框中选中"列"单选按钮，在"列数"文本框中输入 3。单击"确定"按钮完成单元格拆分，效果如图 5-25 所示。

图 5-24　"拆分单元格"对话框

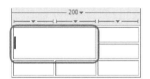 

图 5-25　拆分单元格前、后的效果

5.2.5　上机练习——设计简单的页面布局

 练习目标

在 Dreamweaver CC 2018 中，表格主要应用于网页布局和内容定位。通过前面对基础知识的讲解，结合本节练习进一步熟悉表格、单元格的基本操作，掌握运用合并单元格、嵌套表格设计整个页面布局的方法。

5-2　上机练习——设计简单的页面布局

 设计思路

本例要设计如图 5-26 所示的页面的布局，首先在页面中插入表格，拖动鼠标指针选中多个连续的单元格，单击"属性"面板上的"合并所选单元格"按钮，合并多个连续的单元格。然后在一个单元格中

嵌套表格，完成页面整体布局。表格设计的页面布局如图 5-27 所示。

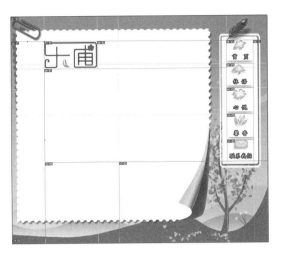

图 5-26　页面效果

图 5-27　页面布局

 操作步骤

1. 新建文件

启动 Dreamweaver CC 2018，执行"文件"|"新建"命令，在弹出的"新建文档"对话框中设置文档类型为 HTML，无框架，单击"创建"按钮，新建一个空白的 HTML 文档。

2. 插入表格

将鼠标指针放在页面中，执行"插入"|"表格"命令，在弹出的"表格"对话框中设置行数为 10，列为 7，表格宽为 1001 像素，边框粗细、单元格边距和单元格间距均为 0，如图 5-28 所示。单击"确定"按钮插入表格。

3. 设置表格对齐方式

选中页面上的表格，在"属性"面板上的"对齐"下拉列表中选择"居中对齐"选项，如图 5-29 所示。这样，表格将在页面上水平居中显示。

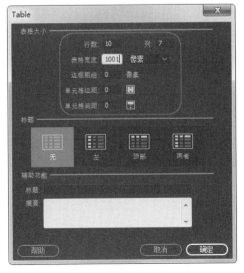

图 5-28　设置"Table"（表格）对话框

图 5-29　设置表格居中对齐

4. 合并单元格

将鼠标指针放在第 1 行第 1 列单元格中，按下鼠标左键向右拖动至第 7 列，然后在"属性"面板上单击"合并所选单元格"按钮，如图 5-30 所示，合并第 1 行单元格。同样的方法，合并第 2 行第 1 列至第 9 行第 1 列单元格，效果如图 5-31 所示。

图 5-30　单击"合并所选单元格"按钮

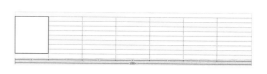

图 5-31　合并单元格

5. 合并单元格

将鼠标指针放在第 2 行第 2 列单元格中，按下鼠标左键向右拖动到第 2 行第 5 列单元格，再向下拖动到第 3 行第 5 列单元格，然后在"属性"面板上单击"合并所选单元格"按钮，如图 5-32 所示。

图 5-32　合并单元格

6. 嵌套表格

在上一步合并的单元格中单击，执行"插入"|"表格"命令，在弹出的对话框中设置行数为 1，列为 2，表格宽度为 100%，边框粗细、单元格边距和单元格间距均为 0，如图 5-33 所示。单击"确定"按钮插入表格，效果如图 5-34 所示。

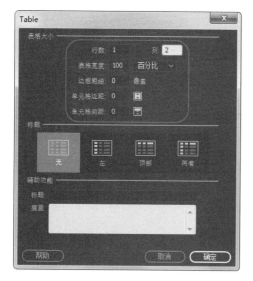

图 5-33　设置"Table"（表格）对话框

图 5-34　嵌套表格的效果

7. 合并单元格

在第 4 行第 2 列单元格中单击鼠标左键，按下 Shift 键，单击第 8 行第 5 列的单元格，即可选中一个矩形区域，如图 5-35 所示。然后在"属性"面板上单击"合并所选单元格"按钮，效果如图 5-36 所示。

图 5-35 选中连续单元格　　　　　　　　图 5-36 合并单元格的效果

8. 合并单元格

在第 8 行第 2 列单元格中单击，按下鼠标左键向右拖动到第 7 行，然后单击鼠标右键，在弹出的快捷菜单中选择"表格"|"合并单元格"命令。同样的方法，合并最后一行单元格，效果如图 5-37 所示。

9. 嵌套表格

将鼠标指针放置在合并后的第 8 行第 2 列单元格中，执行"插入"|"表格"命令，在弹出的对话框中设置行数为 1，列为 2，表格宽度为 100%，边框粗细、单元格边距和单元格间距均为 0。单击"确定"按钮插入表格，如图 5-38 所示。

图 5-37 合并单元格的效果　　　　　　　　图 5-38 嵌套表格

10. 合并单元格

在第 2 行第 7 列单元格中单击，按下鼠标左键向下拖动到第 8 行，然后在"属性"面板上单击"合并所选单元格"按钮，如图 5-39 所示。同样的方法，合并第 2 行第 6 列至第 8 行第 6 列单元格，如图 5-40 所示。

11. 嵌套表格

将鼠标指针放在第 6 列第 2 行至第 8 行合并的单元格中，执行"插入"|"表格"命令，在弹出的"表格"对话框中设置行数为 5，列为 1，表格宽度为 100%，边框粗细、单元格边距和单元格间距为 0，如图 5-41 所示。单击"确定"按钮，即可插入一个嵌套表格，效果如图 5-26 所示。

图 5-39 合并第 7 列第 2 行至第 8 行单元格

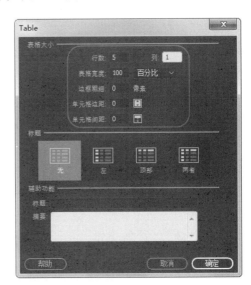

图 5-40 合并第 6 列第 2 行至第 8 行单元格　　　　图 5-41 设置"Table"（表格）对话框

12. 保存文件

执行"文件"|"保存"命令，保存文件。

5.2.6　增加、删除行或列

在 Dreamweaver CC 2018 中，增加、删除行或列的操作方法有多种，下面简要介绍常用的一些操作方法。

1. 增加行

➥ 执行"修改"|"表格"|"插入行"命令，在选定单元格之上插入一行。

➥ 在单元格上单击鼠标右键，在弹出的上、下文菜单执行"表格"|"插入行"命令，插入一行。

➥ 在实时视图中选中单元格，单击鼠标右键，在弹出的快捷菜单中选择"插入行"命令。

选中第 2 行的任意一个单元格，插入空白行前、后的效果如图 5-42 所示。

2. 增加列

➥ 执行"修改"|"表格"|"插入列"命令，在选定单元格左侧插入一列。

➥ 在单元格上单击鼠标右键，在弹出的快捷菜单中执行"表格"|"插入列"命令，插入一列。

➥ 在实时视图中选中单元格，单击鼠标右键，在弹出的快捷菜单中选择"插入列"命令。

选中第 2 列的任意一个单元格，插入空白列前、后的最终效果如图 5-43 所示。

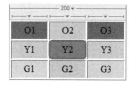
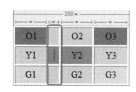

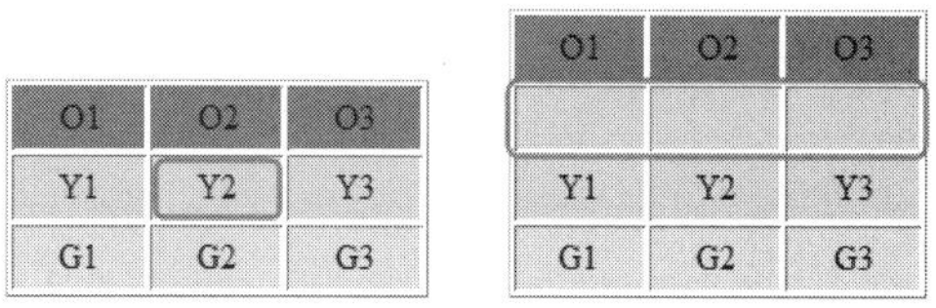

图 5-42　插入空白行前、后的效果　　　　图 5-43　插入空白列前、后的效果

3. 删除行

➥ 选中行中的任意一个单元格，执行"编辑"|"表格"|"删除行"命令。

➥ 在单元格上单击鼠标右键，在弹出的快捷菜单中执行"表格"|"删除行"命令。

➥ 将鼠标指针放置在要删除的行的左边界，当鼠标指针变为黑色箭头➡时单击鼠标，然后按 Delete 键删除行。

➥ 切换到实时视图，选中要删除的行，然后按 Delete 键删除。

删除行前、后的效果如图 5-44 所示。

4. 删除列

➥ 选中列中的任意一个单元格，执行"编辑"|"表格"|"删除列"命令。

➥ 在单元格上单击鼠标右键，在弹出的快捷菜单中执行"表格"|"删除列"命令。

➥ 将鼠标指针放置在要删除的列的上边界，当鼠标指针变为黑色箭头⬇时单击鼠标，然后按 Delete 键删除列。

➥ 切换到实时视图，选中要删除的列，然后按 Delete 键删除。

删除第 2 列前、后的效果如图 5-45 所示。

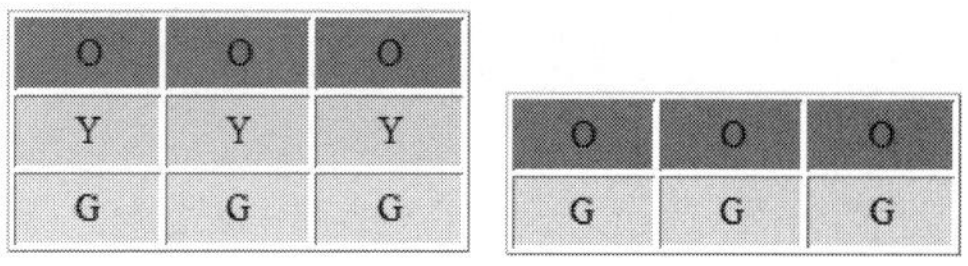

图 5-44　删除第 2 行前、后的效果 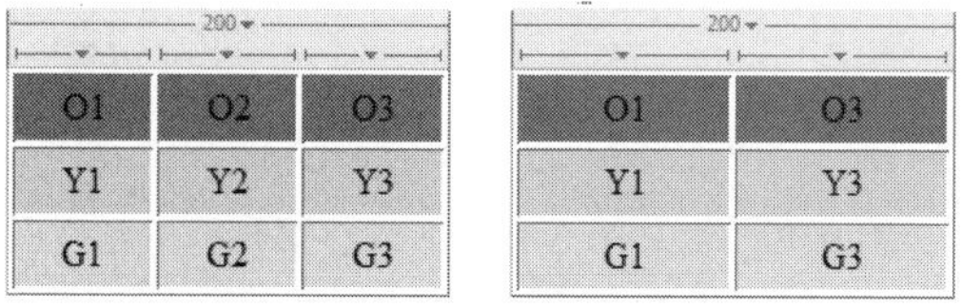　　　　图 5-45　删除第 2 列前、后的效果

5.2.7 复制、粘贴单元格

在 Dreamweaver CC 2018 中，可以非常灵活地复制、粘贴单元格。可以一次复制、粘贴一个单元格，也可以一次复制、粘贴一行、一列乃至多行、多列单元格。但不能复制不是矩形的区域。

（1）选择表格中的一个或多个单元格。所选的单元格必须是连续的，并且形状必须为矩形。

（2）鼠标右击选中的单元格，在弹出的快捷菜单中执行"复制"命令。

（3）选择要粘贴单元格的位置。

➡ 若要用剪贴板中的单元格替换现有的单元格，应选择一组与剪贴板上的单元格具有相同布局的现有单元格。如果复制或剪切了一块 3×2 的单元格，则可以选择另一块 3×2 的单元格，通过粘贴进行替换。

➡ 若要在特定单元格所在行粘贴一整行单元格，则单击该单元格。

➡ 若要在特定单元格左侧粘贴一整列单元格，则单击该单元格。

➡ 若要用粘贴的单元格创建一个新表格，应将插入点放置在表格之外。

（4）将鼠标指针定位于目标表格中，鼠标右击目标单元格，在弹出的快捷菜单中执行"粘贴"命令，完成粘贴。

例如，把图 5-46 选中的内容粘贴到图 5-47 表格的相同位置，把选中内容复制到剪贴板，然后把鼠标指针定位到目标的第 1 行第 1 列单元格内，执行"粘贴"命令。

如果目标表格中没有足够的列数来容纳源单元格，将弹出如图 5-48 所示的出错信息。提示用户目标表格没有足够的单元格，无法完成粘贴动作。

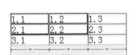

图 5-46 源表格

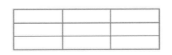

图 5-47 目标表格

图 5-48 出错信息

> **注意**：如果剪贴板中的单元格不到一整行或一整列，单击目标单元格并粘贴时，则目标单元格与它相邻的单元格可能被粘贴的单元格替换（根据它们在表格中的位置）。如果选择了整行或整列，然后选择"编辑"|"剪切"命令，将从表格中删除整个行或列，而不仅仅是单元格的内容。

5.2.8 上机练习——在单元格中添加内容

 练习目标

在表格中输入数据或插入图像的方法很简单，先将鼠标指针放置在需要插入数据的单元格中，然后直接输入数据或插入图像。通过本节练习，进一步熟悉表格、单元格的基本操作，掌握设置单元格背景图像、在单元格中添加内容的方法。

5-3 上机练习——在单元格中添加内容

设计思路

本例在 5.2.7 节上机练习制作的页面布局中添加内容，完善网页。首先在"属性"面板上设置单元格内容的对齐方式，然后在单元格中插入图像，通过定义 CSS 规则设置单元格的背景图像。最后在嵌套表格中插入导航图像和文本，并定义 CSS 规则设置文本格式。最终的页面效果如图 5-49 所示。

图 5-49　页面效果

 操作步骤

1.打开文件

执行"文件"|"打开"命令，打开已设计好的布局网页，如图 5-50 所示。然后执行"文件"|"另存为"命令，在弹出的"另存为"对话框中输入文件名称。

2.插入图像

将鼠标指针放在第 1 行单元格中，执行"插入"|"图像"命令，在弹出的对话框中选择需要的图像文件，单击"确定"按钮插入图像；选中第 2 行第 1 列的单元格，使用同样的方法插入图像；同样的方法在最后一行单元格中插入图像，如图 5-51 所示。

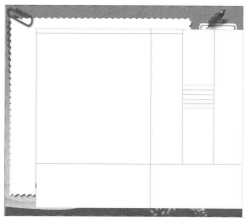

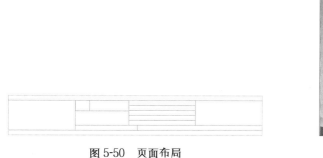

图 5-50　页面布局　　　　　　　　　　　　　　　　图 5-51　插入图像

3.在第一个嵌套表格中插入图像

将鼠标指针放在嵌套表格第 1 列单元格中，执行"插入"|"图像"命令，在弹出的对话框中选择需要的图像文件，单击"确定"按钮插入图像；使用同样的方法在第 2 列单元格中插入图像，如图 5-52 所示。

图 5-52　在嵌套表格中插入图像

4. 定义单元格背景图像

（1）在第 3 行第 2 列单元格中单击鼠标右键，在弹出的快捷菜单中选择"CSS 样式"|"新建"命令，如图 5-53 所示，弹出"新建 CSS 规则"对话框。

（2）输入选择器名称 .bg01（以点开头），规则定义位置为"仅限该文档"，如图 5-54 所示。单击"确定"按钮，弹出".bg01 的 CSS 规则定义"对话框。

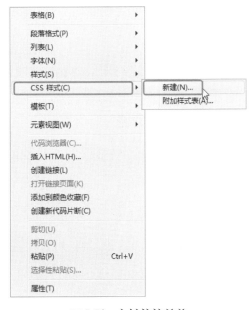

图 5-53　右键快捷菜单

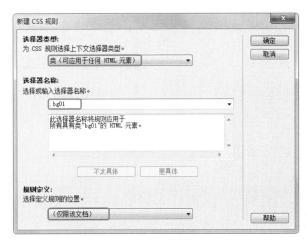

图 5-54　设置"新建 CSS 规则"对话框

（3）在"背景"分类中，单击"浏览"按钮选择背景图像，图像不重复（no-repeat），图像位置水平"left"（左），垂直"top"（顶端），如图 5-55 所示。

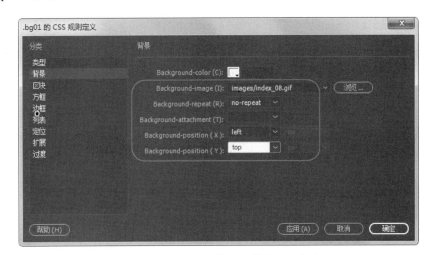

图 5-55　设置背景图像及图像的显示方式 1

（4）在"属性"面板上设置单元格"宽"为713，"高"为354，然后在"目标规则"下拉列表中选择.bg01，如图5-56所示。

应用背景图像后的页面效果如图5-57所示。

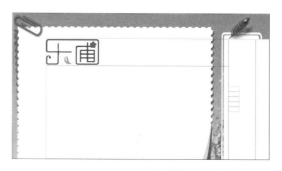

图5-56 设置单元格宽和高，并应用规则　　　　　图5-57 设置单元格的背景图像

5. 插入图像

在第2行第7列单元格中单击，然后执行"插入"|"图像"命令，在弹出的对话框中选择需要的图像文件。如图5-58所示。

图5-58 插入图像

6. 设置单元格背景图像

在第二个嵌套表格的第1列单元格中单击鼠标右键，按照第4步的方法设置单元格背景，如图5-59和图5-60所示。指定背景图像后的页面效果如图5-61所示。

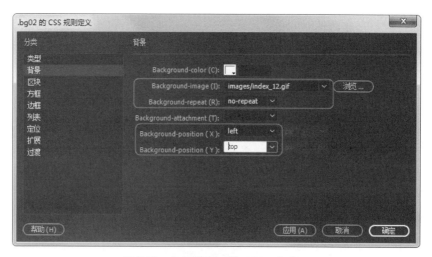

图5-59 设置背景图像及显示方式2

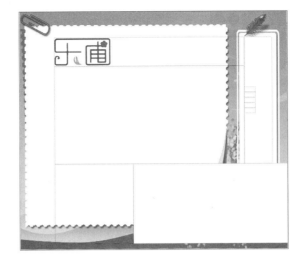

图 5-60　应用定义的规则　　　　　　　图 5-61　指定背景图像后的页面效果

7. 插入图像

将鼠标指针放在第 6 步设置背景图像的单元格中，执行"插入"|"图像"命令，插入图像。同样的方法，在其他单元格中插入图像和导航图片，如图 5-62 所示。

8. 嵌套表格

将鼠标指针放在第 3 行第 2 列的单元格中，在"属性"面板上设置单元格内容水平"居中对齐"，垂直"居中"，然后执行"插入"|"表格"命令，在弹出的"表格"对话框中设置行数为 1，列为 1，表格宽度为 550 像素，边框粗细和单元格间距均为 0，单元格边距为 30，如图 5-63 所示。单击"确定"按钮插入表格。

图 5-62　插入图像的效果　　　　　　　图 5-63　设置"表格"对话框

9. 输入文本并格式化

将鼠标指针放在嵌套表格中，直接输入需要的文本，如图 5-64 所示。选中文本，在"属性"面板中设置字体为"楷体"，大小为 22，如图 5-65 所示。

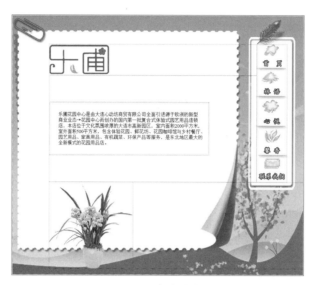

图 5-64　输入文本

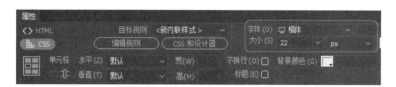

图 5-65　设置文本格式

10. 设置行距和字体加粗

单击文档工具栏上的“代码”按钮，切换到“代码”视图，在 .bg01（定义第一个单元格背景图像）规则定义代码中添加如下两行代码：

```
line-height: 150%;                    // 定义行距
font-weight: bold;                    // 定义字体加粗
```

如图 5-66 所示。

```
<head>
<meta charset="utf-8">
<title>无标题文档</title>
<style type="text/css">
.bg01 {
    background-image: url(images/index_08.gif);
    background-repeat: no-repeat;
    background-position: left top;
    line-height: 150%;
    font-weight: bold;
}
```

图 5-66　设置行距和字体加粗

11. 保存文件

单击“属性”面板上的“刷新”按钮，然后执行“文件”|“保存”命令保存文件。最终效果如图 5-49 所示。

5.3　表格的其他操作

在实际工作中，有时需要把其他应用程序（如 Microsoft Excel）建立的表格数据发布到网上。幸好 Dreamweaver CC 2018 具备导入表格式数据的功能，用户只需要把表格数据保存为带分隔符格式的数据，然后导入到 Dreamweaver CC 2018 中，即可用表格重新对数据进行格式化，这样大大地方便了网页制作的过程，并能有效地保证数据的准确性。同样，用户也可以把在 Dreamweaver CC 2018 中制作好的表格数据导出为文本文件。

5.3.1　上机练习——导入表格式数据

练习目标

5-4　上机练习——导入表格式数据

通过将使用逗号分隔符的文本数据导入 Dreamweaver CC 2018 的练

习，熟悉导入表格式数据的设置方法。

 设计思路

新建一个带表格式数据的文本文件，然后使用"导入表格式数据"对话框设置导入数据的定界符和表格属性。

操作步骤

（1）在记事本中创建一组以逗号为分隔符的数据，如图 5-67 所示。然后执行"文件"|"保存"命令，将文件保存为 table1.txt。

（2）启动 Dreamweaver CC 2018，执行"文件"|"新建"命令，新建一个空白的 HTML 文件。

（3）将鼠标指针放在要导入表格式数据的位置，执行"文件"|"导入"|"表格式数据"命令，弹出"导入表格式数据"对话框，如图 5-68 所示。

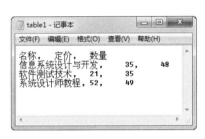

图 5-67　数据文件

图 5-68　"导入表格式数据"对话框

（4）单击"数据文件"右侧的"浏览"按钮，找到需要导入的数据源文件 table1.txt。

（5）在"定界符"下拉列表中选择数据源文件中数据的分隔方式。本例选择"逗号"。

如果选择了"其他"，则应在下拉列表右侧的文本框中输入分隔表格数据的分隔符。

> **注意**：如果不指定文件所使用的分隔符，文件将不能正确导入，数据也不能在表格中正确格式化。

（6）在"表格宽度"区域设置表格宽度的呈现方式。本例选中"匹配内容"。

➤ 匹配内容：根据数据长度自动决定表格宽度。

➤ 设置为：在右侧的文本框中输入表格宽度数值，并指定宽度的计量单位。

（7）设置单元格边距和单元格间距，并将边框设置为 1。

（8）在"格式化首行"下拉列表中设置表格第 1 行内容的样式。本例选中"粗体"选项。

（9）单击"确定"按钮，即可导入表格数据，效果如图 5-69 所示。

名称	定价	数量
信息系统设计与开发	35	48
软件测试技术	21	35
系统设计师教程	52	49

图 5-69　导入数据后的效果

5.3.2　导出表格数据

在 Dreamweaver CC 2018 中，可以将表格数据导出到文本文件中，相邻单元格的内容由分隔符隔开。

使用的分隔符有逗号、引号、分号、空格。

> **注意**：导出表格数据针对的是整个表格，不能选取表格的一部分导出。如果只需要表格中的某些数据，则应创建一个新表格，将所需要的信息复制到新表格中，再将新表格导出。

把鼠标指针定位在表格中的任意单元格中，选择"文件"|"导出"|"表格"命令，即弹出"导出表格"对话框，如图 5-70 所示。

图 5-70　"导出表格"对话框

> ➥ 定界符：设置表格数据输出到文本文件后的分隔符。
> ➥ 换行符：设置表格数据输出到文本文件后的换行方式。不同的操作系统具有不同的文本行结束方式。其中"Windows"表示按 Windows 系统格式换行；"Mac"表示按苹果公司的系统格式换行；"UNIX"表示按 UNIX 的系统格式换行。
> ➥ 导出：单击该按钮弹出"表格导出为"对话框，输入文件名称和路径后单击"保存"按钮即可将表格输出为数据文件。

5.3.3　表格数据排序

Dreamweaver CC 2018 也有类似 Excel 的表格排序功能，这种功能可以轻松处理大量信息的排序问题。

将鼠标指针放置在需要排序的表格中，执行"编辑"|"表格"|"排序表格"命令，弹出"排序表格"对话框，如图 5-71 所示。设置完成后，单击"应用""确定"按钮。

图 5-71　"排序表格"对话框

> **注意**：包含合并单元格的表格不能使用"排序表格"命令排序。

> ➥ 排序按：选择最先需要排序的列。

➥ 顺序：设置排序的方式。其中，"按字母排序"表示按字母的方式进行排序；"按数字排序"表示按数字本身的大小作为排序的依据。"升序"表示字母从 A~Z 排列，数字从 0~9 排列；"降序"表示字母从 Z~A 排列，数字从 9~0 排列。

> **注意：** 当列的内容是数字时，选择"按数字顺序"。如果按字母顺序对一组由一位或两位数组成的数字进行排序，则会将这些数字作为单词进行排序（排序结果如 1、10、2、20、3、30），而不是将它们作为数字进行排序（排序结果如 1、2、3、10、20、30）。

➥ 再按：选择作为排序第二依据的列。同样，可以在"顺序"中设置排序方式和排序方向。
➥ 排序包含第 1 行：设置是否从表格的第 1 行开始进行排序。如果第 1 行是标题行，则不要选中该项。
➥ 排序标题行：对标题行进行排序。
➥ 排序脚注行：对脚注行进行排序。
➥ 完成排序后所有行颜色保持不变：在排序时不仅可以移动行中的数据，行的属性也随之移动。如图 5-72 所示。

产品名称\销量	第一季度	第二季度	第三季度	第四季度
键盘	12	46	80	23
鼠标	23	57	80	45
音箱	24	55	14	57

产品名称\销量	第一季度	第二季度	第三季度	第四季度
键盘	12	46	80	23
音箱	24	55	14	57
鼠标	23	57	80	45

图 5-72　排序前、后的表格

5.4　实例精讲——制作艺术品网站首页

 练习目标

通过前面基础知识的讲解，结合实例掌握运用表格布局制作整个页面的方法。

 设计思路

本实例制作一个艺术品网站页面，首先运用表格布局制作整个页面的外部框架，右侧正文区域分为左、右两个部分，运用嵌套表格进行布局，通过使用 CSS 规则创建各部分的边框。最终页面效果如图 5-73 所示。

制作重点

（1）表格和单元格相关属性的设置方法。
（2）嵌套表格的制作方法，以及拆分合并单元格的操作。
（3）通过设置背景图像横向或纵向重复创建区域边框。

图 5-73　最终页面效果

操作步骤

5.4.1　设计网页基本框架

1. 设置页面属性

5-5　设计网页基本框架

执行"文件"|"新建"命令，新建一个空白的 HTML 文件。然后执行"文件"|"页面属性"命令，打开"页面属性"对话框。

（1）字体、字号：页面字体为"新宋体"，大小为 13px；

（2）背景图像：单击"浏览"按钮，在弹出的对话框中选择背景图像；

（3）页边距：设置四个边距均为 0，如图 5-74 所示。

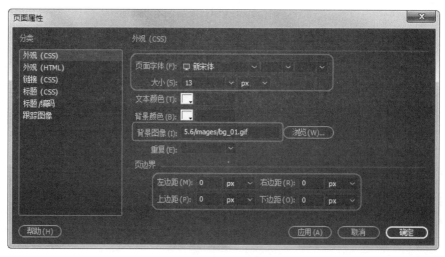

图 5-74　设置页面属性

2. 插入表格

执行"插入"|"表格"命令,在弹出的"表格"对话框中设置行数为8,列为7,表格宽度为875像素,边框粗细、单元格边距和单元格间距均为0, 如图5-75所示。单击"确定"按钮插入表格,在"属性"面板上的"对齐"下拉列表中选择"居中对齐",ID为main。

3. 合并单元格

按住 Shift 键依次单击第1行第1列和第7行第1列选中单元格,然后单击"属性"面板上的"合并所选单元格"按钮,合并单元格。同样的方法,合并第2列的单元格;合并第1行、第2行、第3行、第7行的其他单元格;合并第4行第4列至第6列单元格,效果如图5-76所示。

图 5-75　设置"Table"(表格)对话框

图 5-76　合并单元格的效果

4. 插入嵌套表格

选中合并后的第1列单元格,在"属性"面板上设置单元格内容水平"左对齐",垂直"顶端",执行"插入"|"表格"命令弹出"表格"对话框。设置行数为3,列为3,表格宽度为203像素,边框粗细、单元格边距和单元格间距均为0。单击"确定"按钮关闭对话框,如图5-77所示。

图 5-77　插入嵌套表格

5. 编辑嵌套表格

在第1行第1列单元格中按下鼠标左键拖动到第3列单元格,单击鼠标右键,在弹出的快捷菜单中选择"表格"|"合并单元格"命令,合并第1行。同样的方法,合并第2行单元格,如图5-78所示。

图 5-78　合并单元格

6. 插入图像

选中第 1 行单元格，设置单元格内容垂直"顶端"对齐，然后执行"插入"|"图像"命令，插入图像。同样的方法，在第 2 行第 2 列和第 3 列、第 3 行插入图像。此时的页面效果如图 5-79 所示。

7. 设置导航栏背景

（1）在第 2 行第 2 列单元格中单击鼠标右键，在弹出的快捷菜单中选择"CSS 样式"|"新建"命令，弹出"新建 CSS 规则"对话框。设置选择器类型为"类"，选择器名称为 .navbg，规则定义位置为"仅限该文档"，如图 5-80 所示。

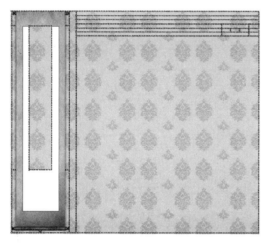

图 5-79　页面效果

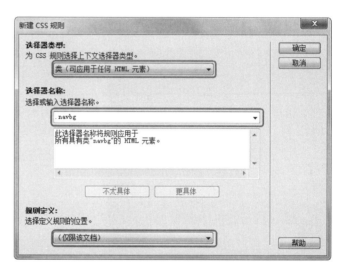

图 5-80　定义 CSS 规则

（2）单击"确定"按钮打开对应的规则定义对话框，在"背景"分类中单击"浏览"按钮设置背景图像，且图像不重复（no-repeat），如图 5-81 所示。单击"确定"按钮关闭对话框。

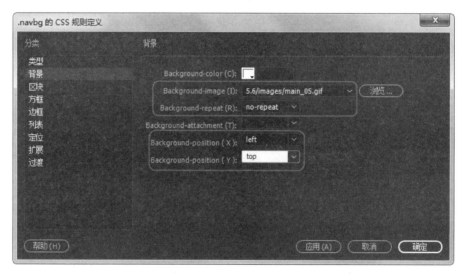

图 5-81　定义 CSS 属性

（3）将鼠标指针放在第 2 行第 2 列单元格中，在"属性"面板上设置单元格宽为 79，然后在"目标规则"下拉列表中选择 .navbg，如图 5-82 所示。设置布局表格 main 的第 2 列宽为 16，第 1 行第 3 列单元格高为 49，此时的页面效果如图 5-83 所示。

图 5-82　选择目标规则

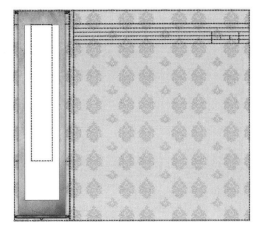

图 5-83　设置单元格背景图像的效果

8. 添加 logo 和菜单

（1）选中第 2 行第 3 列单元格，设置单元格内容垂直"顶端"，然后执行"插入"|"表格"命令，设置表格行数为 1，列为 4，表格宽度为 100%，边框粗细、单元格边距和单元格间距均为 0，如图 5-84 所示。单击"确定"按钮插入表格。

（2）选中嵌套表格的所有单元格，在"属性"面板上设置单元格内容水平"左对齐"，垂直"底部"，然后在第 1 列单元格中插入图像，在第 2 列至第 4 列单元格中输入菜单项，如图 5-85 所示。

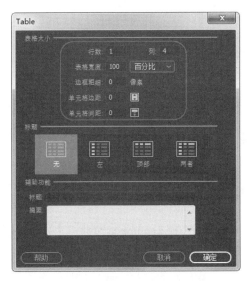

图 5-84　设置"Table"（表格）对话框

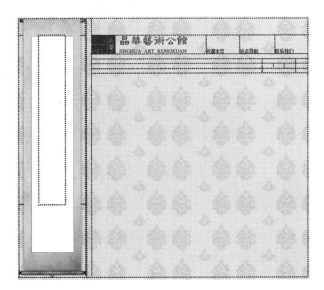

图 5-85　插入 logo 和菜单项

9. 制作页脚

（1）选中最后一行单元格，设置单元格内容垂直"顶端"对齐，然后执行"插入"|"Table"（表格）命令，设置行数为 2，列为 3，表格宽度为 100%，边框粗细、单元格边距和单元格间距均为 0，如图 5-86 所示。单击"确定"按钮关闭对话框。

（2）合并第 1 行单元格，单击鼠标右键，选择"CSS 样式"|"新建"快捷命令，弹出"新建 CSS 规则"对话框。设置选择器类型为"类"，选择器名称为 .footline，如图 5-87 所示。单击"确定"按钮弹出对应的规则定义对话框。

（3）在"背景"分类中单击"浏览"按钮选择背景图像，且图像横向重复（repeat-x），如图 5-88 所示。单击"确定"按钮关闭对话框。

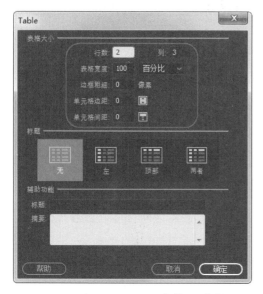

图 5-86 设置 "Table"（表格）对话框

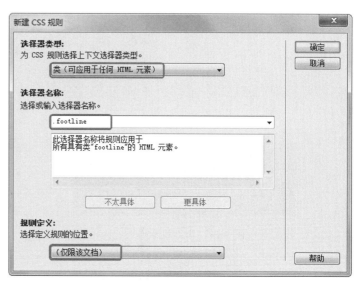

图 5-87 新建 CSS 规则

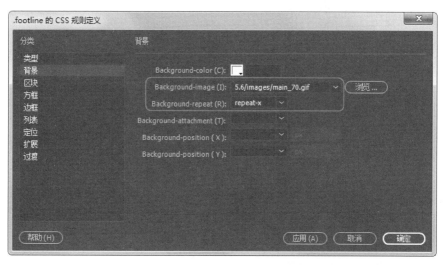

图 5-88 设置背景图像

（4）选中合并后的第 1 行单元格，在"属性"面板上设置高度为 4；在"目标规则"下拉列表中选择 .footline，如图 5-89 所示。

应用规则后会发现，单元格填充的高度大于指定的 4 像素。这是因为单元格中有空格。接下来的操作用于删除单元格中多余的空格。

（5）将鼠标指针放在单元格中，单击文档工具栏上的"拆分"按钮，切换到"拆分"视图。在"代码"视图中可以看到鼠标指针所在位置有一个空格的实体参考 ，如图 5-90 所示。在"代码"视图中选中 ，按 Delete 键删除。然后单击"属性"面板上的"刷新"按钮。

图 5-89 应用目标规则

（6）设置第 2 行单元格的对齐方式。选中第 2 行第 1 列单元格，在"属性"面板上设置水平"左对齐"，垂直"顶端"；第 2 行第 2 列水平"居中对齐"，垂直"居中"；第 3 行第 3 列水平"右对齐"，垂直"顶端"。然后分别在第 1 列和第 3 列单元格中插入图像，在第 2 列单元格中输入文本，效果如图 5-91 所示。

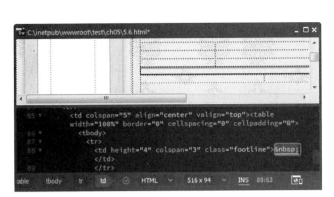

图 5-90   在"代码"视图中删除多余的空格

图 5-91   页面效果

10. 保存文件

选中第 3 行单元格，在"属性"面板上设置"高"为 26，然后执行"文件"|"保存"命令，在弹出的"另存为"对话框中输入文件名称，单击"保存"按钮保存文件。

5.4.2   设计正文区域布局

1. 定义左上角的背景图像

（1）选中第 4 行第 3 列单元格，单击鼠标右键，在弹出的快捷菜单中选择"CSS样式"|"新建"命令，在弹出的"新建 CSS 规则"对话框中设置选择器类型为"类"，选择器名称为 .lefttop，如图 5-92 所示。

5-6   设计正文区域布局

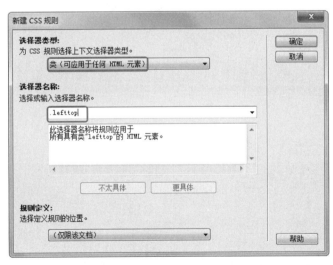

图 5-92   设置"新建 CSS 规则"对话框

（2）单击"确定"按钮，弹出对应的规则定义对话框，在"背景"分类中单击"浏览"按钮选择背景图像，且图像不重复（no-repeat）；图像显示位置为水平"left"（左），垂直"top"（顶端），如图 5-93 所示。单击"确定"按钮，关闭对话框。

（3）在"属性"面板上设置单元格"宽"为 12，"高"为 10，然后在"目标规则"下拉列表中选择.lefttop，如图 5-94 所示。

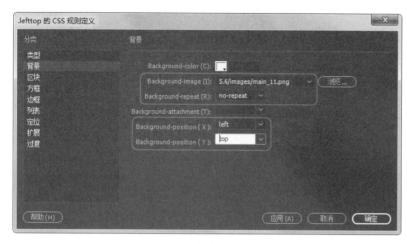

图 5-93　定义 CSS 属性

图 5-94　应用规则

2. 定义其他三个角的背景图像

选中第 4 行第 5 列单元格，按照上一步的方法新建 CSS 规则 .righttop，定义的属性如图 5-95 所示；选中第 6 行第 3 列单元格，定义 CSS 规则 .leftbottom，如图 5-96 所示；选中第 6 行第 5 列单元格，定义 CSS 规则 .rightbottom，如图 5-97 所示。

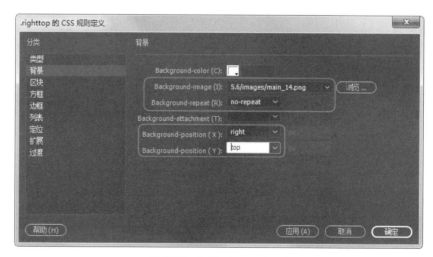

图 5-95　定义 .righttop 规则

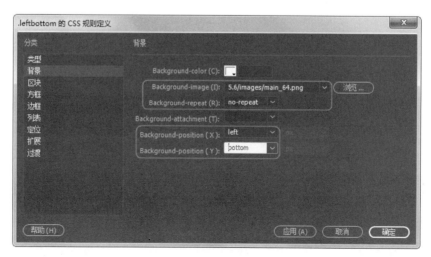

图 5-96　定义 .leftbottom 规则

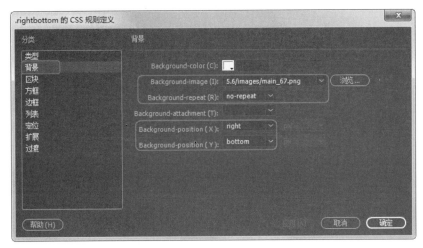

图 5-97　定义 .rightbottom 规则

3. 定义边框样式

选中第 4 行第 4 列单元格，按照第 1 步的方法新建 CSS 规则 .topline，定义的属性如图 5-98 所示；选中第 6 行第 4 列单元格，定义 CSS 规则 .bottomline，如图 5-99 所示；选中第 5 行第 3 列单元格，定义 CSS 规则 .leftline，如图 5-100 所示；选中第 6 行第 5 列单元格，定义 CSS 规则 .rightline，如图 5-101 所示。

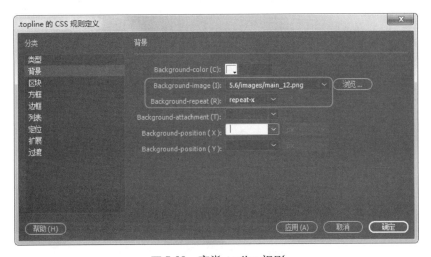

图 5-98　定义 .topline 规则

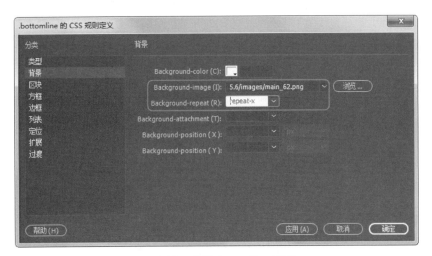

图 5-99　定义 .bottomline 规则

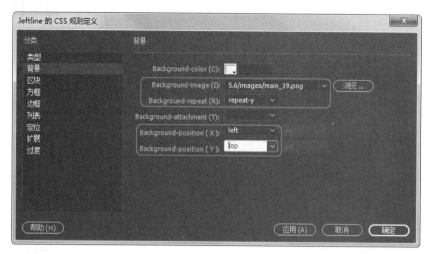

图 5-100　定义 .leftline 规则

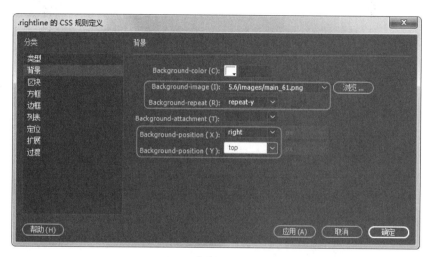

图 5-101　定义 .rightline 规则

应用规则后的页面效果如图 5-102 所示。

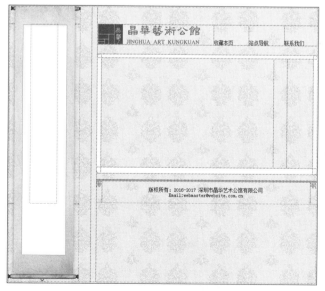

图 5-102　应用规则后的页面效果

4. 插入嵌套表格 content

将鼠标指针放在第 5 行第 4 列单元格中，在"属性"面板上设置单元格背景颜色为白色（#FFFFFF），垂直"顶端"对齐，然后执行"插入"|"表格"命令，设置行数为 5，列为 1，宽度为 458 像素，边框粗细、单元格边距和单元格间距均为 0 ，如图 5-103 所示。单击"确定"按钮关闭对话框，在"属性"面板上设置表格 ID 为 content。

5. 插入栏目标题

选中第 1 行单元格，在"属性"面板上设置水平"左对齐"，垂直"顶端"。执行"插入"|"图像"命令，在第 1 行单元格中插入需要的栏目标题。同样的方法在第 3 行单元格中插入图像，如图 5-104 所示。

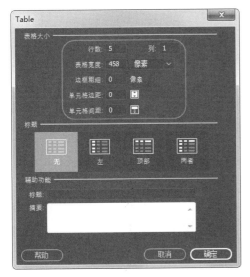

图 5-103 设置"Table"（表格）对话框

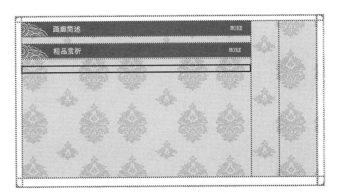

图 5-104 插入栏目标题

6. 定义边线样式

（1）选中第 5 行单元格，单击鼠标右键，在弹出的快捷菜单中选择"CSS 样式"|"新建"命令，弹出"新建 CSS 规则"对话框，选择器类型为"类"，名称为 .line，单击"确定"按钮打开对应的规则定义对话框。在"背景"分类中单击"浏览"按钮，选择背景图像，且图像横向重复（repeat-x），如图 5-105 所示。单击"确定"按钮关闭对话框。

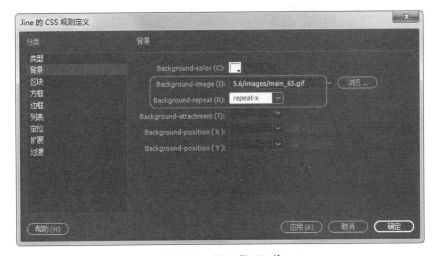

图 5-105 设置背影图像

（2）将鼠标指针放在第 5 行单元格中，在"属性"面板上设置单元格"高"为 1，然后在"目标规则"下拉列表中选择 .line，如图 5-106 所示。

（3）单击文档工具栏上的"拆分"按钮，切换到"拆分"视图。在"代码"视图中选中单元格中多余的空格，按 Delete 键删除，然后单击"属性"面板上的"刷新"按钮。

图 5-106　应用规则 .line

7. 保存文件

执行"文件"|"保存"命令，保存文件。

5.4.3　添加网页内容

1. 插入嵌套表格

选中表格 content 第 2 行，在"属性"面板上设置水平"居中对齐"，垂直"居中"；然后执行"插入"|"表格"命令，设置行数为 4，列为 4，表格宽度为 100%，边框粗细、单元格间距和单元格边距均为 0，如图 5-107 所示。单击"确定"按钮插入表格。

5-7　添加网页内容

2. 编辑表格

选中第 1 列的所有单元格，单击"属性"面板上的"合并所选单元格"按钮；同样的方法合并第 4 列所有单元格；合并第 1 行单元格和第 4 行单元格。然后在其他单元格中插入图像和文本，如图 5-108 所示。

图 5-107　设置"Table"（表格）对话框

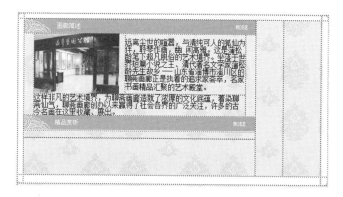

图 5-108　添加表格内容

3. 设置竖直边线样式

（1）单击鼠标右键，在弹出的快捷菜单中选择"CSS 样式"|"新建"命令，创建 CSS 规则 .vline，如图 5-109 所示，用于设置左侧边线的样式和位置。然后选中第 1 列单元格，在"属性"面板上设置单元格宽度为 20，在"目标规则"下拉列表中选择 .vline，应用样式。

（2）用同样的方法，设置规则 .rvline，如图 5-110 所示，用于设置右侧边线的样式和位置。然后选中第 4 列的单元格，在"属性"面板上设置宽度为 20，在"目标规则"下拉列表中应用样式 .rvline。

应用规则后的显示效果如图 5-111 所示。

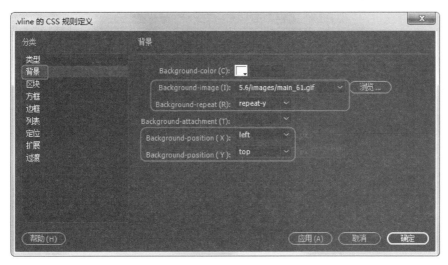

图 5-109　定义规则 .vline

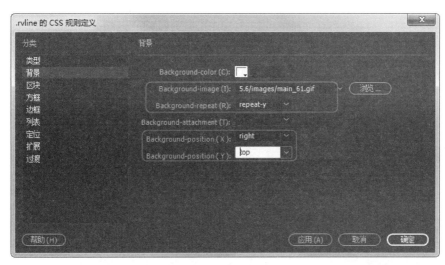

图 5-110　定义规则 .rvline

图 5-111　边线的显示效果

4. 制作"精品赏析"栏目

（1）选中表格 content 第 4 行单元格，执行"插入"|"表格"命令，设置表格行数为 5，列为 7，表格宽度为 100%，如图 5-112 所示。单击"确定"按钮关闭对话框。然后合并第 1 列和第 7 列单元格，宽度为 20，效果如图 5-113 所示。

图 5-112　设置"Table"（表格）对话框

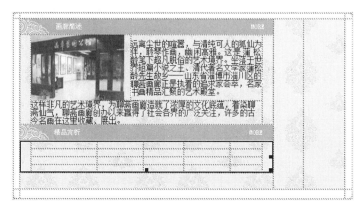

图 5-113　合并单元格的效果

（2）按住 Ctrl 键选中第 3 列、第 5 列单元格,在"属性"面板上设置"宽"为 84；然后执行"插入"|"图像"命令，在第 2 行和第 4 行插入图像，如图 5-114 所示。

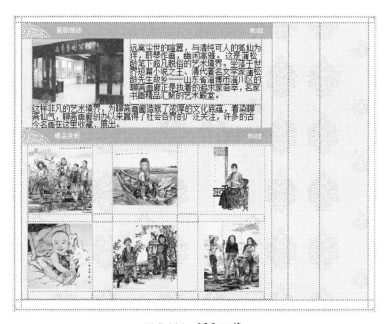

图 5-114　插入图像

（3）按住 Ctrl 键选中第 3 行和第 5 行，在"属性"面板上设置单元格"高"为 45,水平"居中对齐"，垂直"居中"，然后输入文本，效果如图 5-115 所示。

5. 制作"名家简介"栏目

（1）选中表格 content 第 5 行第 6 列单元格，执行"插入"|"表格"命令，设置表格行数为 5,列为 3,表格宽度为 164 像素，边框粗细、单元格边距和单元格间距均为 0，如图 5-116 所示。单击"确定"按钮关闭对话框，然后合并第 1 行单元格和第 5 行单元格。

（2）合并第 1 列单元格，在"属性"面板上设置"宽"为 12，然后在"目标规则"下拉列表中选择 .vline；同样的方法，合并第 3 列单元格,应用规则 .rvline；选中第 5 行单元格,在"属性"面板上设置"高"为 1，应用规则 .line，效果如图 5-117（a）所示。在浏览器中的预览效果如图 5-117（b）所示。

图 5-115　输入文本的效果

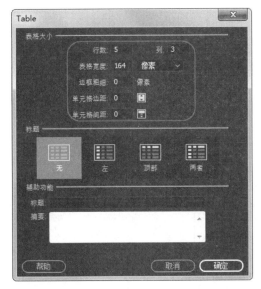

图 5-116　设置"Table"（表格）对话框

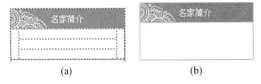

(a)　　　　　　　　(b)

图 5-117　应用规则的效果

6.添加网页内容

（1）选中第 2 行第 2 列单元格，在"属性"面板上设置"高"为20。

（2）选中第 3 行第 2 列单元格，设置单元格内容水平"居中对齐"，垂直"居中"，然后执行"插入"|"图像"命令，插入图像。

（3）在第 4 行单元格中输入文本，效果如图 5-118 所示。

7.保存文件

执行"文件"|"保存"命令，保存文件。在浏览器中的预览效果如图 5-73 所示。

图 5-118   页面效果

5.5 答 疑 解 惑

1. 如何解决表格变形的问题？

答：表格变形通常是因为表格排列设置不当引起的。

表格的排列有左、中、右三种方式，默认为居左排列。如果切换屏幕分辨率，表格就可能水平方向变形。解决的办法比较简单，即都设置为居中，或居左，或居右。

如果在一个表格单元中嵌入了另一个表格，切换屏幕分辨率时可能出现垂直方向变形。其原因在于，嵌入的表格默认为竖向居中排列，其解决办法如前，可根据情况对排列进行设置，而不是采用其默认设置。

2. 如何使表格布满整个页面？

答：为了使页面适应不同的分辨率，通常将表格的大小按百分比设置。有时即使把表格的宽度设置为100%，但在浏览器上还是不能满屏显示，四周会显示一圈空白。这圈空白其实是页面默认的边距，执行"文件→页面属性"命令，在弹出的对话框里设置页面左、右、上、下边距都为0即可。

3. 如何使用表格制作一条宽度为1像素的细线？

答：在网页中插入一个1行1列的表格，将表格的cellpadding、cellspacing、边框都设置为0，然后在"属性"面板上设置单元格高度为1。

接下来切换到"代码"视图，删除单元格标签 < td>< /td> 之间的空格（ ）即可。

4. 用表格设计页面布局出现空白间隙或错位，如何解决？

答：首先检查表格的边框、边距、填充等是否设置为0。如果已设置为0，还有空白行或错位，则在"代码"视图中检查单元格中有没有多余的空白符，有则删掉。如果有空白行，则在"代码"视图的样式声明部分（<style> 和 </style> 之间）添加 img{vertical-align: top;}。

5.6　学习效果自测

一、选择题

1. 下列关于表格的说法中错误的是（　　　）。

　A. 插入表格时可以定义表格的宽度　　　　　　B. 表格可以嵌套，但嵌套层次不宜过多

　C. 表格可以导入但不能导出　　　　　　　　　D. 数据表格可以排序

2. 将鼠标指针移到（　　　），单击（　　　）可以选中整个表格。

　A. 工具栏，<table>　　　B. 菜单栏，<tr>　　　　C. 工具栏，<td>　　　　D. 状态栏，<table>

3. 在 Dreamweaver CC 2018 中，下面关于表格属性的说法中错误的是（　　　）。

　A. 可以设置宽度　　　　　　　　　　　　　　B. 可以设置表格边框的粗细

　C. 可以设置表格的背景颜色　　　　　　　　　D. 可以设置单元格之间的距离

4. 在 Dreamweaver CC 2018 的属性面板中，下面关于单元格的说法中错误的是（　　　）。

A. 单元格可以合并　　　　　　　　　　　　　B. 单元格可以拆分

C. 单元格可以设置背景颜色　　　　　　　　　D. 可以设置边框颜色

二、判断题

1. 表格可以导入但不能导出。（　　　）

2. 在表格中，只可以选择连续的单元格，而不可以选择非连续的单元格。（　　　）

3. 一个 3 列的表格，表格边框宽度是 2 像素，单元格间距为 5 像素，单元格边距为 3 像素，单元格宽度均为 30 像素，则表格的宽度为 138 像素。（　　　）

4. 插入表格时可以定义表格的宽度。（　　　）

三、填空题

1. 表格由（　　　）、（　　　）、（　　　）三部分组成。

2. 设置表格的宽度可以使用两种单位，分别是（　　　）和（　　　）。

3. 将指针置于开始的单元格内，按住（　　　）键不放，单击最后的单元格可以选择连续的单元格。

4. 单击状态栏上的（　　　）标签可以选择表格。

四、操作题

通过本章讲解的内容运用表格布局制作一个页面。

第 6 章

超级链接的应用

本章导读

　　图像的直观力是平面中无法比拟的，图像的应用可以使网页更加生动精彩，更加吸引浏览者。恰当巧妙地利用图像是设计网页的关键。
　　本章将从最基本的操作入手，通过对网页中的图像的插入和设置的介绍，使读者掌握基本的图像网页的制作方法。

学习要点

- ◆ 了解各种链接的路径
- ◆ 如何制作各种链接

6.1　认识超级链接

超级链接由两部分组成：一部分是在浏览网页时可以看到的部分，称为超级链接载体，如图 6-1 所示；另一部分是超级链接所链接的目标，可以是网页、图片、视频、声音、电子邮件地址等。本节将简要介绍超级链接中几个重要的概念：绝对路径、相对路径和根相对路径，掌握了本节的知识点，对下面章节的学习以及网页制作不无裨益。

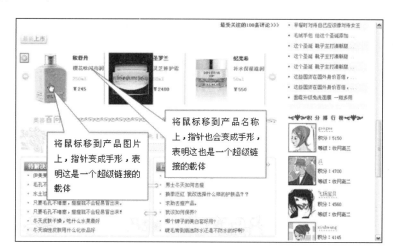

图 6-1　单击超级链接的载体

6.1.1　绝对路径

绝对路径提供所链接文档的完整 URL，而且包括所使用的协议（对于网页通常是 http://），例如在浏览器的地址栏中输入 https://www.microsoft.com/zh-cn，将打开微软官网首页，如图 6-2 所示。

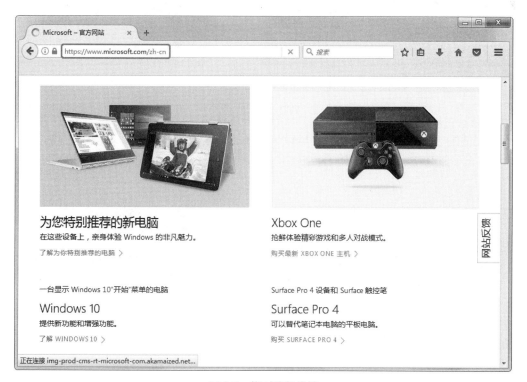

图 6-2　绝对路径地址

🔍 **知识拓展**

什么是 URL

URL（Uniform Resource Locator）中文名称为"统一资源定位符"，简单地说，就是网络上一个站点、网页的完整地址，相当于个人的通信地址。

在网络上一个完整的 URL 是：http://www.bupt.edu.cn/index.htm。其中 http 代表传输协议，即超文本传输协议（HyperText Transfer Protocol），它与 WWW 服务器相对应，需要向有关机构申请。现在很多站点都提供个人主页的存放空间，制作一个简单的个人站点提交到提供这种服务的服务器上，个人主页就获得了一个完整的 URL，全世界的访问者都可以浏览该主页了。

绝对路径与链接的源端点无关，只要网站的地址不变，无论文档在站点中如何移动，都可以正常实现跳转。

绝对路径也会出现在尚未保存的网页上，如果在没有保存的网页上插入图像或添加链接，Dreamweaver CC 2018 会暂时使用绝对路径，如图 6-3 所示。在网页保存后，Dreamweaver CC 2018 会自动将绝对路径转化为相对路径。

尽管对本地链接也可使用绝对路径，但不建议采用这种方式，因为一旦将此站点移动到其他服务器上，则所有本地绝对路径链接都将断开。

6.1.2　相对路径

文档相对路径的基本概念是省略对于当前文档和链接的文档都相同的绝对 URL 部分，而只提供不同的那部分路径，可以给用户在站点内移动文件提供很大的灵活性。

如果当前文档与所链接的文档处于同一文件夹内，直接在"链接"文本框中输入文件名称即可，如图 6-4 所示，表示链接到同一文件夹中的 lianye.html。

图 6-3　绝对路径　　　　　　　　图 6-4　链接同一文件夹中的文件

如果要链接到其他文件夹中的文档，则要利用文件夹层次结构，指定从当前文档到所链接文档的路径，如图 6-5 所示。"链接"文本框中的 ch06/text.html 表示从当前文件链接到 ch06 文件夹中的文件 text.html。

如图 6-6 所示，"链接"文本框中的 ../lianye.html 表示从当前文件链接到上一级目录中的文件 lianye.html。

图 6-5　链接到其他文件夹中的文档 1　　　　图 6-6　链接到其他文件夹中的文档 2

6.1.3　根相对路径

根相对路径提供从站点根文件夹到文档所经过的路径，移动一个包含根相对链接的文档时，不需改变链接。适用于经常需要将网页文件从一个文件夹移到另一文件夹的网站。

根路径以"/"开始，代表站点的根文件夹，然后是根目录下的目录名。例如，"/bbs/register.html"是一个指向文件 register.html 的根相对路径，该文件位于站点根文件夹的 bbs 子文件夹中。

相对路径也同样适合于创建内部链接，但在大多数情况下，不建议使用此种路径形式。通常只在以下两种情况下使用：

（1）站点的规模非常大，放置在几个服务器上。

（2）在一个服务器上同置几个站点。

6.2　设置页面链接

利用超链接可以实现文档间或文档中的跳转，将网站中众多的页面组织为一个整体。在 Dreamweaver CC 2018 中可以创建文本超链接、图像超链接、图像热区链接、E-mail 链接等多种链接形式。本节将向读者详细介绍在页面中创建各种链接的方法。

6.2.1　上机练习——创建文本链接

6-1　上机练习——创建
文本链接

练习目标

在网页上用到最多的就是文本超链接，例如，单击文本，跳转到另一个页面。通过本节的练习实例，使读者掌握创建文本链接的几种常用操作方法。

设计思路

首先选中要添加链接的文本，然后分别使用三种常用的方法为文本设置超级链接，并设置链接文件的打开方式。

操作步骤

（1）启动 Dreamweaver CC 2018，执行"文件"|"打开"命令，打开一个需要添加文本链接的网页，如图 6-7 所示。

（2）在页面上拖动指针选中需要添加链接的文本"早春包款流行趋势早知道",选择"窗口"|"打开"命令,打开一个需要添加文本链接"属性"菜单命令打开属性面板。在"链接"后的文本框中设置链接地址,如图 6-8 所示。

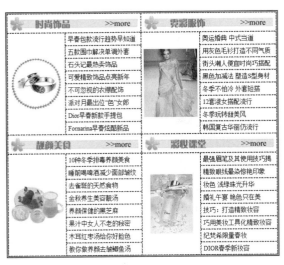

图 6-7　打开的网页文件

图 6-8　输入链接地址

> **提示:** 如果链接到站点外部,一般直接输入链接的绝对地址,如 http://pclady.com.cn。如果要链接站点内部的文件,可单击"链接"文本框右侧的"浏览文件"按钮或"指向文件"按钮,选择需要的文件后,"链接"文本框中将自动填充文档的相对路径。

操作完成后,可以看到被选择的文本变为蓝色,并且带有下画线。在浏览器中将鼠标指针移到文本上时,鼠标指针变为手形,效果如图 6-9 所示。

(3)在属性面板上的"目标"下拉列表中选择打开链接目标的方式,即可创建超链接。本例设置为 _blank,如图 6-10 所示。

图 6-9 超级链接效果

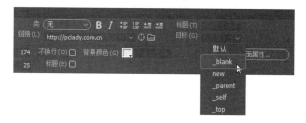

图 6-10 设置打开链接的方式

- ↘ _blank:在一个新的、未命名的浏览器窗口中打开链接文件。
- ↘ new:始终在同一个新的浏览器窗口中打开链接文件。
- ↘ _parent:在链接所在框架的父窗口中打开链接文件。如果包含链接的框架不是嵌套的,则等同于 _top,在浏览器全屏窗口中打开链接文件。
- ↘ _self:是浏览器的默认值,在当前网页所在窗口中打开链接的网页。
- ↘ _top:在整个浏览器窗口中打开网页。

> **提示:** 如果要链接到站点外的某一页面,应始终使用 _top 或 _blank 来确保该页面不会显示为站点的一部分。

(4)在页面上拖动鼠标指针选中需要添加链接的文本"五款围巾解决单调外套",执行"窗口"|"文件"命令,打开"文件"面板,然后在"属性"面板上拖动"链接"文本框右侧的"指向文件"按钮⊕到"文件"面板中需要的文件。拖动鼠标指针时会显示一条带箭头的线,指示要拖动的位置,释放鼠标左键,"链接"文本框中将自动填充文件的相对路径,如图 6-11 所示。然后在"目标"下拉列表中选择链接文件的打开方式。

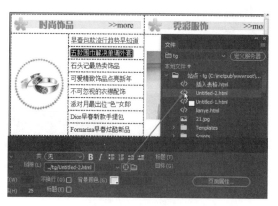

图 6-11 指向链接文件

（5）在页面中拖动鼠标指针选中"石头记最热卖饰品"文字内容，执行"窗口"|"插入"命令，打开"HTML"插入面板，单击"超级链接"按钮 ⑧，如图 6-12 所示。即会弹出"超级链接"对话框，如图 6-13 所示。

图 6-12　单击"超级链接"按钮

图 6-13　"超级链接"对话框

> ❧ 文本：设置超链接显示的文本。
> ❧ 链接：设置超链接的目标文件。
> ❧ 目标：设置超链接的打开方式，与"属性"面板上的"目标"下拉列表相同。
> ❧ 标题：设置超链接的标题。在浏览器中将鼠标指针移到超链接上时，显示标题文本。
> ❧ 访问键：设置一个字母作为键盘等价键。在浏览器中打开网页后，单击键盘上的这个字母将选中这个超链接。
> ❧ Tab 键索引：设置 Tab 键顺序的编号。

（6）设置"超级链接"对话框，如图 6-14 所示，然后单击"确定"按钮，完成"超级链接"对话框的设置。

（7）执行"文件"|"保存"命令，保存页面。按下键盘上的 F12 键，即可在浏览器中预览整个页面，如图 6-15 所示。单击创建了超级链接的文字，链接的页面在一个新的浏览器窗口中打开。

图 6-14　设置"超级链接"对话框

图 6-15　在浏览器中预览页面

默认情况下，文本链接显示为蓝色，并显示有下画线，如图 6-15 所示。接下来修改链接文本的显示样式。

（8）选择"文件"|"页面属性"命令，在"页面属性"面板的"链接（CSS）"分类页面，设置"链接颜色"为 #333；"变换图像链接"为 #F30；"已访问链接"为 #300；并设置下画线样式为"始终无下画线"，如图 6-16 所示。保存文件后，在浏览器中的页面效果如图 6-17 所示。

图 6-16 设置"页面属性"对话框

图 6-17 在浏览器中浏览页面效果

6.2.2 图像链接

很多情况下，为了美化页面，网页设计者会选择用图片代替文本创建超链接，这种方式适用于所有能识别图形的浏览器。

图像链接有两种：一种是指直接给整个图片添加一个超级链接，常称为图片链接；另一种是在一张图片的多个局部添加不同的超级链接，也就是图像映射。

1.图片链接

图片链接的创建方法与文本超级链接的创建方法基本相同，不同的是超链接的载体为图片，而不是文本。

在文档窗口中选中图片，打开"属性"面板，在"链接"文本框中设置链接地址，在"目标"下拉列表中选择链接文档的打开方式，如图 6-18 所示。

在浏览器中预览可以看到，链接图片四周会显示一个蓝色边框，效果如图 6-19 所示。

图 6-18 设置图片链接

图 6-19 图片链接显示效果 1

> 📍 **提示**：如果在页面中设置了超级链接各个状态的颜色，则图片边框的显示颜色也会相应地进行变化。例如，设置了"链接颜色"为灰色，"变换图像链接颜色"为橙色，则图片链接的边框在浏览器中会显示为灰色，如图 6-20（a）所示；将鼠标指针移到链接图片上时，边框显示为橙色，如图 6-20（b）所示。

(a)　　　　　　　　　　(b)

图 6-20　图片链接显示效果 2

🔍知识拓展

取消图片链接的边框

在浏览器中显示图片链接的边框会影响网页的美观。采用下面的方法可以取消显示图片链接的边框。

（1）在 Dreamweaver 文档工具栏上单击"代码"按钮，切换到"代码"视图。

（2）在 \<head\> 和 \</head\> 标签之间添加如下的代码，如图 6-21 所示：

```
<style type="text/css">
img {
    border-width: 0px;
}
</style>
```

上述代码定义了一个 CSS 规则，将网页中的所有图片边框宽度都设置为 0，即不显示边框。读者也可以通过"CSS 设计器"面板以可视化的方式实现上面的代码，有关"CSS 设计器"面板的具体操作将在第 8 章进行讲解。

图 6-21　"代码"视图

2. 图像映射

图像映射就是用热点工具将一幅图像分割为若干个区域，并分别在这些子区域建立超级链接。当用户单击图像上不同热点区域时，就可以跳转到不同的页面。

在 Dreamweaver CC 2018 中可以为图像创建热点。在"属性"面板中选择定义热点的形状，如图 6-22 所示。同时可以在图像上直接编辑热点，对热点大小与位置也可以进行简单的设置。

图 6-22　"属性"面板上的热点工具

：选择工具。用于选择热点区域或热点区域的边界顶点。

：矩形热点工具。单击该按钮后，在图像上按下鼠标拖动，可以绘制一个矩形的热点区域。

：圆形热点工具。单击该按钮后，在图像上按下鼠标拖动，可以绘制一个圆形的热点区域。

：多边形热点工具。单击该按钮后，在图像上多次单击鼠标，这些点将依次作为多边形的顶点。

6.2.3 上机练习——制作旅游景点地图

 练习目标

通过本节的练习实例，使读者掌握在图像上创建矩形热区、圆形热区和多边 6-2 上机练习——制作
形热区，以及编辑热区的方法。 旅游景点地图

设计思路

首先选中要创建图像映射的地图图像，在属性面板上选中多边形热点工具，在要添加链接的区域绘制多边形，然后指定热区的链接地址和文件的打开方式等属性。同样的方法，创建其他热点区域。

操作步骤

（1）启动 Dreamweaver CC 2018，执行"文件"|"新建"命令，在弹出的"新建文档"对话框中设置文档类型为 HTML，无框架，单击"创建"按钮新建一个空白的 HTML 文件。

（2）执行"插入"|"表格"命令，在弹出的"表格"对话框中设置表格行数为 1，列为 1，表格宽度为 600 像素，边框粗细为 0，无标题，如图 6-23 所示。

（3）选中表格，打开"属性"面板，在"对齐"下拉列表中选择"居中对齐"选项，如图 6-24 所示，使表格在页面上水平居中显示。

（4）将鼠标指针放在表格中，在属性面板上设置单元格内容水平"居中对齐"，垂直"居中"，如图 6-25 所示。

图 6-23 "Table"（表格）对话框

图 6-24 "属性"面板

图 6-25 设置单元格属性

（5）执行"插入"|"图像"命令，在弹出的对话框中选择一张旅游地图，如图 6-26 所示。

（6）单击图片，在属性面板上单击"多边形热点工具"，在图像窗口中需要制作热点的区域单击鼠标，绘制一个点，然后拖曳鼠标指针在该区域另一个地方绘制第二个点，以此类推，绘制一个多边形图像映射，如图 6-27 所示。

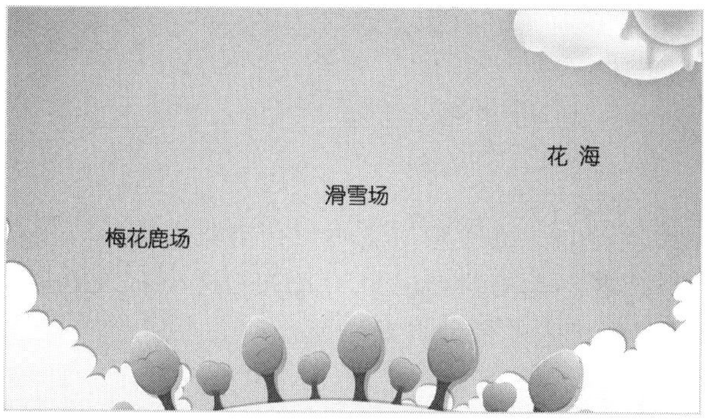

图 6-26 原始图像

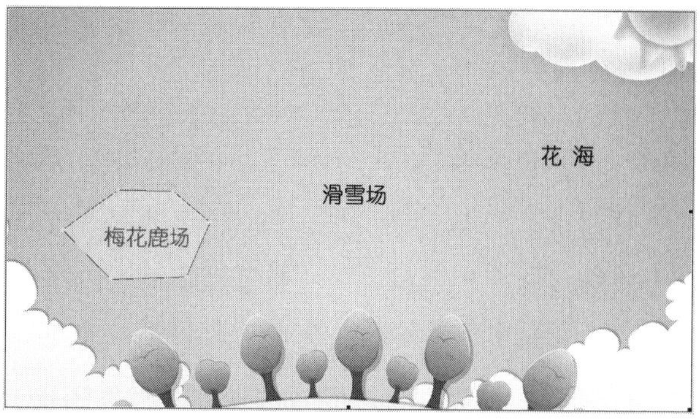

图 6-27 添加多边形热点

（7）选中绘制的热点，在“属性”面板上的“链接”选项中输入链接地址，本例选择一张图片；在“目标”选项中选择“_self”，在“替换”和“标题”文本框中输入“大九湖梅花鹿场”。

此时在浏览器中预览，可以看到地图四周显示有蓝色边框，将鼠标指针移到热点上时，鼠标指针变为手形。单击热点区域，则在当前窗口中显示链接目标，如图 6-28 所示。单击浏览器工具栏中的“返回”按钮即可返回到映射图。

（8）选择工具箱中的“矩形热点工具”，在图像窗口中需要制作热点的区域按下鼠标左键拖动，绘制一个矩形热点。按照第（7）步的方法，为矩形热点和圆形热点添加链接地址和替换文字，以及目标打开方式。

（9）选择工具箱中的“圆形热点工具”，按照第（8）步的方法，在其他需要映射的区域绘制圆形热点，并为圆形热点添加链接地址和替换文字，以及目标打开方式，如图 6-29 所示。

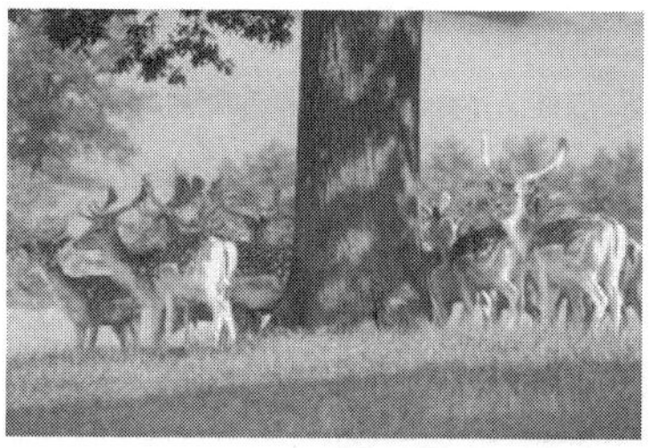
图 6-28 打开链接目标

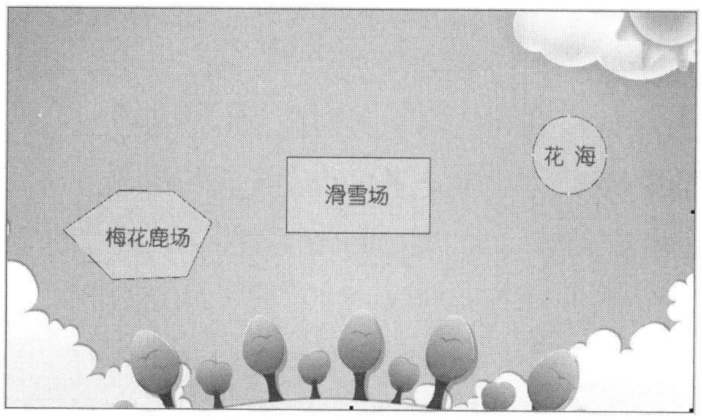

图 6-29 建立图像映射

教你一招：若对创建的热点不满意，可以使用“属性”面板中的“指针热点工具”进行移动、修改或删除。

使用“指针热点工具”在热点区域按下鼠标左键拖动，可将热点移至图片的任意位置。

使用“指针热点工具”单击热点以选中热点区域，然后将鼠标指针指向节点，此时鼠标指针变为黑色箭头，按下鼠标左键拖动可改变此热点区域的大小，如图 6-30 所示。

使用“指针热点工具”单击热点以选中热点区域，按下键盘上的 Delete 键可删除所选的热点。

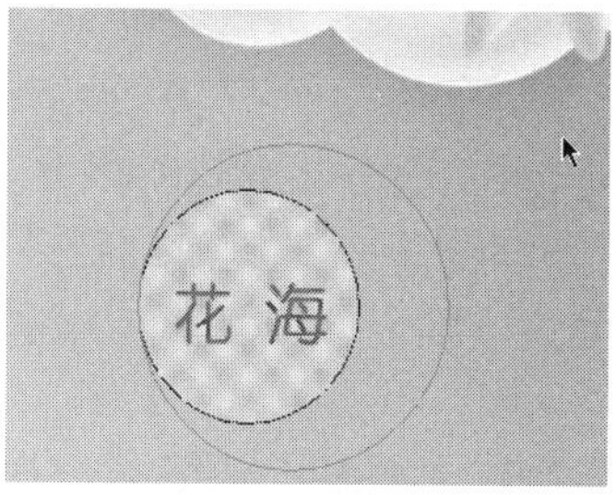

图 6-30 调整热点大小

（10）执行"文件"|"保存"命令，保存页面。在浏览器中预览页面，若单击图像中的热点区域，则可以在新窗口中打开它的链接页面。

6.2.4 E-mail 链接

在网页上创建电子邮件链接，可以方便用户反馈意见。E-mail 链接是指当用户在浏览器中单击电子邮件链接之后，不是打开一个网页文件，而是启动用户系统客户端的 E-mail 软件（如 Outlook Express），并打开一个空白的新邮件，收件人邮件地址被电子邮件链接中指定的地址自动填充。

1. 使用插入邮件链接命令创建电子邮件链接

在"设计"视图中，将指针放置在希望显示电子邮件链接的地方，或选中希望显示为电子邮件链接的文本，然后选择"插入"|"HTML"|"电子邮件链接"命令。或者直接在"HTML"插入面板中单击"电子邮件链接"按钮，如图 6-31 所示。弹出如图 6-32 所示的"电子邮件链接"对话框。

图 6-31 "电子邮件链接"按钮　　　　　图 6-32 "电子邮件链接"对话框

❧ 文本：用于输入或显示将作为电子邮件链接显示在文档中的文本。
❧ 电子邮件：用于输入收件人的 E-mail 地址。
设置完成后，单击"确定"按钮，关闭对话框。

2. 使用属性面板创建电子邮件链接

在文档窗口选择文本或图像，在属性面板上的"链接"文本框中直接输入 mailto: 电子邮件地址即可。例如 mailto:webmaster@hotmail.com，如图 6-33 所示。

图 6-33 在"属性"面板上创建电子邮件链接

🔍 **知识拓展**

设置 E-mail 链接的邮件主题

用户在设置 E-mail 链接时还可以加入邮件的主题。方法是在输入的电子邮件地址后面加入"?subject= 要输入的主题"语句，例如 mailto:webmaster@hotmail.com?subject= 网站建设的一些小建议。则电子邮件的"主题"栏将自动填充为"网站建设的一些小建议"。

6.2.5 空链接和脚本链接

1. 空链接

也称为虚拟链接，是指没有指定的链接，不打开链接目标，常用于返回页面顶端，或什么也不做。

利用空链接，可以激活文档中的链接对应的对象和文本，然后为其添加一个行为，以实现当鼠标经过文本或图像时进行一些交互动作。

　　选择将作为虚拟链接的文本，然后打开属性面板，在"链接"文本框中输入"#"，如图 6-34 所示；或输入 javascript:;，如图 6-35 所示，即可创建一个空链接。

图 6-34　创建空链接 1

图 6-35　创建空链接 2

　　　　注意：javascript 一词后依次有一个冒号和一个分号。

　　使用第 1 种格式的空链接在单击后将返回到页面顶部；采用第 2 种格式创建的空链接在单击时不会发生任何反应，就好像根本没有单击一样。

2. 脚本链接

　　脚本链接可以执行 JavaScript 代码或调用 JavaScript 函数，用于不离开当前网页的情况下给予访问者有关项目的补充信息。脚本链接也可用于在访问者点击特定项目时执行计算、表单验证和其他处理任务。

　　选择需要作为脚本链接的文本，然后打开属性面板，在"链接"文本框中输入 JavaScript: 要执行的代码或调用的函数，如 JavaScript:alert(' 您好，欢迎光临! ')，如图 6-36 所示，即可创建一个脚本链接。

　　打开浏览器预览，当把鼠标指针移动到脚本链接上时，鼠标指针变为手形，单击脚本链接会弹出一个如图 6-37 所示的对话框。

图 6-36　执行 JavaScript 代码的脚本链接

图 6-37　提示对话框

　　如果在"属性"面板上的"链接"文本框中输入 JavaScript:window.close()，如图 6-38 所示。在浏览器中单击该脚本链接，弹出如图 6-39 所示的提示对话框，单击"是"按钮即可关闭窗口。

图 6-38　调用 JavaScript 函数的脚本链接

图 6-39　预览脚本链接的效果

6.2.6　下载链接

文件下载链接的原理很简单，只要链接的文件类型浏览器无法识别，就会使用 IE 浏览器直接进行下载，并保存到本地计算机中。

在页面中选中要添加下载链接的文字或图像，然后单击"属性"面板上的"浏览文件"按钮，在弹出的对话框中选择需要下载的内容，如图 6-40 所示。

保存文件后，在浏览器中单击下载链接，将弹出如图 6-41 所示的"文件下载 - 安全警告"对话框。

图 6-40　设置下载链接

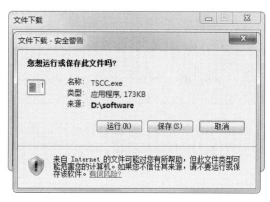

图 6-41　弹出"文件下载 - 安全警告"对话框

单击"保存"按钮，将弹出"另存为"对话框，选择保存文件的位置，最后单击"保存"按钮，则链接的下载文件即可保存到指定位置。

6.2.7　上机练习——创建锚点链接

锚点用于定义网页中的一个位置，通过引用锚点所在网页的超链接，就可访问此锚点所在的网页中指定的位置，以方便阅读。例如，index.html 中有一个名称为"a1"的锚点，在 start.html 文件中创建一个地址是 index.html#a1 的超链接后，单击此超链接，不但会打开页面 index.html，而且将自动滚动到锚点"a1"所在的位置。锚点链接通常与目录或索引列表结合使用。

6-3　上机练习——创建
锚点链接

 练习目标

本练习实例制作一个常见问题页面，由于页面内容过长，为方便浏览者快速找到需要的内容，需要为页面添加锚点链接。通过本练习实例的讲解，使读者了解锚点的作用，熟悉制作锚点链接的方法。

 设计思路

首先在指定位置插入锚点，然后选中要链接到锚点位置的文本，在属性面板上设置锚点链接，并设置链接文件的打开方式。

操作步骤

（1）启动 Dreamweaver CC 2018，执行"文件"|"打开"命令，打开要添加锚点的网页文件，如图 6-42 所示。

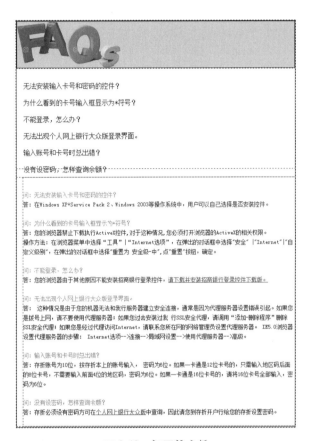

图 6-42　打开的文件

（2）将鼠标指针放在要设置锚点的位置，例如图 6-42 所示的"问：无法安装输入卡号和密码的控件？"之前，在文档工具栏上单击"拆分"按钮，切换到"拆分"视图，在"代码"视图中也可以看到当前鼠标指针所在位置，输入 <a id="q1" name="q1">，然后在选中的文本后插入 </a>，即创建一个命名为 q1 的锚点，如图 6-43 所示。

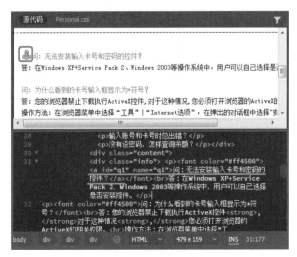

图 6-43　插入锚点

由于锚点对象是不可见对象，因此，在"设计"视图中指定的位置只能看到插入的锚点图标，如图 6-43 所示。

> 🔒 **提示：** 锚点名称只能包含小写 ASCII 字母和数字，且区分大小写。如果看不到锚点标记，可以在"设计"视图中执行"查看"|"设计视图选项"|"可视化助理"|"不可见元素"命令。

（3）在页面中选择要链接到锚点的文字。例如页面顶端的"无法安装输入卡号和密码的控件？"。然后在属性设置面板的"链接"文本框中输入锚点的名称"#q1"，如图 6-44 所示。

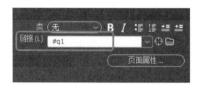

图 6-44　创建锚点链接

> 💡 **注意：** 在"链接"文本框中输入锚点名称时，要在锚点名称前面添加一个特殊的符号"#"。例如：#q1，其中，q1 为锚点名称。如果所链接的锚点不在当前文档中，则在"链接"文本框中首先要添加链接页面的 URL，然后输入井号（#）和锚点名称。如果要在当前页面调用同一文件夹中的 index.html 页面上名为 top 的锚点，则应在"链接"文本框中输入 index.html#top。

（4）参照上面的步骤添加其他各条问题的锚点，分别为 q2、q3、q4、q5、q6，然后相应的文本添加超链接，链接到锚点，如图 6-45 所示。

图 6-45　插入的锚点

（5）执行"文件"|"保存"命令保存文档，然后在浏览器中预览锚点链接的效果。单击页面中设置锚点链接的元素，页面将自动跳转到指定的锚点位置。

6.3　管理超链接

对于某些大型站点来说，处理所有超链接资源的完整列表可能会变成很棘手的问题。利用 Dreamweaver CC 2018 提供的"URLs"面板，可以将所有链接资源归类在一起，为资源指定别名以指明用途，以便日后查找、维护资源。

6.3.1　认识"URLs"面板

URL 的全称是 Uniform Resource Locator（统一资源定位器）。从最简单的单一页面到复杂的综合站点，所有的资源内容都可以通过"URLs"面板进行访问。下面介绍新建 URL 和编辑 URL 的方法。

（1）选择"窗口"|"资源"命令，打开"资源"面板。

（2）单击"资源"面板左侧的"URLs"按钮，切换到"URLs"面板，如图 6-46 所示。

"URLs"面板有两种视图："站点"视图和"收藏"视图。"站点"视图如图 6-46 所示，在该面板下方的列表窗格中，列出当前站点中使用的所有链接资源及类型。

"收藏"视图用于收藏常用的资源。收藏资源并不作为单独的文件存储在磁盘上，它们是对"站点"视图列表中的资源的引用。"站点"视图和"收藏"视图的大多数操作都是相同的，不过，有几种任务只能在"收藏"视图中执行。

（3）单击"收藏"单选按钮，切换到"收藏"视图，如图 6-47 所示。

图 6-46　"站点"视图　　　　　图 6-47　"收藏"视图

6.3.2　上机练习——添加超链接资源

练习目标

本练习实例在"URLs"面板中添加常用的超链接资源。通过本练习实例的讲解，使读者了解"URLs"面板的功用，掌握添加链接资源的方法。

6-4　上机练习——添加超链接资源

设计思路

首先在"URLs"面板的"收藏"视图中添加 URL 及昵称，选中要添加链接的文本，在"URLs"面板中应用 URL。然后在页面的指定位置插入另一个超链接资源。

操作步骤

（1）打开"URLs"面板。执行"窗口"|"资源"命令，打开"资源"面板。单击"资源"面板左侧的"URLs"按钮，切换到"URLs"面板，然后单击"收藏"按钮，切换到"收藏"视图，如图 6-48 所示。

（2）新建 URL。单击"收藏"视图右下角的"新建 URL"按钮，弹出"添加 URL"对话框，如图 6-49 所示。

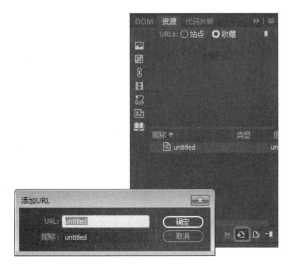

图 6-48　"URLs"面板的"收藏"视图　　　　图 6-49　添加 URL

（3）设置 URL 及昵称。在"URL"文本框中输入 http://www.sina.com.cn；在"昵称"栏输入"新浪"，单击"确定"按钮关闭对话框。

此时，在"收藏"视图中可以看到新建的 URL，视图下方的窗格中显示该 URL 的昵称为"新浪"，类型为"HTTP"，值为 http://www.sina.com.cn，如图 6-50 所示。

（4）添加其他 URL。按照第（2）步和第（3）步的方法添加其他链接，URL 为 http://www.baidu.com，昵称为"百度搜索"。

（5）选中要添加链接的文本。在 Dreamweaver"设计"视图中打开一个网页，并且选中要应用该 URL 的文本"新浪新闻"，如图 6-51 所示。

（6）应用 URL 资源。打开"URLs"面板，在资源列表中选中昵称为"新浪"的链接，然后单击面板左下角的"应用"按钮，如图 6-52 所示。

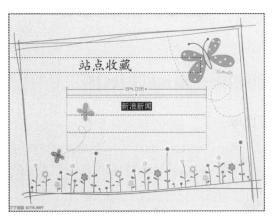

图 6-50　添加的 URL　　　　　　　　　图 6-51　选中文本

此时，在"设计"视图中可以看到选中的文本已添加超链接，如图 6-53 所示。

图 6-52　应用 URL

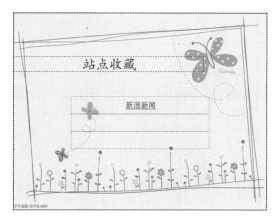

图 6-53　应用 URL 的效果

（7）插入 URL。将鼠标指针放在表格的第 2 行，在"URLs"面板的"收藏"视图中选中需要的 URL，例如"百度搜索"，然后单击面板左下角的"插入"按钮，如图 6-54 所示。即可在插入点插入指定的链接文本，效果如图 6-55 所示。

图 6-54　插入 URL

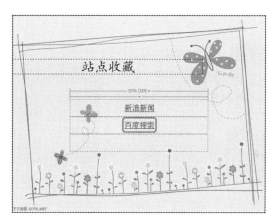

图 6-55　插入 URL 的效果

6.4　实例精讲——古诗词鉴赏页面

 练习目标

通过前面基础知识的学习，结合实例讲解进一步掌握在 Dreamweaver CC 2018 中创建各种超级链接的方法。

 设计思路

本实例制作一个古诗词鉴赏页面，首先运用表格布局制作出整个页面的外部框架，中间部分为左、右两个部分，运用嵌套的表格布局页面；然后在单元格中插入图像和文字，并通过定义 CSS 属性设置单元格的背景图像；最后通过在"属性"面板设置"链接"属性完成页面，最终效果如图 6-56 所示。

图 6-56　最终效果

 **制作重点**

（1）在实例制作过程中，要注意学习创建嵌套表格，并设置表格的背景图像属性。

（2）注意学习制作空链接和锚点链接的方法。

操作步骤

6.4.1　设计页面布局

本节将使用表格和嵌套表格设计页面布局。

6-5　设计页面布局

1. 新建文件

执行"文件"|"新建"命令，在弹出的"新建文档"对话框中选择 HTML 文件，框架"无"，单击"创建"按钮，创建一个空白的 HTML 文件。

2. 设置页面属性

执行"文件"|"页面属性"命令，弹出"页面属性"对话框。

（1）设置外观：在"外观"（CSS）分类中，设置页面字体为新宋体，大小为 13px，左、右、上、下边距均为 0px，如图 6-57 所示。

> **提示：** 如果在"字体"列表中没有找到需要的字体，可以单击字体列表底端的"管理字体"命令，在弹出的"管理字体"对话框中单击"自定义字体堆栈"页签，然后在"可用字体"列表中找到需要的字体，单击"添加"按钮 `<<`，如图 6-58 所示，将选择字体添加到字体列表中。
>
> 单击"完成"按钮关闭对话框后，即可在字体下拉列表中找到选择的字体。

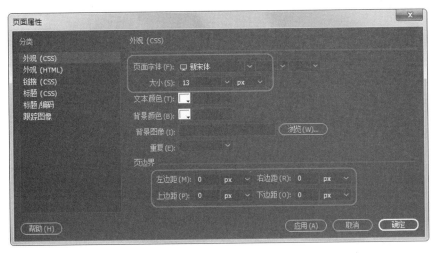

图 6-57　设置页面外观

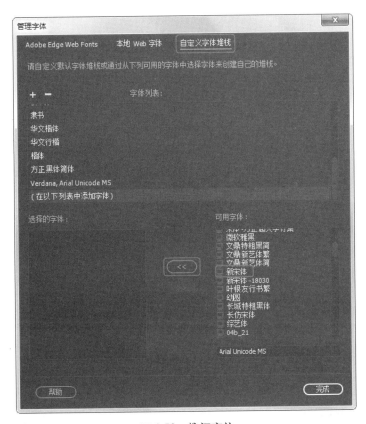

图 6-58　选择字体

（2）设置链接样式：在"链接"（CSS）分类中，设置链接颜色为 #6f4c23；下画线样式为始终无下画线，如图 6-59 所示。

3. 插入布局表格

执行"插入"|"表格"命令，在弹出的"Table"（表格）对话框中设置行数为 5，列为 3，表格宽度为 1003 像素，边框粗细、单元格边距和单元格间距均为 0，如图 6-60 所示。单击"确定"按钮关闭对话框。

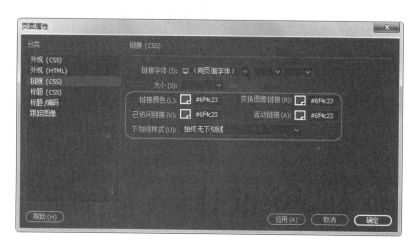

图 6-59　设置链接样式

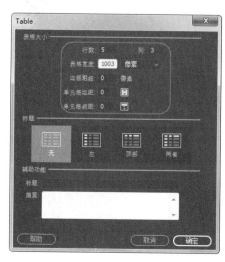

图 6-60　设置 "Table"（表格）对话框

4. 合并单元格

选中第 1 行单元格，在"属性"面板上单击"合并所选单元格"按钮，将第 1 行单元格合并为一行。同样的方法，合并第 4 行、第 5 行、第 2 行第 3 列和第 3 行第 3 列，效果如图 6-61 所示。

图 6-61　合并单元格的效果

接下来在第 3 行添加两个嵌套表格，分别用于放置主图和正文。

5. 插入左侧的嵌套表格

将鼠标指针放在第 3 行第 1 列单元格中，执行"插入"|"表格"命令，在弹出的 Table（表格）对话框中设置行数为 2，列为 3，表格宽度为 468 像素，边框粗细、单元格边距和单元格间距均为 0，如图 6-62 所示。单击"确定"按钮，插入嵌套表格。

6. 合并单元格

选中嵌套表格第 1 列的单元格，在"属性"面板上单击"合并所选单元格"按钮，合并第 1 列单元格。同样的方法，合并第 3 列单元格，如图 6-63 所示。

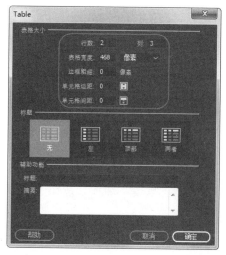

图 6-62　设置 "Table"（表格）对话框

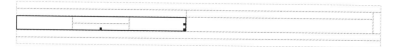

图 6-63　合并单元格 1

7. 插入右侧的嵌套表格

将鼠标指针放在第 3 行第 2 列单元格中，执行"插入"|"表格"命令，在弹出的"表格"对话框中设置行数为 8，列为 5，表格宽度为 511 像素，边框粗细、单元格边距和单元格间距均为 0，如图 6-64 所示。单击"确定"按钮，插入嵌套表格。

8. 合并单元格

选中嵌套表格第 1 列的单元格，在"属性"面板上单击"合并所选单元格"按钮，合并第 1 列单元格。同样的方法，合并第 7 行、第 8 行、第 2 行至第 6 行的第 1 列和第 3 列，如图 6-65 所示。

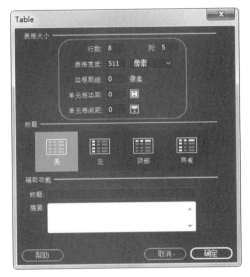

图 6-64　设置"Table"（表格）对话框

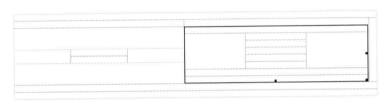

图 6-65　合并单元格 2

9. 插入图像

将鼠标指针放在第 2 行第 1 列单元格中，在"属性"面板上设置单元格内容垂直"顶端"，然后执行"插入"|"图像"命令，在单元格中插入图像。同样的方法，在其他单元格中插入图像，如图 6-66 所示。

图 6-66　插入图像

10. 保存文件

执行"文件"|"保存"命令，在弹出的对话框中输入文件名称。

6.4.2　制作导航和页脚

本节制作页面的导航和页脚部分，涉及的主要知识点是定义 CSS 规则设置单元格的背景图像，以及使用单元格的"水平"和"垂直"属性定位网页元素。

6-6　制作导航和页脚

1. 新建 CSS 规则

将鼠标指针放在第 1 行单元格中，单击鼠标右键，在弹出的快捷菜单中选择"CSS 样式"|"新建"命令，弹出"新建 CSS 规则"对话框，设置选择器类型为"类"，输入选择器名称 .topbg，规则定义的位置为"仅限该文档"，如图 6-67 所示。

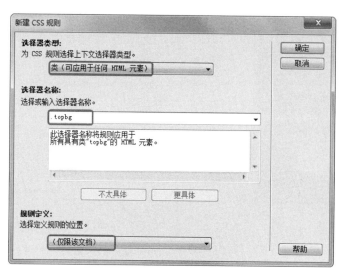

图 6-67　设置"新建 CSS 规则"对话框

2. 定义 CSS 属性

单击"确定"按钮，弹出".topbg 的 CSS 规则定义"对话框。选择"背景"分类，设置背景图像，不重复，且背景图像的位置水平"left"（左），垂直"top"（顶端），如图 6-68 所示。单击"确定"按钮关闭对话框。

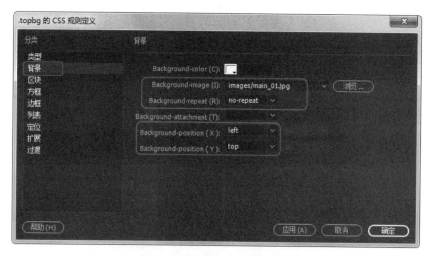

图 6-68　设置".topbg 的 CSS 规则定义"对话框

3. 应用规则

将鼠标指针放在第 1 行单元格中，在"属性"面板上单击"CSS"按钮，在"目标规则"下拉列表中选择 .topbg；在"高"文本框中输入 48，如图 6-69 所示。此时的页面效果如图 6-70 所示。

图 6-69　设置单元格高度并应用规则

图 6-70　页面效果

4. 定义 logo 背景

将鼠标指针放在左侧嵌套表格的第 1 行第 2 列单元格中，按照第 3 步的方法定义规则 .logobg，设置单元格的背景图像，如图 6-71 所示。然后在"属性"面板上设置单元格高度为 57，并应用规则。

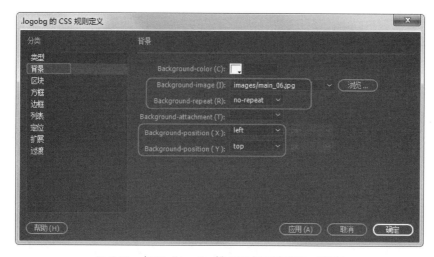

图 6-71　设置".logobg 的 CSS 规则定义"对话框

5. 定义导航条和页脚背景

按照第 4 步同样的方法，定义规则 .navbg 和 .footbg，如图 6-72 和图 6-73 所示，分别定义导航条和页脚的背景，然后在"属性"面板上设置单元格的高度，并应用规则。应用规则后的页面效果如图 6-74 所示。

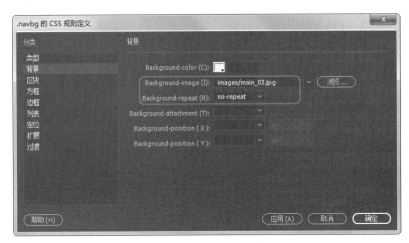

图 6-72　设置".navbg 的 CSS 规则定义"对话框

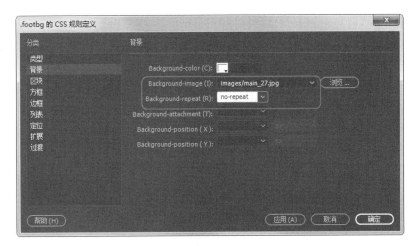

图 6-73　设置".footbg 的 CSS 规则定义"对话框

图 6-74　设置导航条和页脚背景的页面效果

6. 设置菜单

将鼠标指针放在第 1 行单元格中，在"属性"面板上设置单元格内容水平"右对齐"，垂直"底部"，然后执行"插入"|"表格"命令。设置行数为 1，列为 6，表格宽度为 230 像素，边框粗细、单元格边距和单元格间距均为 0 ，如图 6-75 所示。单击"确定"按钮插入表格，并在表格中输入菜单文本。

7. 设置导航条

将鼠标指针放在第 2 行第 2 列单元格中，在"属性"面板上设置单元格内容水平"居中对齐"，垂直"居中"，然后执行"插入"|"表格"命令。设置行数为 1，列为 5，表格宽度为 500 像素，边框粗细、单元格边距和单元格间距均为 0 ，单击"确定"按钮插入表格。然后在表格中输入导航文本，如图 6-76 所示。

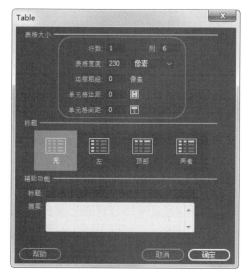

图 6-75　设置 Table（表格）对话框

图 6-76　制作导航条

8. 定义文本样式

单击鼠标右键，在弹出的快捷菜单中选择"CSS 样式"|"新建"命令，在弹出的"新建 CSS 规则"对话框中设置选择器类型为"类"，选择器名称为 .titlefont。单击"确定"按钮，在弹出的规则定义对话框中设置字体（Font-Family）为"方正黑体简体"，大小（Font-size）为 16，如图 6-77 所示，单击"确定"按钮关闭对话框。

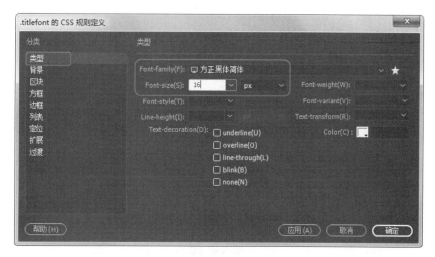

图 6-77　设置字体和字号 1

9. 应用规则

选中导航文本"泊船瓜洲",在"属性"面板的"目标规则"下拉列表中选择 .titlefont。同样的方法,为其他导航文本应用规则,如图 6-78 所示。

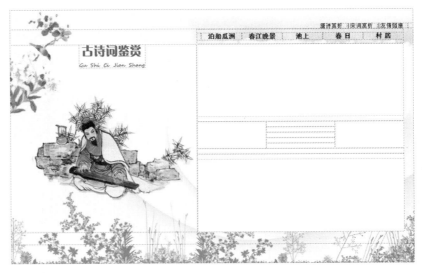

图 6-78　导航文本样式

10. 添加版权声明

将鼠标指针放在最后一行单元格中,在"属性"面板上设置单元格内容水平"右对齐",垂直"居中",然后执行"插入"|"表格"命令,插入一个 1 行 1 列,宽度为 55% 的表格。在表格中输入版权声明,如图 6-79 所示。

图 6-79　版权声明

11. 定义版权声明的字体和字号

单击鼠标右键,在弹出的快捷菜单中选择"CSS 样式"|"新建"命令,在弹出的"新建 CSS 规则"对话框中设置选择器类型为"类",选择器名称为 .footstyle。单击"确定"按钮,在弹出的规则定义对话框中设置字体(Font-family)为"Verdana,Arial Unicode MS",大小(Font-size)为 13,如图 6-80 所示,单击"确定"按钮关闭对话框。

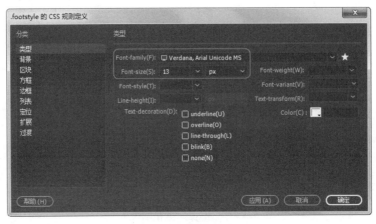

图 6-80　设置字体和字号 2

12. 应用样式并保存文件

选中文本，在"属性"面板上的"目标规则"下拉列表中选择 .footstyle 应用规则，效果如图 6-81 所示。然后执行"文件"|"保存"命令保存文件。

图 6-81　应用样式的版权声明效果

6.4.3　制作正文部分

本节将介绍诗词正文部分。

6-7　制作正文部分

1. 插入图像

将鼠标指针放在右侧嵌套表格的第 1 行，在"属性"面板上设置单元格内容水平"左对齐"，垂直"顶端"，然后执行"插入"|"图像"命令，在弹出的对话框中选择需要的图片。同样的方法，在第 1 列和第 3 列插入图像，如图 6-82 所示。

图 6-82　插入图像

2. 定义单元格背景图像

将鼠标指针放在第 2 行第 2 列单元格中，单击鼠标右键，在弹出的快捷菜单中选择"CSS 样式"|"新建"命令，在弹出的"新建 CSS 规则"对话框中设置选择器类型为"类"，选择器名称为 .c1bg。单击"确定"按钮，在弹出的规则定义对话框中设置背景图像，不重复（no-repeat），如图 6-83 所示，单击"确定"按钮关闭对话框。

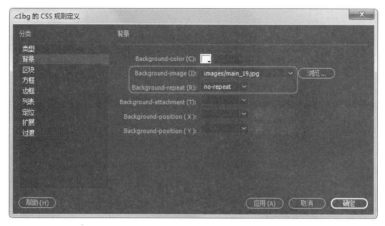

图 6-83 设置 ".c1bg 的 CSS 规则定义"对话框

同样的方法，定义第 3 行第 2 列单元格的背景图像，如图 6-84 所示。

图 6-84 设置 ".cnrbg 的 CSS 规则定义"对话框

3. 应用规则

将鼠标指针放在第 2 行第 2 列单元格中，在"属性"面板上设置单元格高度为 46，然后在"目标规则"下拉列表中选择 .c1bg 应用规则。设置第 3 行第 2 列单元格的高度为 64，应用目标规则 .cnrbg。同样的方法，设置其他单元格的背景图像，如图 6-85 所示。

图 6-85 设置单元格背景图像

4. 拆分单元格

选中第 2 行第 2 列单元格，在"属性"面板上单击"拆分单元格"按钮，把单元格拆分为"列"，列数为 3，如图 6-86 所示。单击"确定"按钮，即可将单元格拆分为 3 列。同样的方法，将第 4 行第 2 列、第 6 行第 2 列的单元格拆分为 3 列。

5. 插入图像

选中第 2 行第 2 列单元格，在"属性"面板上设置单元格内容水平"居中对齐"，垂直"顶端"，然后执行"插入"|"图像"命令，在拆分后的第 2 行单元格中插入图像。同样的方法，在拆分后的第 4 行、第 6 行单元格中插入图像，如图 6-87 所示。

图 6-86　拆分单元格

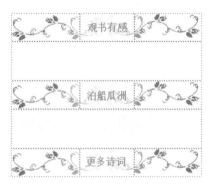

图 6-87　插入图像

6. 输入文本

按住 Ctrl 键单击第 3 行和第 5 行选中单元格，在"属性"面板上设置单元格内容水平"居中对齐"，垂直"居中"，然后分别输入文本，如图 6-88 所示。

7. 插入嵌套表格

将鼠标指针放在最后一行单元格中，在"属性"面板上设置单元格内容水平"左对齐"，垂直"顶端"，然后执行"插入"|"表格"命令，设置表格行数为 1，列为 3，表格宽度为 511 像素，边框粗细、单元格边距和单元格间距均为 0，如图 6-89 所示。单击"确定"按钮插入嵌套表格。

图 6-88　输入文本

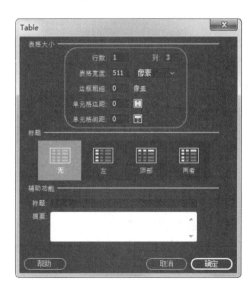

图 6-89　设置"Table"（表格）对话框

8. 插入图像

选中第 1 行的所有单元格,在"属性"面板上设置单元格内容垂直"顶端",执行"插入"|"图像"命令,在第 1 列和第 3 列插入图像。然后定义规则 .otherbg,设置第 2 列的背景图像,如图 6-90 所示。单击"确定"按钮关闭对话框。

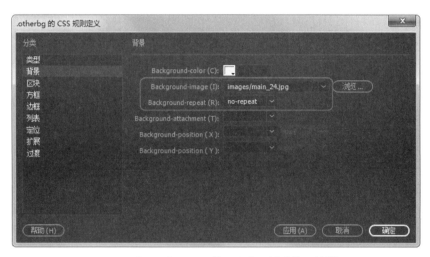

图 6-90 设置".otherbg 的 CSS 规则定义"对话框

应用规则后的页面效果如图 6-91 所示。

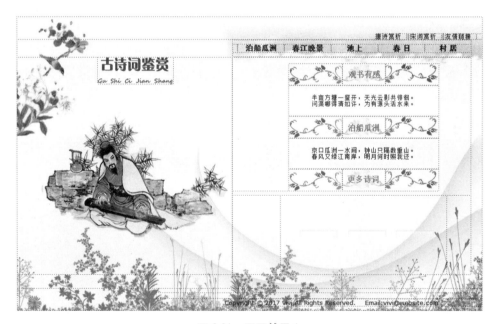

图 6-91 页面效果 1

9. 插入嵌套表格

选中第 2 列单元格,在"属性"面板上设置单元格内容垂直"顶端"对齐,插入一个一行七列、宽度为 357px 的表格,然后分别在第 1 列、第 3 列、第 5 列和第 7 列单元格中插入图像,效果如图 6-92 所示。

10. 保存文件

执行"文件"|"保存"命令保存文件。

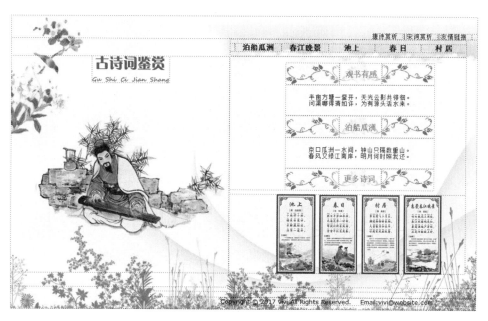

图 6-92　页面效果 2

6.4.4　添加链接

1. 添加空链接

选中页面顶端的"唐诗赏析"，在"属性"面板上的"链接"文本框中输入 #，或输入 javascript:;（注意有冒号和分号），如图 6-93 所示。这样，当在浏览器中单击链接文本"唐诗赏析"时，将返回页面顶端，或什么也不做。

6-8　添加链接

图 6-93　添加空链接

2. 添加相对路径链接

选中页面顶端的"宋词赏析"，在"属性"面板上的"链接"文本框右侧单击"浏览文件"按钮，在弹出的"选择文件"对话框中选择一个已制作好的网页文件 songchi.html；然后在"目标"下拉列表中选择"_blank"，如图 6-94 所示。

3. 添加绝对路径链接

选中页面顶端的"友情链接"，在"属性"面板上的"链接"文本框中直接输入 http://www.123.com；然后在"目标"下拉列表中选择"_blank"，如图 6-95 所示。

图 6-94　添加相对路径链接

图 6-95　添加绝对路径链接

此时的页面效果如图 6-96 所示。链接文本将以指定的样式显示，且不显示下画线。

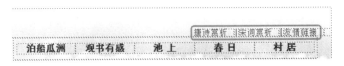

图 6-96　添加了链接的效果

4. 添加命名锚点

切换到"拆分"视图，在"设计"视图中将指针定位到诗"观书有感"的内容前，然后在"代码"视图中输入 <a id="m1"></a>，定义一个锚点，如图 6-97 所示。同样的方法，在"泊船瓜洲"的内容前添加一个锚点，命名为 m2。

图 6-97　添加锚点

> 提示：锚点是不可见元素，如果在"设计"视图中看不到添加的锚点标记，可以选中"查看"|"设计视图选项"|"可视化助理"|"不可见元素"命令，如图 6-98 所示。

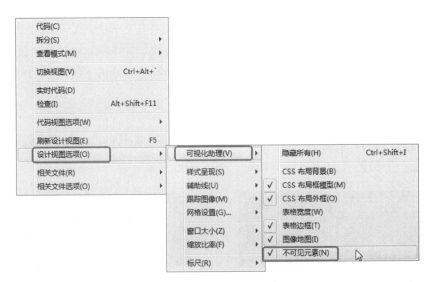

图 6-98　显示不可见元素

5. 链接到锚点

在导航栏中选中文本"泊船瓜洲"，在"属性"面板上的"链接"文本框中输入 #m2，如图 6-99 所示。用同样方法设置"观书有感"的页内链接 #m1。

图 6-99　设置锚点链接

6. 添加电子邮件链接

选中页脚区域的电子邮件地址，然后在"属性"面板上的"链接"文本框中输入 mailto:vivi@website.com?subject= 一些小建议，如图 6-100 所示。

图 6-100　设置电子邮件链接及邮件主题

7. 添加图片链接

选中"更多诗词"区域的第一张图片，在"属性"面板上的"链接"文本框中输入链接地址。由于本例没有制作对应的链接页面，暂时输入 #。同样的方法，为其他图片添加链接。此时的页面效果如图 6-101 所示。

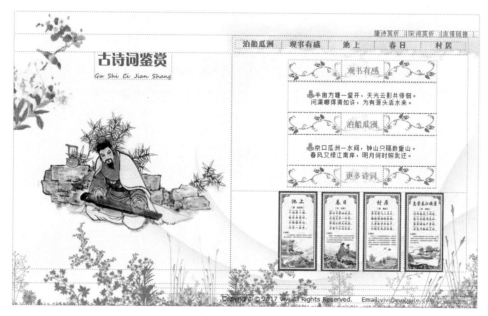

图 6-101　页面效果

8. 保存文件

执行"文件"|"保存"命令，在弹出的对话框中输入文件名，保存文件。至此，一个综合各种链接

的网页制作完成，在浏览器中的预览效果如图 6-101 所示。

6.5 答 疑 解 惑

1. 怎样制作规范的电子邮件链接?

答：选中要添加链接的文本，在"属性"面板的"链接"文本框中输入如下命令：

mailto：×××@×××.com？ Subject=网友来信&bc=其他电子邮件地址 &bcc=其他电子邮件地址。其中 mailto 为邮件链接的协议，Subject 为邮件的标题，bc 是同时抄送的邮件地址，bcc 表示暗送。

2. 点击空链接时，页面往往会返回到页面顶端，怎样处理使页面保持不动?

答：在"链接"文本框中使用代码 javascript:void(null) 代替 #。

3. 如何检查站点中的链接是否断开?

答：打开站点中的一个文件，执行"站点"|"站点选项"|"检查站点范围的链接"命令，将弹出"链接检查器"面板（图 6-102），默认显示站点中断掉的链接。用户还可以在"显示"下拉列表中选择检查外部链接和孤立的文件。

图 6-102 "链接检查器"面板

单击"链接检查器"面板左上角的"检查链接"按钮▶，还可以选择检查当前文档中的链接、检查整个当前本地站点的链接或检查站点中所选文件的链接。

6.6 学习效果自测

一、选择题

1. 下列属于超级链接绝对路径的是（　　　）。

A. http://www.adobe.com.cn/dreamweaver/help.html

B. dreamweaver/help.html

C. ../ dreamweaver/help.html

D. /help.html

2. 若要在新浏览器窗口中打开一个页面，应在"属性"面板的"目标"下拉菜单中选择（　　　）。

A. _blank　　　　　　　B. _parent　　　　　　　C. _self　　　　　　　D. _top

3. 创建空链接使用的符号是（　　　）。

A. @　　　　　　　　　B. #　　　　　　　　　C. &　　　　　　　　D. *

4. 在 Dreamweaver CC 2018 中，不在图像地图热区形状之列的是（　　　）。

A. 矩形　　　　　　　　B. 圆形　　　　　　　C. 三角形　　　　　　D. 多边形

二、判断题

1. http://www.mysite.com/index.htm#a 属于锚点超级链接。（　　　）

2. 选中要设置成超级链接的文字或图像,然后在"属性"面板的"链接"栏中输入相应的 URL 地址,即可对文字或图像设置链接。(　　　)

3. 如果要实现在一张图像上创建多个超级链接,可使用锚点超级链接。(　　　)

4. 网页中的超链接样式是默认的,不可以改变。(　　　)

三、填空题

1. 如果需要为页面中的文字创建 E-mail 链接,需要选中文字,并在"属性"面板上的"链接"文本框中输入(　　　)。

2. 空链接是一个未指派目标的链接,在"属性"面板的"链接"文本框中输入(　　　)即可。

3. 在超级链接中,路径通常有三种表示方法:(　　　)、文档相对路径和站点根目录相对路径。

4. 使用(　　　)超级链接不仅可以跳转到当前网页中的指定位置,还可以跳转到其他网页中指定的位置。

5. 在制作文本超链接时,建立了超链接的文本(　　　)会发生变化,并且多了一条下画线。

四、操作题

1. 在页面中输入一段文字,给文字加超链接,单击链接到新浪网站。

2. 将 6.2.3 节地图中的其他地区都加上热点区域,并加上相应的链接。

3. 仿照本章的实例讲解制作一个链接页面。

第 7 章

使用多媒体对象

本章导读

　　随着多媒体技术和宽带网络技术的飞速发展，在网页中应用动画、声音、视频等多媒体，制作多媒体网页已成为潮流。在网页中应用多媒体元素，可以极大地丰富网页元素的样式和类型。本章讲解在网页中使用多媒体元素的相关知识。

学习要点

◆ 在页面中插入多媒体元素
◆ 使用插件插入多媒体元素
◆ 使用多媒体元素制作页面

7.1　插入动画和视频

在多媒体网页中，动画和视频是不可或缺的元素。本节将介绍网页设计中常用的动画和视频插件的应用，以及在网页中使用 HTML5 视频、Canvas 和动画合成等多种媒体类型的实现方法。

7.1.1　插入 Flash SWF

Flash 由 Adobe 公司推出，利用它可以制作出文件体积小、效果华丽的矢量动画。

（1）将鼠标指针定位在需要插入 Flash SWF 的位置，执行"插入"|"HTML"|"Flash SWF"命令，或在"HTML"插入面板上单击"Flash SWF"按钮（图 7-1），弹出一个对话框，提示用户先保存文件，如图 7-2 所示。

图 7-1　单击"Flash SWF"按钮

图 7-2　提示对话框

（2）单击"确定"按钮，在弹出的对话框中输入文件名保存文件之后，弹出如图 7-3 所示的"选择 SWF"对话框，选择需要的 SWF 对象，单击"确定"按钮关闭对话框，弹出如图 7-4 所示的"对象标签辅助功能属性"对话框。

图 7-3　"选择 SWF"对话框

图 7-4　"对象标签辅助功能属性"对话框

　　在该对话框中，可以指定插入对象的标题、访问键和 Tab 键索引，可以不进行设置。如果不希望每次插入媒体对象时都弹出这个对话框，可以在"编辑"|"首选项"|"辅助功能"对话框中取消选中"媒体"复选框，如图 7-5 所示。

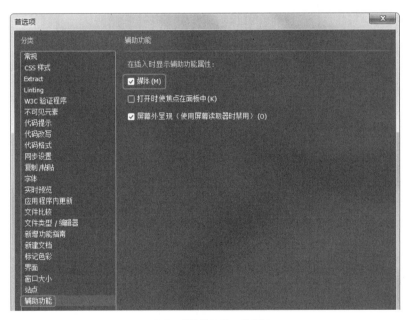

图 7-5　"首选项"对话框

　　（3）单击"确定"按钮，即可在页面中显示 SWF 对象的占位符，如图 7-6 所示。此时保存文件，将弹出如图 7-7 所示的"复制相关文件"对话框，单击"确定"按钮，可将页面需要的支持文件复制到当前站点根目录下的 Scripts 文件夹中。

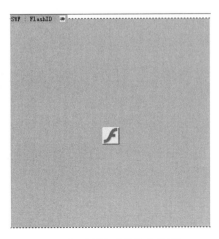

图 7-6　SWF 对象的占位符

图 7-7　"复制相关文件"对话框

选中页面上的 SWF 对象占位符，对应的"属性"面板如图 7-8 所示。

图 7-8　SWF 对象的"属性"面板

❯ 宽、高：用于指定 SWF 影片的尺寸。

> 🔒 **提示**：开如果在文档窗口中改变了 Flash 文件的宽或高，要想恢复到以前的尺寸，可以单击"重设大小"按钮 C，如图 7-9 所示。

图 7-9　恢复影片尺寸

❯ FlashID：定义可被脚本引用的名称。

❯ 文件：指定 Flash 影片文件的路径。

❯ 源文件：指定 SWF 源文件（*.fla）的路径。

❯ 循环：选中该项，影片将连续播放；否则播放一次后停止。

❯ 自动播放：选中该项，SWF 影片在页面加载时就播放。

❯ 垂直边距：用于设置 Flash 动画上边与其顶部的页面元素，以及 Flash 动画下边与其底部的页面元素之间的距离。

❯ 水平边距：用于设置 Flash 动画左边与其左侧的页面元素，以及 Flash 动画右边与其右侧的页面元素之间的距离。

❯ 品质：用于设置 Flash 影片的画质。默认选择"高品质"，即以最佳状态显示。

❯ 比例：用于设置 Flash 动画的显示比例。

　　☞ 默认（全部显示）：显示 Flash 动画的全部，并保证各部分的比例。

　　☞ 无边框：在有必要时，不显示 Flash 动画左、右两边的部分内容。

　　☞ 严格匹配：Flash 动画全部显示，但比例可能会有所变化。

❯ 对齐：用于设置 Flash 动画与周围网页元素的对齐方式。

❯ Wmode：用于设置是否在 Flash 动画的透明部分显示页面背景。

　　☞ 不透明：隐藏页面上位于 SWF 对象后面的所有内容。

　　☞ 透明：HTML 页的背景可以透过 SWF 对象的所有透明部分显示出来，可能会降低动画性能。

❯ 背景颜色：用于设置 Flash 动画没有放映时，其所在位置显示的背景色。

保存文件，在浏览器（IE9）中预览网页的效果如图 7-10（a）所示。单击"允许阻止的内容"按钮，即可播放 SWF 动画，如图 7-10（b）所示。

> 🔒 **提示**：如果网页上的 SWF 文件不能播放，安装 Flash Player 插件即可。

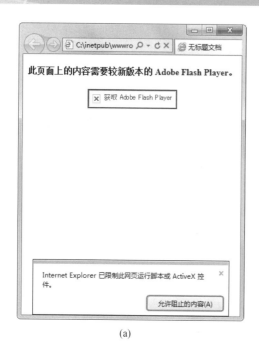 

(a)   (b)

图 7-10   在浏览器中浏览页面

7.1.2   插入 Flash 视频

视频是基于流媒体技术的文、图、声、像四者的结合，在网页中合理地使用视频会给网页带来意想不到的视觉效果。Flash 视频（*.flv）是随着 Flash 系列产品推出的一种流媒体格式，可以在页面上显示播放器的外观，方便用户对视频播放进行控制。

首先保存文件，然后选择"插入"|"HTML"|"Flash Video"命令，或在"HTML"插入面板中单击"Flash Video"按钮（图 7-11），弹出如图 7-12 所示的"插入 FLV"对话框。

图 7-11   单击"Flash Video"按钮   图 7-12   "插入 FLV"对话框

➥ 视频类型：选择视频播放方式。
　　☞ "累进式下载视频"：将 Flash 视频文件下载到站点访问者的硬盘上，然后播放。允许在下载完
　　　成之前就开始播放视频文件。
　　☞ "流视频"：对 Flash 视频内容进行流式处理，并在一段很短时间的缓冲（可确保流畅播放）之
　　　后在 Web 页上播放该内容。

> 🔊 **提示**：若要在网页上启用流视频，必须具有访问 Adobe Flash Communication Server 的权限。

➥ URL：用于指定 Flash 视频的相对路径或绝对路径。
➥ 外观：用于指定 Flash 视频播放组件的外观。所选外观的预览
　　会出现在"外观"弹出菜单下方。
➥ 宽度、高度：以像素为单位指定 FLV 文件的宽度和高度。
➥ 包括外观：设置宽度、高度和外观后，右侧将自动显示
　　FLV 文件的宽度和高度与所选外观的宽度和高度相加得出
　　的总和。
➥ 限制高宽比：保持 Flash 视频的宽度和高度之间的比例不变。
　　默认情况下选择此选项。
➥ 自动播放：页面打开时自动播放视频。
➥ 自动重新播放：视频播放完之后返回到起始位置开始重新播
　　放。

图 7-13　插入的 FLV 视频占位符

单击"确定"按钮关闭对话框，页面上将显示 FLV 视频的占位符，如图 7-13 所示。

> 🔊 **提示**：在页面中插入 FLV 视频后，将生成一个视频播放器 SWF 文件和一个外观 SWF 文件，
> 如图 7-14 所示。它们共同用于在页面上显示 Flash 视频内容。这些文件与 Flash 视频内容存储在同
> 一目录中。上传包含 Flash 视频内容的 HTML 页面时，Dreamweaver CC 2018 将以相关文件的形式
> 上传这些文件。

图 7-14　播放器和外观

在"文档"窗口中单击 Flash 视频占位符，对应的"属性"面板如图 7-15 所示。

图 7-15 Flash 视频的"属性"面板

该面板中的属性与"插入 FLV"对话框中的选项类似，在此不再赘述。

> **注意:** 如果要更改视频类型（例如，从"累进式下载"更改为"流式"），必须先删除页面上的 Flash 视频占位符，然后执行"插入"|"HTML"|"Flash Video"命令重新插入 Flash 视频。

如果要从页面中删除 Flash 视频，选中 Flash 视频占位符，按 Delete 键。

7.1.3 上机练习——制作游戏网站引导页面

 练习目标

通过前两节基础知识的学习，结合本节练习实例进一步掌握在网页中插入 Flash 动画，以及设置动画属性的操作方法。

7-1 上机练习——制作
游戏网站引导页面

 设计思路

本节练习制作一个游戏网站的引导页，结构比较简单，运用表格设计页面布局，然后在页面的相应的位置插入 Flash 动画、图片和文字。

操作步骤

（1）新建文件。启动 Dreamweaver，执行"文件"|"新建"命令，在弹出的"新建文档"对话框中设置页面类型为 HTML，无框架，创建一个空白的 HTML 文件。

（2）设置页面属性。执行"文件"|"保存"命令，在弹出的对话框中输入文件名称 default.html。执行"文件"|"页面属性"命令，在弹出的"页面属性"对话框中设置背景颜色为 #000000，文本颜色为 #CCCCCC，如图 7-16 所示。单击"确定"按钮关闭对话框。

图 7-16 设置页面属性

（3）插入布局表格。执行"插入"|"表格"命令，在弹出的"表格"对话框中设置行数为 5，列为 1，表格宽度为 600 像素，其他均为 0。单击"确定"按钮关闭对话框，然后选中页面上的表格，在"属性"面板上的"对齐"下拉列表中选择"居中对齐"，如图 7-17 所示。

（4）输入文字并格式化。选中所有单元格，在"属性"面板上设置单元格内容水平"居中对齐"，然后在第 1 行单元格中输入"http://www.gamelover.com.cn"。

图 7-17　设置表格对齐方式

选中文本，单击鼠标右键，在弹出的快捷菜单中选择"CSS 样式" | "新建"命令，如图 7-18 所示。弹出"新建 CSS 规则"对话框，输入选择器名称 .fontstyle，定义规则的位置为"仅限该文档"，如图 7-19 所示。

图 7-18　新建 CSS 样式

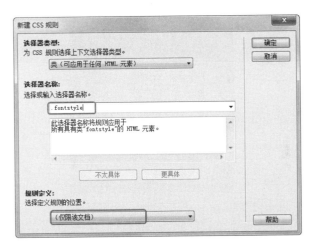

图 7-19　"新建 CSS 规则"对话框

单击"确定"按钮，弹出".fontstyle 的 CSS 规则定义"对话框，在"类型"分类中设置字号（Font-size）为 14，文本颜色（Color）为 #FFFF00（黄色），如图 7-20 所示。单击"确定"按钮关闭对话框。

（5）插入 Flash 动画。保存文件，将鼠标指针放在第 2 行单元格中，执行"插入" | "HTML" | "Flash SWF"命令，在弹出的对话框中选择 welcome.swf，如图 7-21 所示。

图 7-20　设置 CSS 属性

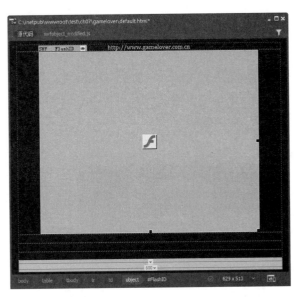

图 7-21　插入 Flash 动画

（6）插入图片。将鼠标指针放在第 3 行单元格中，设置单元格高度为 160，然后执行"插入" | "图像"

命令，在弹出的对话框中选择网站的 Logo 标志 logo.jpg。

（7）设置超链接。在第 4 行单元格中输入"欢迎光临游民部落，点击进入"。选中文本"点击进入"，在"属性"面板的"链接"文本框中输入文本的链接目标 index.html（该文件是游戏网站的首页，用户可以根据需要创建），"目标"为 _self。

（8）定义超链接的显示外观。打开"CSS 设计器"面板，设置 CSS 源为 <style>，单击"添加选择器"按钮，在出现的空行输入选择器名称 a:link，然后在属性列表中设置文本颜色（color）为 #FF0000（红色），字号为 14px，无修饰，如图 7-22 所示。

同样的方法，定义 CSS 规则 a:hover 的属性，文本颜色（color）为 #FFFF00（黄色）。此时的页面效果如图 7-23 所示。

图 7-22　a:link 的 CSS 属性

图 7-23　页面效果 1

（9）插入页脚。在第 5 行单元格中插入一个 3 行 1 列的表格，表格宽度为 98%，边框粗细、单元格边距和单元格间距均为 0，单元格高度为 24，然后输入文本作为网站信息栏。

选中第 1 行文本，在"属性"面板上的"类"下拉列表中选择 .fontstyle；选中第 3 行的电子邮箱，在"属性"面板上的"链接"文本框中输入 mailto:admin@gamelover.com.cn。此时的页面效果如图 7-24 所示。

（10）保存并预览文件。执行"文件"|"保存"命令保存文件，然后在浏览器（IE9）中打开文件，如图 7-25 所示。

单击"允许阻止的内容"按钮，显示效果如图 7-26 所示。

图 7-24　页脚效果 2

图 7-25　在浏览器中的显示效果 1

图 7-26　在浏览器中的显示效果 2

7.1.4　插入 HTML5 视频

　　HTML5 通过 HTML 标签 \<video\> 支持嵌入式的媒体，提供一种将电影或视频嵌入网页中的标准方式。

　　在"设计"视图中，将指针置于要插入视频的位置，执行"插入"｜"HTML"｜"HTML5 Video"命令，或在"HTML"插入面板上单击"HTML5 Video"按钮（图 7-27），即可在指定位置插入一个 HTML5 视频占位符，如图 7-28 所示。

图 7-27　单击"HTML5 Video"按钮　　　　　　　　图 7-28　HTML5 视频占位符

　　选中页面上的 HTML5 视频占位符，对应的属性检查器如图 7-29 所示。

图 7-29　HTML5 视频属性检查器

下面简要介绍 HTML5 视频的属性功能。

➡ 源 /Alt 源 1/Alt 源 2："源"用于指定视频文件的位置。不同浏览器对视频格式的支持有所不同。如果浏览器不支持"源"中指定的视频格式,则会使用"Alt 源 1"或"Alt 源 2"中指定的视频格式,选择第一个可被识别的格式显示视频。

知识拓展

视频格式与浏览器的支持

在 Dreamweaver CC 2018 中,<video> 元素支持以下六种视频格式。

MP4:带有 H.264 视频编码和 AAC 音频编码的 MPEG 4 文件。

WebM:带有 VP8 视频编码和 Vorbis 音频编码的 WebM 文件。

Ogg:带有 Theora 视频编码和 Vorbis 音频编码的 Ogg 文件。

3GP:是 MP4 格式的一种简化版本,视频编码采用 MPEG-4 及 H.263,音频编码采用 AAC 或 AMR。

Ogv:是 HTML5 中的一个名为 Ogg Theora 的视频格式,起源于 Ogg 容器格式。

M4v:是 MP4 格式高清的代表,应用于网络视频点播网站和移动手持设备,视频编码采用 H264/AVC,音频编码采用 AAC。

常用浏览器和支持的视频格式如下表所示。

浏览器	MP4	WebM	Ogg
Internet Explorer 9	是	否	否
Firefox 4.0	否	是	是
Google Chrome 6	是	是	是
Apple Safari 5	是	否	否
Opera 10.6	否	是	是

提示: 使用多重选择可以快速指定"源"/"Alt 源 1"/"Alt 源 2",方法如下:在选择文件时为同一视频选择三个视频格式,列表中的第一个格式将用于"源",其他两个格式用于自动填写"Alt 源 1"和"Alt 源 2"。

➡ Title(标题):为视频指定标题。

➡ 宽度 | 高度(W|H):视频的宽度和高度,以像素为单位。

➡ 控件(Controls):选择是否显示视频播放控件,如播放、暂停和静音。

➡ 自动播放(AutoPlay):视频是否一旦在网页上加载便开始播放。

➡ 海报(Poster):在视频完成下载后或用户单击"播放"后显示的图像的位置。当插入图像时,自动填充宽度和高度值。

➡ 循环(Loop):视频是否连续播放,直到用户停止播放视频。

➡ 静音(Muted):设置视频的音频部分是否静音。

➡ Flash 回退:指定不支持 HTML 5 视频的浏览器播放的 SWF 文件。

➡ 回退文本:指定不支持 HTML5 的浏览器显示的文本。

➡ 预加载(Preload):指定页面加载时视频加载的首选项。选择"自动"会在页面下载时加载整个视频;选择"元数据"会在页面下载完成之后仅下载元数据。

例如,设置源为 ogg-19M.ogg,宽度为 376px,高度为 242px,其他保留默认设置。保存文件后在浏览器（FireFox）中的预览效果如图 7-30（a）所示，单击播放按钮，即可播放视频文件，如图 7-30（b）所示。

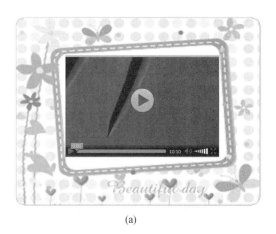
(a)

(b)

图 7-30　在浏览器中查看视频效果

> **注意**：如果 MP4 格式的视频不能使用 <video> 标签在浏览器中播放，排除浏览器支持的问题，应是视频使用的编码不是 H.264，转换一下编码即可。

7.1.5　插入 Canvas

Canvas 元素是自 HTML5 出现的新标签，用于在网页上绘制图像。不过，<canvas> 元素本身并没有绘图能力，它仅仅是图形的容器（通常称为画布），必须使用脚本（通常为 JavaScript）来完成实际的绘图任务。

在"设计"视图中，执行"插入"|"HTML"|"Canvas"命令，或在"HTML"插入面板上单击"Canvas"按钮 （图 7-31），即可在插入点插入 Canvas 的占位符，如图 7-32 所示。

图 7-31　单击"Canvas"按钮

图 7-32　Canvas 的占位符

画布是一个矩形区域，默认情况下没有边框和内容，需要指定 ID 属性、width 和 height 属性定义画布的大小。选中页面上的画布占位符，在如图 7-33 所示的"属性"面板上可以设置这些属性。

图 7-33　画布的属性

例如，设置 ID 为 myCanvas，宽为 376 像素，高为 242 像素，此时的页面效果如图 7-34 所示。

在"代码"视图中的 <body></body> 之间添加以下代码，可以在画布上显示文本和一个圆，如图 7-35 所示。

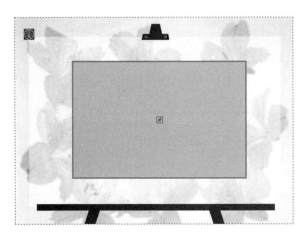

图 7-34　设置宽和高的画布

图 7-35　在画布上绘制图形

```
<script type="text/javascript">
    // 使用 id 来寻找 canvas 元素
    var c=document.getElementById("myCanvas");
    // 创建 context 对象 ctx
    //getContext("2d") 对象是内建的 HTML5 对象，有多种绘制路径、图形、字符以及添加图像的方法
    var ctx=c.getContext("2d");
    // 定义字号和字体
    ctx.font="30px Times New Roman";
    // 使用 fillStyle 方法设置填充色为橙色
    ctx.fillStyle="#FF6600";
    // 在 canvas 上绘制实心的文本 Hello World，坐标为 (50,50)
    //canvas 的左上角坐标为 (0,0)
    ctx.fillText("Hello World",50,50);
    // 确定路径开始点
    ctx.beginPath();
    // 逆时针绘制半径为 50 的圆弧，圆心坐标为 (150,150)，开始角度为 0，结束角度为 2π
    ctx.arc(150, 150, 50, 0, Math.PI * 2, true);
    // 关闭路径
    ctx.closePath();
    // 设置填充色
    ctx.fillStyle="#00FFFF";
    // 填充图形
    ctx.fill();
</script>
```

> 注意：Internet Explorer 8 以及更早的版本不支持 <canvas> 元素。

7.1.6　插入动画合成

Dreamweaver CC 2018 支持导入在 Animate 中创建的动画合成文件（OAM 文件）。

> **提示**：OAM (.oam) 动画合成文件是通过 Animate，将创建的 HTML5 Canvas、ActionScript 或 WebGL 格式的 Animate 内容导出的 OAM 包。Animate 由原 Adobe Flash Professional 更名而来，在继续支持 Flash SWF、AIR 格式的同时，新增 HTML 5 创作工具，支持 HTML5Canvas、WebGL，并能通过可扩展架构支持包括 SVG 在内的几乎任何动画格式。

首先保存文件，然后执行"插入"|"HTML"|"动画合成"命令，或在"HTML"插入面板上单击"动画合成"按钮（图 7-36），在弹出的"选择动画合成"对话框中选择需要的 OAM 动画文件，单击"确定"按钮，即可指定位置插入动画。

默认情况下，OAM 文件的内容被提取到 animation_assets 文件夹，并且会创建与动画文件同名的子文件夹。OAM 文件的内容被放在此位置下的 Assets 文件夹中。

如果要更改默认位置，可以执行"站点"|"新建站点"|"高级设置"|"Animate 资源"命令，在"资源文件夹"(Asset Folder) 中，修改提取文件的位置。

图 7-36　单击"动画合成"按钮

7.2　插 入 音 频

如何能使设计的网站与众不同、充满个性，一直是广大网页设计者不懈追求的目标。除了尽量提高页面的视觉效果、互动功能，在页面中插入能突出网页主题氛围的声音，也会使网站增色不少。

在这里，读者需要注意的是，在访问插入了音频的页面时，用户客户端浏览器应有播放所选声音文件的适当插件，否则声音不能播放。

7.2.1　网页中常用的音频格式

在网页中可以添加多种类型的声音文件格式，不同类型的声音文件有不同的特点。在确定添加的声音文件的格式之前，用户需要考虑一些因素，例如添加声音的目的、受众、文件大小、声音品质和不同的声音格式在不同浏览器中的差异。

- .midi 或 .mid（乐器数字接口）格式：顾名思义，是一种主要用于器乐的音频格式，许多浏览器不需要插件就能播放 MIDI 文件。尽管其声音品质非常好，很小的 MIDI 文件能提供较长时间的声音剪辑，但访问者的声卡不同，声音效果也会有所不同。另外，MIDI 文件不能被录制，必须使用特殊的硬件和软件在计算机上合成。

- .wav（Waveform 扩展名）格式：这种格式的声音具有较好的声音品质，许多浏览器不要求插件支持，用户可以从 CD、磁带、麦克风等录制 WAV 文件。但是文件体积较大，限制了可以在网页中使用的声音剪辑的长度。

- .aif（音频交换文件格式，即 AIFF）格式：与 WAV 格式类似，具有较好的声音品质，大多数浏览器都可以播放它并且不要求插件，可以从 CD、磁带、麦克风等录制 AIFF 文件。但这种格式的文件较大，限制了可以在 Web 页面上使用的声音剪辑的长度。

- .mp3（运动图像专家组音频，即 MPEG- 音频层 -3）格式：这是一种压缩格式，可以在明显减小声音文件大小的同时保持非常好的声音品质，其质量甚至可以和 CD 质量相媲美。此外，这种技术可以对文件进行"流式处理"，访问者不必等待整个文件下载完即可收听。若要播放 MP3 文件，访问者必须下载并安装辅助应用程序或插件，例如 QuickTime、Windows Media

Player 等。

➥ .ra、.ram、.rpm 或 Real Audio 格式：具有非常高的压缩程度，并支持"流式处理"。其声音品质比 MP3 文件声音品质差，而且访问者必须下载并安装 RealPlayer 应用程序或插件才可以播放这些文件。

7.2.2 上机练习——链接到声音文件

链接到音频文件是指将声音文件作为页面上某种元素的超链接目标。这种集成声音文件的方法可以使访问者选择是否要收听该文件。现在 Internet 上大量的在线音乐就是采用这种方式添加声音文件。

 练习目标

通过实例学习如何在网页中通过超链接打开声音文件。

 设计思路

首先打开一个已设置页面背景和布局的网页文件，然后选中要链接到音频文件的文本，在"属性"面板上的"链接"文本框中设置链接目标为需要的音频文件，最后保存文件，在浏览器中预览页面效果。

7-2　上机练习——链接到声音文件

操作步骤

（1）打开文件。执行"文件"|"打开"命令，打开一个创建好的 HTML 文件，页面效果如图 7-37 所示。

（2）添加超链接。选中"Careless Whisper"，打开"属性"面板，单击"链接"文本框右侧的"浏览文件"按钮，在弹出的对话框中找到需要的音频文件，如图 7-38 所示，然后单击"确定"按钮关闭对话框。

图 7-37　页面效果

图 7-38　"选择文件"对话框

（3）添加其他超链接。按照上一步同样的方法，选中其他歌曲名称，在"属性"面板上添加超级链接，效果如图 7-39 所示。

（4）保存文件。执行"文件"|"保存"命令保存文件。在浏览器中单击添加了超链接的文本，将启动本地计算机上的播放器播放指定的音乐，如图 7-40 所示。用鼠标右键单击文字，在弹出的快捷菜单中选择"目标另存为"命令，可以将音乐文件下载到本地，如图 7-41 所示。

图 7-39　添加超链接的效果

图 7-40　播放音乐

图 7-41　"目标另存为"命令

7.2.3　将声音嵌入网页

将声音嵌入网页是将声音播放器直接插入页面中，当访问者的计算机上安装有适当的插件时，声音即可播放。这种方式可以在页面上显示播放器的外观，对声音播放进行控制。

在"设计"视图中，将插入点放置在要嵌入音频文件的位置，执行"插入"|"HTML"|"插件"命令，或者在"HTML"插入面板上单击"插件"按钮（图 7-42），在弹出的"选择文件"对话框中选择一个需要的音乐文件，单击"确定"按钮，即可插入一个插件，如图 7-43 所示。

图 7-42　选择"插件"命令

图 7-43　插件占位符

选中页面中的插件占位符，打开"属性"面板，可以看到如图 7-44 所示的属性。

图 7-44　插件属性

- ❧ 宽、高：用于指定插件的宽度和高度。默认为 32×32，如果要在页面上隐藏播放器，可以将宽和高设置为 0。
- ❧ 源文件：用于指定要播放的音频或视频文件。
- ❧ 插件 URL：用于指定播放插件的地址。如果用户的计算机中没有安装相关的播放插件，将从指定的 URL 下载该插件。
- ❧ 对齐：用于设置插件与周围网页元素的对齐方式。
- ❧ 垂直边距：指定插件与其上、下的网页元素的间隔。
- ❧ 水平边距：指定插件与其左、右的网页元素的间隔。
- ❧ 边框：设置播放插件的边框宽度。
- ❧ 参数：单击该按钮将弹出"参数"对话框，可以设置参数及对应的值，从而控制音频或视频的播放方式。

例如，设置插件的宽和高分别为 350 和 40（图 7-45），保存文件后，在浏览器中的预览效果，如图 7-46 所示。从图 7-46 中可以看出，用户可以控制音频文件的播放，例如设置音量、播放、暂停、指定声音文件的开始和结束点等。

图 7-45　设置插件的宽度和高度

图 7-46　播放音频文件

> 提示：在浏览器中预览页面时，浏览器可能会限制网页运行可以访问计算机的脚本或者 ActiveX 控件。用户可以单击鼠标右键，在弹出的快捷菜单中单击"允许阻止的内容"命令，即可正常预览网页。

7.2.4　上机练习——添加背景音乐

 练习目标

通过实例学习在网页中添加背景音乐的操作方法，了解"参数"对话框的设置方式。

7-3　上机练习——添加背景音乐

 设计思路

首先打开一个要设置背景音乐的网页文件，然后通过插件指定需要的音乐文件，最后通过"参数"

对话框设置音乐文件循环播放，并隐藏播放器。

操作步骤

（1）打开文件。执行"文件"|"打开"命令，打开一个要添加背景音乐的网页文件，如图 7-47 所示。

图 7-47　打开文档

（2）添加插件。将鼠标指针置于要放置插件的位置，执行"插入"|"HTML"|"插件"命令，在弹出的"选择文件"对话框中选择需要的音频文件，单击"确定"按钮，在指定位置将显示一个插件占位符。

（3）设置插件属性。选中页面中的插件占位符，在属性面板上设置宽度为 300，高为 40，其他属性保留默认设置，此时的页面效果如图 7-48 所示。

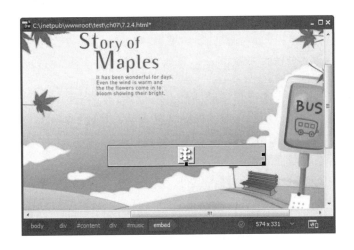

图 7-48　添加的插件效果

（4）预览效果。执行"文件"|"保存"命令保存文件，在浏览器（IE 6）中打开网页时，网页顶部将显示一条提示信息，告知用户为确保安全性，IE 已限制此网页运行脚本或 ActiveX 控件，且播放插件不显示。在提示信息上单击鼠标右键，在弹出的快捷菜单中选择"允许阻止的内容"命令，如图 7-49 所示。此时将弹出"安全警告"对话框，如图 7-50 所示。单击"是"按钮即可显示播放器，并播放指定的音乐文件，效果如图 7-51 所示。

按默认方式，音乐只播放一次。接下来通过设置参数，使音乐循环播放。

图 7-49　允许阻止的内容

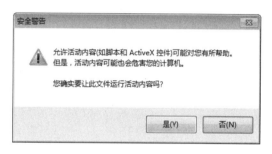

图 7-50　"安全警告"对话框

图 7-51　页面效果 1

（5）设置参数循环播放。选中文档窗口中的插件占位符，单击"属性"面板上的"参数"按钮，弹出"参数"对话框，输入参数名称 LOOP，值为 true，如图 7-52 所示。单击"确定"按钮关闭对话框，保存文件后在浏览器中可以看到，音乐将循环播放。

为使页面更美观，接下来隐藏播放器。

（6）隐藏播放器。选中文档窗口中的插件占位符，在"属性"面板上设置"宽""高"均为 0，如图 7-53 所示。

图 7-52　设置参数和值

图 7-53　设置插件的宽和高

（7）预览页面。执行"文件"|"保存"命令保存文件，按 F12 键在浏览器中查看页面效果，如图 7-54 所示。

图 7-54　页面效果 2

🔒 **教你一招**：使用代码嵌入背景音乐

在"代码"视图中，通过 <bgsound> 标记可以设置背景音乐，步骤如下：

（1）在"代码"视图中，将指针定位到 <body> 和 </body> 之间，输入下面的代码：

```
<bgsound src="media/example.mp3"/>
// 网页和声音最好使用相对路径
……
```

（2）如果希望循环播放音乐，在代码中添加一个 loop 属性即可：

```
<bgsound src = "media/example.mp3" loop="true"/>
```

（3）保存文件，按 F12 键在浏览器中预览网页，即可听见背景音乐。

7.2.5　插入 HTML5 音频

HTML5 音频元素提供一种将音频内容嵌入网页中的标准方式。

在"设计"视图中，将指针放置在要插入音频的位置，执行"插入"|"HTML"|"HTML5 Audio"命令，或在"HTML"插入面板上单击"HTML5 Audio"按钮（图 7-55），即可在指定位置插入一个 HTML5 音频占位符，如图 7-56 所示。

选中 HTML5 音频对象的占位符，对应的"属性"面板如图 7-57 所示。

图 7-55　单击"HTML5 Audio"按钮

图 7-56　插入的 HTML5 音频占位符

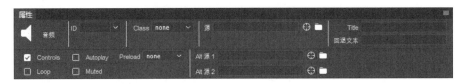

图 7-57 HTML5 音频的"属性"面板

➥ 源 |Alt 源 1|Alt 源 2：指定音频文件的位置。不同浏览器对音频格式的支持也会有所不同。如果浏览器不支持"源"中指定的音频格式，则会使用"Alt 源 1"或"Alt 源 2"中指定的格式。

浏览器和支持的音频格式如下表所示。

浏览器	MP3	Wav	Ogg
Intemet Explorer 9	是	否	否
Firefox 4.0	否	是	是
Google Chrome 6	是	是	是
Apple Safari 5	是	是	否
Opera 10.6	否	是	是

教你一招： 若要快速指定"源" | "Alt 源 1" | "Alt 源 2"，可以使用多重选择。同时选择同一音频的三种格式，列表中的第一个格式将用于"源"，其他两种格式自动填充"Alt 源 1"和"Alt 源 2"。

➥ Title（标题）：设置音频文件的标题。

➥ 回退文本：在不支持 HTML 5 的浏览器中显示的文本。

➥ Controls：用于设置是否要在 HTML 页面中显示音频控件，如播放、暂停和静音。

➥ Autoplay：音频一旦在网页上加载完成就开始播放。

➥ Loop：音频循环播放，直到用户使用播放控件停止播放。

➥ Muted：在加载完成之后将音频静音。

➥ preload：选择"自动"会在页面下载时加载整个音频文件。选择"元数据"会在页面下载完成之后仅下载元数据。

例如，在"源"文本框中指定要加载的音频文件，并选中"自动播放"复选框，保存文件后，在浏览器（IE9）中预览网页的效果如图 7-58（a）所示。单击"允许阻止的内容"按钮，显示效果如图 7-58（b）所示，页面上将显示播放器控件，并自动播放。

（a）　　　　　　　　　　　　　　　　（b）

图 7-58　在浏览器中预览页面效果

> **提示**：如果在浏览器中不能显示播放控件，可能是当前浏览器的版本过低，不支持 HTML5 元素。

7.3 实例精讲——多媒体页面制作

 练习目标

通过前面对基础知识的讲解，结合实例巩固本章学到的知识，以达到能够熟练地在页面中插入多媒体内容的目的。

设计思路

本实例制作一个汽车网站，页面很简单，可以分为上、中、下三个部分。上部是整个页面的 Flash 动画，中间部分又可以分为 3 行 2 列分别进行制作，并在相应的页面位置插入 HTML5 视频，下部是版权声明部分。最终的页面效果如图 7-59 所示，单击视频的播放按钮，即可播放视频。

图 7-59 页面效果

制作重点

（1）在页面中插入 Flash 动画，并实现 Flash 动画背景透明。

（2）在页面中插入 HTML5 视频，并在"属性"面板上设置视频的宽度和高度。选择视频时，要注意视频的编码方式。

 **操作步骤**

7.3.1　规划页面布局

7-4　规划页面布局

1. 新建文件

启动 Dreamweaver CC 2018，执行"文件"|"新建"命令，在弹出的"新建文档"对话框中选择文档类型为 HTML，无框架，单击"创建"按钮新建一个空白的 HTML 文件。

2. 设置页面属性

执行"文件"|"页面属性"命令，打开"页面属性"对话框。

（1）设置页面外观：在"外观"（CSS）分类，设置字体大小为 14px，文本颜色为 #040242（深蓝色）；左、右、上、下边距为 0，如图 7-60 所示。

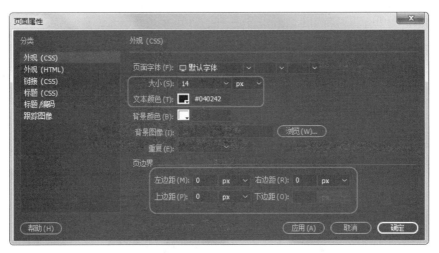

图 7-60　设置页面外观

（2）设置链接文本样式：在"链接"（CSS）分类，设置字体大小为 14px，链接颜色为 #040242（深蓝色）；下画线样式为"始终无下画线"，如图 7-61 所示。单击"确定"按钮关闭对话框。

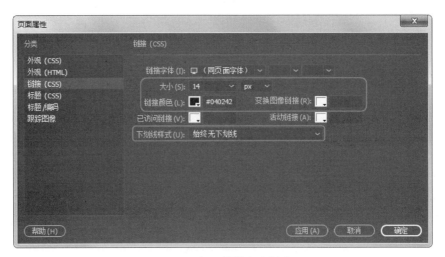

图 7-61　设置链接文本样式

3. 插入布局表格

执行"插入"|"表格"命令，设置行数为 4，列为 1，表格宽度为 744 像素，边框粗细、单元格边距和单元格间距均为 0。选中页面上的表格，在"属性"面板上的"对齐"下拉列表中选择"居中对齐"。

4. 定义单元格背景图像

（1）单击鼠标右键，在弹出的快捷菜单中选择"CSS 样式"|"新建"命令，弹出"新建 CSS 规则"对话框，输入选择器名称 .topbg，单击"确定"按钮打开对应的规则定义对话框。

（2）在"背景"分类单击"浏览"按钮，选择背景图像，且背景不重复（no-repeat），背景显示位置为水平"left"（左），垂直"top"（顶端），如图 7-62 所示。单击"确定"按钮关闭对话框。

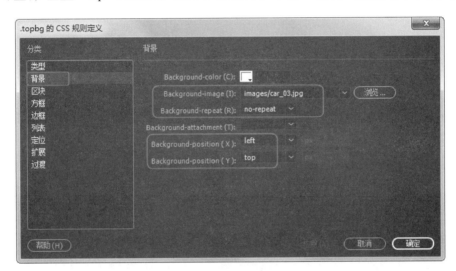

图 7-62　设置背景图像和显示位置

（3）将鼠标指针放在第 1 行单元格中，在"属性"面板上设置单元格"高"为 330，然后在"目标规则"下拉列表中选择 .topbg，效果如图 7-63 所示。

图 7-63　设置单元格背景的效果

（4）按照同样的方法，设置第 2 行单元格的高度（62）和背景图像，如图 7-64 所示。

（5）按照同样的方法，设置最后一行单元格的高度（102）和背景图像，如图 7-65 所示。

图 7-64　设置导航栏的背景图像

图 7-65　设置页脚的背景图像

5. 插入嵌套表格

（1）选中第 3 行单元格，在"属性"面板上设置单元格内容垂直"顶端"对齐，然后执行"插入"|"表格"命令，在弹出的"表格"对话框中设置行数为 6，列为 3，表格宽度为 100 像素。在"属性"面板上设置表格 ID 为 content。

（2）按下鼠标左键拖动选中第 1 列单元格，单击"属性"面板上的"合并单元格"按钮，"宽"为 20；同样的方法合并第 3 列单元格，宽为 20；合并第 1 行和第 6 行，"高"为 10；然后分别合并第 2 行至第 5 行，效果如图 7-66 所示。

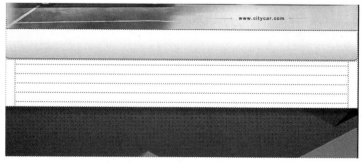

图 7-66　合并单元格效果

6. 插入嵌套表格

（1）选中嵌套表格的第 2 行单元格，在"属性"面板上设置单元格内容垂直"顶端"对齐，然后执行"插入"|"表格"命令，插入一个 5 行 5 列，宽度为 100 像素的表格，如图 7-67 所示。

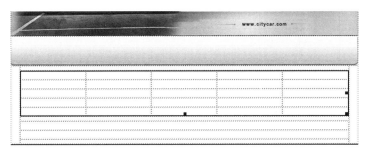

图 7-67　插入嵌套表格

（2）按下鼠标左键拖动选中第 1 行第 1 列和第 2 列单元格，单击"属性"面板上的"合并单元格"按钮；同样的方法合并第 1 行第 4 列和第 5 列单元格；合并第 2 行和第 5 行；然后分别合并第 3 行第 1 列和第 4 行第 1 列、第 3 行第 5 列和第 4 行第 5 列，效果如图 7-68 所示。

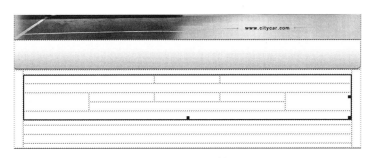

图 7-68　合并单元格效果

7. 保存文件

执行"文件"|"保存"命令，在弹出的"另存为"对话框中输入文件名称，单击"保存"按钮保存文件。

7.3.2　制作正文区域

1. 插入图像

选中第 1 行单元格，在"属性"面板上设置单元格内容垂直"顶端"对齐，然后执行"插入"|"图像"命令，在第 1 行的三列单元格中分别插入图像；同样的方法，在第 3 行第 1 列和第 5 列插入图像。选中第 2 行至第 4 行单元格，在"属性"面板上设置单元格的背景颜色为浅灰色（#EFEFEF），效果如图 7-69 所示。

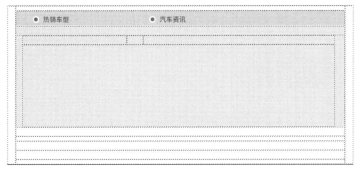

7-5　制作正文区域

图 7-69　插入图像 1

2. 制作"热销车型"栏目

（1）选中第 3 行第 2 列单元格，在"属性"面板上设置单元格内容垂直"顶端"对齐，然后执行"插入"|"表格"命令，设置行数为 4，列为 1，表格宽度为 100%。选中第 1 行，执行"插入"|"图像"命令，插入图像；选中其他三行单元格，设置单元格高度为 25。此时的页面效果如图 7-70 所示。

图 7-70　设置嵌套表格的图像和单元格高度效果

（2）设置分隔栏的背景图像。单击鼠标右键，在弹出的快捷菜单中选择"CSS 样式"|"新建"命令，弹出"新建 CSS 规则"对话框，输入选择器名称 .fenge，单击"确定"按钮打开对应的规则定义对话框。在"背景"分类中设置背景图像，且图像垂直平铺（repeat-y），如图 7-71 所示。单击"确定"按钮关闭对话框。

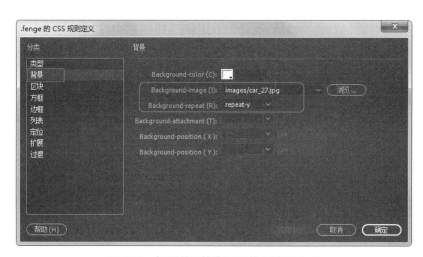

图 7-71　设置单元格背景图像和排列方式

（3）应用样式。将鼠标指针放在第 2 列单元格中，在"属性"面板上的"目标规则"下拉列表中选择".fenge"。同样的方法，新建 CSS 规则 .box 指定第 3 列单元格的背景图像，宽为 415。应用规则后的效果如图 7-72 所示。

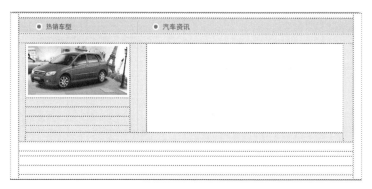

图 7-72　设置单元格的背景图像效果

（4）按照第（3）步同样的方法创建 CSS 规则 .line，定义底边线样式，背景图像横向平铺（repeat-x），如图 7-73 所示。选中第 5 行单元格，在"属性"面板上的"目标规则"下拉列表中选择 .line，然后切换到"代码"视图，删除单元格中多余的空格。此时的页面在浏览器中的预览效果如图 7-74 所示。

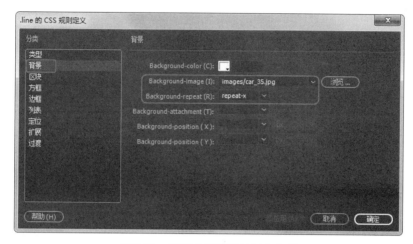

图 7-73　设置背景图像及显示方式

图 7-74　添加底边线的效果

3. 插入图像

选中表格 content 的第 5 行，在"属性"面板上设置单元格内容垂直"顶端"对齐，然后执行"插入"|"图像"命令，在弹出的对话框中选择需要的图像文件，如图 7-75 所示。

图 7-75　插入图像 2

4. 制作"推荐车辆"栏目

（1）插入嵌套表格。选中表格 content 的第 6 行，在"属性"面板上设置单元格内容垂直"顶端"对齐，然后执行"插入"|"表格"命令，在弹出的"表格"对话框中设置行数为 3，列为 3，表格宽度为

100%，边框粗细、单元格边距和单元格间距均为 0，单击"确定"按钮关闭对话框，如图 7-76 所示。

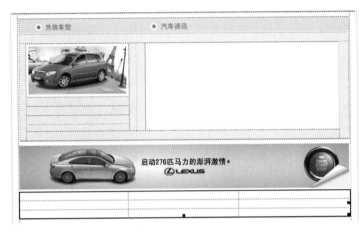

图 7-76 插入嵌套表格

（2）合并单元格。在第 1 行第 1 列单元格中按下鼠标左键向右拖动到第 3 列，单击"属性"面板上的"合并所选单元格"按钮；同样的方法，合并第 3 行单元格。按下 Ctrl 键单击第 2 行第 1 列和第 3 列，在"属性"面板上设置单元格"宽"为 12，效果如图 7-77 所示。

图 7-77 合并单元格效果

（3）插入栏目标题。选中第 1 行单元格，在"属性"面板上设置单元格内容垂直"顶端"对齐，然后执行"插入"|"图像"命令，在弹出的对话框中选择需要的图像文件，如图 7-78 所示。

图 7-78 插入栏目标题

（4）设置单元格背景颜色。选中第 2 行单元格，在"属性"面板上设置单元格的背景颜色为浅灰色（#EFEFEF），如图 7-79 所示。

图 7-79　设置单元格背景颜色

（5）插入图像。选中第 2 行所有单元格，在"属性"面板上设置单元格内容垂直"顶端"对齐，然后执行"插入"|"图像"命令，在单元格中插入图像，如图 7-80 所示。

图 7-80　插入图像 3

（6）设置底边线。选中第 3 行单元格，在"属性"面板上的"目标规则"下拉列表中选择 .line，"高"为 1。然后切换到"代码"视图，删除单元格中多余的空格。

（7）添加空行。为美化页面，可以在图像所在行上、下添加空行。将鼠标指针放在第 3 行单元格中，单击鼠标右键，在弹出的快捷菜单中选择"表格"|"插入行或列"命令，在弹出的"插入行或列"对话框中选择插入"行"，行数为 1，位置为"所选之上"，如图 7-81（a）所示。同样的方法，在第 3 行之下插入一行，如图 7-81（b）所示。

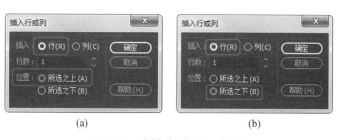

(a)　　　　　　　　(b)

图 7-81　"插入行或列"对话框

5. 保存文件

执行"文件"|"保存"命令,保存文件。在浏览器中的预览效果如图 7-82 所示。

图 7-82　页面效果

7.3.3　添加媒体对象

1. 插入 Flash SWF

将鼠标指针放在第 1 行单元格中,执行"插入"|"HTML"|"Flash SWF"命令,
在弹出的"选择 SWF"对话框中选择制作好的透明 Flash 动画,单击"确定"按钮
关闭对话框。此时页面上将显示 Flash 动画的占位符,如图 7-83 所示。

7-6　添加媒体对象

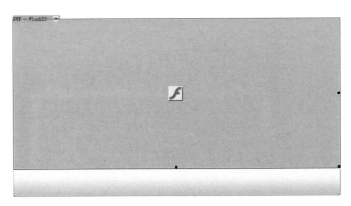

图 7-83　Flash 动画占位符

2. 设置 Flash 动画的属性

选中页面上的 Flash 动画占位符,在"属性"面板上设置宽为 744,高为 330(即完全铺满第 1 行单
元格),Wmode 选择"透明",并且选中"循环""自动播放"选项,如图 7-84 所示。此时的页面在浏览
器中的预览效果如图 7-85 所示。

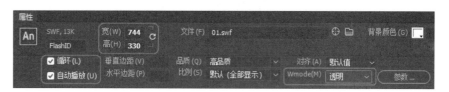

图 7-84　设置 Flash 动画的属性

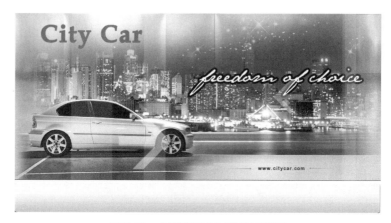

图 7-85　在浏览器中预览动画效果

3. 制作导航栏

（1）输入导航文本。将鼠标指针放在第 2 行单元格中，在"属性"面板上设置单元格内容水平"居中对齐"，垂直"居中"，然后执行"插入"|"表格"命令，设置行数为 1，列为 6，表格宽度为 100%。在单元格中输入导航文本，如图 7-86 所示。

（2）设置文本字体。单击鼠标右键，新建 CSS 规则 .navfont，在"类型"分类中设置字体为"微软雅黑"，大小为 16px，颜色为 #040242，如图 7-87 所示。单击"确定"按钮关闭对话框。

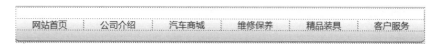

图 7-86　插入导航文本

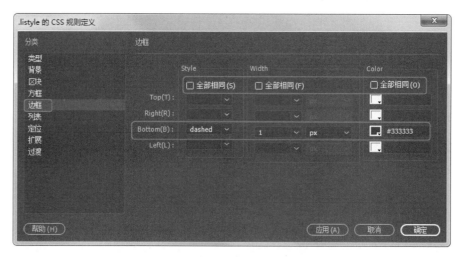

图 7-87　设置字体、字号和颜色

（3）应用样式。选中"网站首页"，在"属性"面板上的"目标规则"下拉列表中选择".navfont"；同样的方法，为其他导航文本应用样式，如图 7-88 所示。

图 7-88　应用文本样式

4. 插入文本列表

在"热销车型"栏目中输入文本，新建规则 .listyle 定义底边框样式为 dashed（虚线），宽度为 1，颜色为 #333333（深灰色），如图 7-89 所示。单击"确定"按钮关闭对话框。选中文本，在"属性"面板上的"目标规则"下拉列表中选择 .listyle，如图 7-90 所示，文本下方显示一条灰色的虚线。

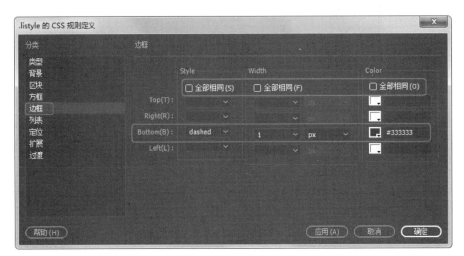

图 7-89　定义底边框样式

图 7-90　文本的底边框样式

> 💡**注意：** 在这里一定要先取消选中"全部相同"复选框，否则将设置四个方向的边框样式。

5. 插入 HTML5 视频

将鼠标指针放在"汽车资讯"栏目的第 3 行单元格中，执行"插入"|"HTML"|"HTML5 Video"命令。选中页面上的视频占位符，在"属性"面板上设置宽为 415，高为 182，单击"源"右侧的"浏览文件"按钮，在弹出的对话框中选择需要的视频文件，如图 7-91 所示。

图 7-91　设置视频属性

此时的页面效果如图 7-92 所示。

图 7-92　视频占位符效果

6. 保存文件

执行"文件"|"保存"命令，保存文件。在浏览器中的预览效果如图 7-93 所示。单击视频的播放按钮，即可播放视频；使用播放控件，还可以设置音量、全屏和播放的起始点。

图 7-93　视频的预览效果

7.3.4　制作页脚

1. 插入嵌套表格

选中页脚所在单元格，在"属性"面板上设置单元格内容水平"居中对齐"，垂直"居中"，然后执行"插入"|"表格"命令，设置行数为 1，列为 1，表格宽度为 70 像素。在单元格中输入版权声明，如图 7-94 所示。

7-7　制作页脚

© 2016-2017www.citycar.com.cn All Rights Reserved. CityCar 版权所有

图 7-94　输入版权声明

2. 定义文本样式

单击鼠标右键，在弹出的快捷菜单中选择"CSS 样式"|"新建"命令，新建 CSS 规则 .footstyle，在"类型"分类中设置字号为 13，颜色为 #FFFFFF（白色），如图 7-95 所示。单击"确定"按钮关闭对话框。

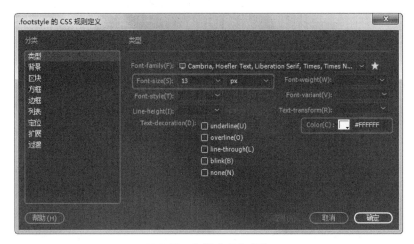

图 7-95 定义字号和颜色

3. 应用样式

选中版本声明文本，在"属性"面板上的"目标规则"下拉列表中选择 .footstyle，如图 7-96 所示。

图 7-96 应用文本样式

4. 保存文件

执行"文件"|"保存"命令，保存文件。此时的页面效果如图 7-97 所示，在浏览器中的预览效果如图 7-59 所示。

图 7-97 页面效果

7.4 答 疑 解 惑

1. 为什么在网页中插入的 Flash 动画不能播放？

答：首先检查站点路径中是否包含有中文名称，如果有，则将站点的名称和站点路径中包含的文件夹名称全部改为英文名称。

如果还不能播放，则可能是未安装 Flash 播放控件。打开浏览器，选择"工具"|"Internet 选项"命令，然后切换到"高级"选项卡，找到"多媒体"列表，选中"在网页中播放动画"和"启用第三方浏览器扩展"复选框。关闭对话框之后，刷新当前页面，即可弹出安装播放页面，按照提示安装即可。

2. 在 Dreamweaver CC 2018 中插入的透明 Flash 动画背景显示有背景，如何处理？

答：选中插入的 Flash 动画，在"属性"面板上的 Wmode 属性下拉列表中选择"透明"。

3. 为什么 HTML5 Video 播放时有声音却没有图像？

答：尽管 HTML 5 支持的视频格式有多种，但同一种格式的视频可能会有不同的编码，例如 MP4 格式常用的编码就有三种：MPG4(xdiv)、MPG4(xvid) 和 AVC(h264)。HTML5 支持的 MP4 是指带有 H.264 视频编码和 AAC 音频编码的 MPEG 4 文件，因此，即使都是 MP4 格式，但只有视频编码为 H.264 的文件可以播放，其他两种不能播放。将不能播放的视频转换为 H.264 编码即可正常播放。

7.5 学习效果自测

一、选择题

1. 在 Dreamweaver CC 2018 中，下列关于插入到页面中的 Flash 动画说法中错误的是（　　）。

    A. 具有 .fla 扩展名的 Flash 文件尚未在 Flash 中发布，不能导入 Dreamweaver CC 2018 中

    B. Flash 动画"属性"面板上的"背景颜色"用于修改 Flash 动画的背景色

    C. 在"属性"面板中，可为影片设置播放参数

    D. 在插入 Flash 动画之前，应先保存文件

2. 以下（　　）可以嵌入页面中。

    A. swf 影片　　　　　　B. Ogg 视频　　　　　　C. FLV　　　　　　D. midi 文件

3. 下列关于 Dreamweaver CC 2018 页面中的音频的说法中错误的是（　　）。

    A. 只要在页面中插入了音频，所有访问该页面的浏览器都可以播放音频

    B. MP3 格式是一种压缩格式，可以在明显减小声音文件大小的同时保持非常好的声音品质

    C. 如果浏览器的版本过低，将不能显示 HTML5 音频的播放控件

    D. 不同的浏览器支持的 HTML5 音频格式也不尽相同

二、判断题

1. 如果在文档窗口中改变了 Flash 文件的宽或高，不能恢复原来的尺寸。（　　）

2. 在 Dreamweaver CC 2018 中，可以为页面添加任何格式的声音和视频。（　　）

3. "累进式下载视频"是指将 Flash 视频文件下载到站点访问者的硬盘上，然后播放，并且允许在下载完成之前就开始播放视频文件。（　　）

4. 在"属性"面板上，可以直接更改 Flash 视频的类型。（　　）

5. 排除浏览器支持的问题，只要是 MP4 格式的视频都可以使用 <video> 标签播放。（　　）

三、填空题

1. .midi 或 .mid 格式是一种主要用于（　　）的音频格式。

2. 在 Dreamweaver CC 2018 中，可以插入（　　）和（　　）两种 Flash 元素。

3.如果浏览器不支持 HTML5 视频"源"中指定的（　　），则会检查（　　）或（　　），选择（　　）显示视频。

四、操作题

1.从 Internet 下载一个 Flash 动画，然后用 Dreamweaver CC 2018 将其插入到自己编写的网页中。

2.在网页文档中插入一段 MP3 音乐。

3.依照本章的实例讲解，练习制作一个多媒体页面。

第 8 章

利用CSS+Div设计网页

本章导读

CSS+Div，简单地说，就是使用块级元素放置页面内容，然后使用 CSS 规则指定块元素的位置、大小和呈现方式。一个使用 CSS+Div 布局且结构良好的 HTML 页面可以通过 CSS 以任何外观表现出来，在任何网络设备上（包括手机、PDA 和计算机）上以任何外观呈现。

Dreamweaver CC 2018 提供了"CSS 设计器"面板，可以通过"CSS 设计器"面板以很直观的方式创建 CSS 样式表，并对已有的样式表进行管理操作。

学习要点

- ◆ CSS 样式表的概念和基本语法
- ◆ CSS 样式表的各种属性
- ◆ 创建和编辑 CSS 规则
- ◆ 如何使用外部样式表文件
- ◆ 如何创建和编辑 Div 布局块
- ◆ 常用的 CSS 布局版式

8.1　了解 CSS 样式表

CSS 是 Cascading Style Sheets（层叠样式表）的简称，可以看作是一个以 .css 为文件名后缀的文本文件，它包含了一些 CSS 标记和属性值。网页设计人员通过简单地更改 CSS 文件，可以轻松、有效地改变网页的整体布局、颜色、字体、链接、背景，从而减少网站制作和维护的工作量。

样式表由样式规则组成，告诉浏览器怎样去呈现一个文档。CSS 样式表每个规则的组成包括一个选择符（通常是一个 HTML 的元素，例如 body、p）和该选择符所接受的样式。定义一个元素可使用多种属性，每个属性带一个值，共同描述选择符呈现的方式。样式规则组成如下。

选择器　{ 属性 1：值 1；属性 2：值 2}

单一选择符的复合样式声明用分号隔开。

➥ 选择器：选择器（也称选择符）是指向特别样式的元素，任何 HTML 元素都可以是一个 CSS 的选择器。选择器可分为四种：类、ID、标签和复合内容，详细内容在 8.2.1 节进行讲解。

➥ 属性：通过设置选择符的属性指定样式。属性包括颜色、边界和字体等。

➥ 值：值是一个属性接受的指定。例如，属性 "color" 能接受值 red。

例如：

```
<head>
<title> 第一个 CSS 例子 </title>
<style type="text/css">
 h1 { font-size: x-large; color: red }
 h2 { font-size: large; color: blue }
</style>
</head>
```

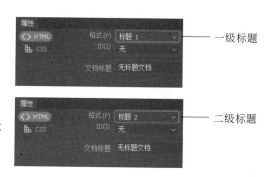

一级标题

二级标题

图 8-1　应用样式后的标题效果

上述的代码把样式表包括在 <style> 和 </style> 标签中，告诉浏览器用加大、红色字体显示一级标题；用大号、蓝色字体显示二级标题，如图 8-1 所示。其中，h1 和 h2 是选择器；font-size 和 color 是 CSS 属性；x-large、large、red 和 blue 是属性的值。

为了减少样式表的重复声明，可以定义组合选择符。例如，下面的样式代码定义文档中所有的标题具有相同的显示颜色和字体：

```
h1, h2, h3, h4, h5, h6 { color: red; font-family: sans-serif }
```

➥ 注释：用于对样式表进行说明，便于理解和阅读。样式表中的注释使用 /* 和 */ 作为起止符，例如：
/* COMMENTS CANNOT BE NESTED */

8.2　创建 CSS 规则

运用 CSS 样式表可以一次对若干个网页的所有的样式进行控制。通过直观的界面可以定义多种不同的 CSS 设置，这些设置不仅可以影响到网页中的任何元素，而且当 CSS 样式表有所更新或被修改之后，所有应用该样式表的文档都会自动更新。

8.2.1　认识 CSS 设计器

在 Dreamweaver CC 2018 中，利用 "CSS 设计器" 面板可以很直观的方式创建 CSS 样式，即使用户对 CSS 属性或规则不熟悉，也能创建很精美的样式。

执行"窗口"｜"CSS 设计器"命令，即可打开"CSS 设计器"面板，如图 8-2 所示。

↘ 全部："全部"模式。此模式列出当前文档中的所有 CSS、媒体查询和选择器。选择页面上的元素时，关联的选择器、媒体查询或 CCS 不会在 CSS 设计器中高亮显示。通常使用这种模式开始创建 CSS、选择器或媒体查询。

↘ 当前："当前"模式。此模式列出当前文档的"设计"或"实时"视图中所有选定元素的样式。在"代码"视图中查看 CCS 文件时，将显示处于"焦点"状态的选择器的所有属性。通常使用这种模式来编辑与文档中所选元素关联的选择器的属性。

↘ 源：列出与文档相关的所有 CSS 样式表。使用此窗格可以创建 CSS 并将其附加到文档，或定义文档中的样式。

↘ @ 媒体：列出所选源中的全部媒体查询。如果不选择特定 CSS，则显示与文档关联的所有媒体查询。

↘ 选择器：列出所选源中的全部选择器。如果同时选择了一个媒体查询，则会为该媒体查询缩小选择器列表范围。如果没有选择 CSS 或媒体查询，则显示文档中的所有选择器。

↘ 属性：显示可为指定的选择器设置的属性。

CSS 设计器是上下文相关的。也就是说，在页面上选定一个元素，可以在 CSS 设计器中查看关联的选择器和属性。而且，在 CSS 设计器中选中某个选择器时，关联的源和媒体查询将在各自的窗格中高亮显示。

8.2.2　指定使用 CSS 的方式

在网页中使用 CSS 规则有多种方法。打开"CSS 设计器"面板，单击"添加源"按钮，在弹出的下拉列表中可以选择使用 CSS 规则的方式，如图 8-3 所示。

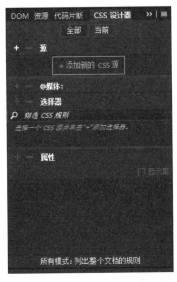

图 8-2　"CSS 设计器"浮动面板

图 8-3　指定使用 CSS 规则的方式

↘ 创建新的 CSS 文件：新建一个 CSS 文件用于当前文档。选择该项，将弹出"创建新的 CSS 文件"对话框，如图 8-4 所示。单击"浏览"按钮，在弹出的对话框中指定保存 CSS 文件的路径和名称，通常保存在当前文档所在的站点中，如图 8-5 所示。

CSS 文件指一个包含样式和格式规范的外部文本文件。

图 8-4 "创建新的 CSS 文件"对话框

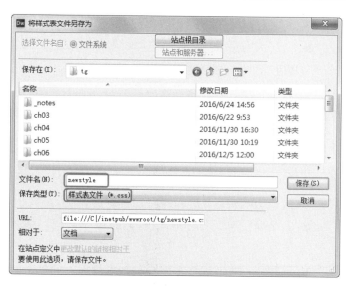

图 8-5 "将样式表文件另存为"对话框

❧ 附加现有的 CSS 文件: 将已定义的 CSS 文件导入或链接到当前文档。选择该项, 将弹出"使用现有的 CSS 文件"对话框, 如图 8-6 所示。单击"浏览"按钮, 在弹出的对话框中选择要附加的 CSS 文件的路径和名称, 然后选择添加方式。

"导入"使用 <import> 标签将 CSS 文件的信息添加到当前文档中; 而"链接"使用 <link> 标签将 CSS 文件链接到网页中。"链接"可以提供的功能更多, 适用的浏览器也更多。

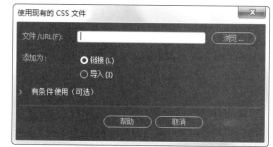

❧ 在页面中定义: 直接在文档内定义 CSS。即在文档代码的 <head></head> 部分, 使用 <style></style> 标签定义网页的样式规则。

图 8-6 "使用现有的 CSS 文件"对话框

8.2.3 定义媒体查询

指定 CSS 文件的使用方式后, 就可以定义媒体查询了。如果不需要定义媒体查询, 可以直接进入下一节学习。

媒体查询可以根据客户端的介质和屏幕大小, 提供不同的样式表或者只展示样式表中的一部分。通过响应式布局, 可以达到只使用单一文件提供多平台的兼容性。

打开"CSS 设计器"面板, 在"@ 媒体"窗格中单击"添加媒体查询"按钮, 弹出"定义媒体查询"对话框, 如图 8-7 所示。根据需要选择"条件", 并为条件指定媒体类型。熟悉代码的用户也可以直接在"代码"文本框中输入不同设备的代码, 例如:

```
@media screen and (min-width: 600px) { /* style sheet for screen */ }
```

> **提示**: 通过代码添加媒体查询条件时, "定义媒体查询"对话框中只显示受支持的条件, 但"代码"文本框会完整地显示代码 (包括不支持的条件)。如果不同的代码段有冲突或者重叠, 则按照 CSS 原本的代码优先级排序。

图 8-7　"使用现有的 CSS 文件"对话框

媒体类型用于指定要应用样式的设备。Dreamweaver CC 2018 中默认的媒体类型，如图 8-8 所示。

- ﹂ screen：指计算机屏幕。
- ﹂ print：指用于打印机的不透明介质。
- ﹂ handheld：指手持式显示设备（小屏幕，单色）。
- ﹂ aural：指语音电子合成器。
- ﹂ braille：盲文系统，指有触觉效果的印刷品。
- ﹂ projection：指用于显示的项目。

图 8-8　媒体类型列表

- ﹂ tty：固定字母间距的网格的媒体，比如电传打字机。
- ﹂ tv：指电视类型的媒体。

> 🔒 **提示：** 媒体类型名称区分大小写，主流平台的浏览器都可以正确支持。但对 CSS3 中新增的媒体查询，部分浏览器可能无法解读。通常使用 only 关键字进行 hack。例如：
>
> ```
> <link rel="stylesheet" href="example.css" media="only screen and (color)">
> ```
>
> 添加 only 关键字后，支持媒体查询语句的浏览器依然正常解析。不支持媒体查询语句但能正确读取媒体类型的浏览器，由于先读取到 only 而不是 screen，将忽略这个样式。不支持媒体查询的 IE 不论是否有 only，都直接忽略样式。

如果要添加条件，将鼠标指针移到条件下拉列表框上，右侧将显示"添加条件"和"移除条件"按钮，如图 8-9 所示。单击"添加条件"按钮，即可添加条件，且两个条件间显示"And"。

定义媒体查询后，单击"确定"按钮，在样式表文件中可以看到自动添加的媒体查询代码。

图 8-9　添加条件

知识拓展

在页面中声明媒体属性

定义媒体查询后，在页面中声明一个媒体属性有以下三种方法。

1. 用 @import 引入

方法是：@import+ 样式表文件的 URL 地址 + 媒体类型，例如：

```
@import url(voice.css) speech;
```

可以多个媒体共用一个样式表，媒体类型之间用逗号分隔。

2. 用 @media 引入

方法是：@media+ 媒体类型，例如：

```
@media screen and (min-width:600px) {
  /* style sheet for screen */
}
```

从上面的代码可以看出，@import 和 @media 的区别在于，@import 引入外部的样式表（voice.css）用于媒体类型，@media 直接引入媒体属性。

3. 在文档 <head> 标签中引入

在文档 <head> 标签中使用 <LINK> 标签和 media 属性指定媒体类型和属性，使用 href 属性指定媒体查询所在的外部样式表文件。

```
<LINK rel="stylesheet" type="text/css" media="screen and (min-width: 600px)" href="foo.css">
```

8.2.4　指定 CSS 选择器

打开 "CSS 设计器" 面板，在 "源" 窗格中选择要定义 CSS 选择器的源，或在 "@ 媒体" 窗格中选择要定义 CSS 选择器的媒体查询，然后在 "选择器" 窗格中单击 "添加选择器" 按钮，如图 8-10 所示。在出现的空白行中输入选择器名称。

任何 HTML 元素都可以是一个 CSS 的选择器。根据在文档中选择的元素，CSS 设计器会智能确定并提示使用相关选择器（最多三条规则）。根

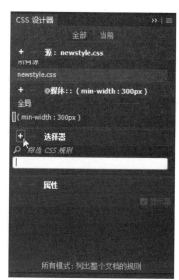

图 8-10　添加选择器

据声明的不同可把选择器分为四类。

1. 类

创建可作为类属性应用于页面元素的自定义样式，可应用于任何 HTML 元素。类名称必须以英文字母或句点（.）开头，后面是自定义名称，不可包含空格或其他标点符号，例如 .firstStyle。

例如网页设计者希望文本在不同段落使用不同的颜色显示时，可以定义不同的类：

```
.red { color: red }
.green { color: green }
```

以上的例子建立 .red 和 .green 两个类，供不同的段落使用。在 HTML 中指明元素使用的样式类使用 class 属性，例如：

```
<p class=red> 段文本 1</p>
<p class=green> 段文本 2</p>
```

则段文本 1 使用 .red 类样式，文本显示为红色；段文本 2 使用 .green 类样式，文本显示为绿色。

2. 标签

重定义特定 HTML 标签的默认格式。标签选择器的名称即为 HTML 标签。例如：

```
p{ line-height: 150%;}
```

其中选择器是段落标签 p，这行样式代码表示将网页中所有段落文本的行距设置为 150%。

3. 复合内容

复合内容选择器是一个用空格分隔的多个标签或选择器组成的标签组合，包括常用字的 a:active、a:hover、a:link 和 a:visited。复合内容选择器的优先权比单一的选择器大。例如：

```
p em { background: red }
```

这个例子中的复合选择器是 pem。这行样式代码表示段落中的强调文本显示为红色背景，而标题的强调文本则不受影响。

4. ID

ID 选择器用于定义指定设置了 ID 属性的元素的样式。ID 选择器名称必须以英文字母开头，且在名称前添加 "#"，不应包含空格或其他标点符号。例如：

```
#myid{ text-indent: 3em }
```

使用 ID 选择符的方式如下：

```
<p id=myid> 文本缩进 3em</p>
```

下面简要介绍一下对选择器可进行的常用操作：

- 搜索选择器：在选择器窗格顶部的搜索框中输入选择器名称，然后按 Enter 键。
- 重命名选择器：双击选择器名称，然后输入所需的名称。
- 移动选择器至其他源：在选择器名称上按下鼠标左键，拖至"源"窗格中所需的源上。
- 复制选择器中的样式：在选择器上单击鼠标右键，在弹出的快捷菜单中选择需要的复制命令，如图 8-11 所示。可以复制所有样式或仅复制一个选择器中的布局、文本和边框等特定类别的样式到其他选择器中。

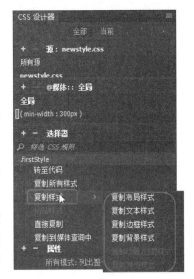

图 8-11　选择复制样式

复制选择器并将其添加到媒体查询中：在选择器上单击鼠标右键，将鼠标悬停在"复制到媒体查询中"上，然后选择该子菜单中的媒体查询。

> **注意**：只有选定的选择器的源包含媒体查询时，"复制到媒体查询中"选项才可用。无法从一个源将选择器复制到另一个源的媒体查询中。

8.2.5 设置 CSS 属性

CSS 属性分为布局、文本、边框、背景等几个类别，并在"属性"窗格顶部以直观、友好的图标表示，如图 8-12 所示。

> **提示**：默认情况下，用户只能查看已设置的属性，如果要查看所有属性，取消勾选"显示集"复选框即可。

1. 指定属性值

选中要指定属性的选择器之后，在"属性"窗格顶部单击属性类别图标，进入相应的属性选项卡，将鼠标指针移到属性右侧的"值"区域，执行以下操作设置属性：

弹出值列表：单击鼠标，即可弹出值列表，如图 8-13 所示。在列表中单击选择需要的属性值。

弹出单位列表的值：单击鼠标，即可弹出单位列表，如图 8-14 所示。在列表中单击选择需要的单位，然后输入数值。

图 8-12　CSS 属性面板

图 8-13　设置属性值 1

图 8-14　单位列表

显示为图标的值：单击需要的值图标即可，如图 8-15 所示的 float 和 clear 的属性值。

颜色值：单击颜色按钮，即可弹出调色板，如图 8-16 所示，在调色板中选择需要的颜色。

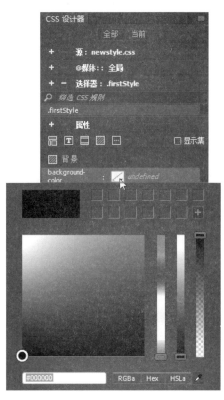

图 8-15　设置属性值 2　　　　　　　　　图 8-16　设置颜色

2. 禁用 / 删除属性值

将鼠标指针移到已设置值的属性上，属性右侧将显示"禁用 CSS 属性" 和"删除 CSS 属性" 图标，如图 8-17 所示。单击需要的图标即可。禁用 CSS 属性后的值状态如图 8-18 所示；删除 CSS 属性或未设置属性值时的值状态如图 8-19 所示。

图 8-17　已设置值的状态　　　　　　　　　图 8-18　禁用 CSS 属性的状态

3. 自定义属性

在"属性"窗格顶部单击"更多"按钮 ，在出现的空行中依次输入属性名称和属性值，输入时将显示代码提示，如图 8-20 所示。

图 8-19　删除或未设置值的状态　　　　　　　图 8-20　属性值提示

8.2.6　上机练习——变化的鼠标样式

练习目标

通过前面基础知识的讲解，结合本节的练习实例，使读者进一步掌握创建 CSS 规则的具体操作方法，了解常用 CSS 属性的功用。

8-1　上机练习——变化的鼠标样式

设计思路

首先新建一个空白的网页文件，并设置页面的背景图像，创建 CSS 规则禁用图像自动平铺，接下来在页面中添加 Div 布局块，通过 ID 选择器对布局块进行定位，然后自定义 cursor 属性，指定鼠标指针的样式，如图 8-21 所示。鼠标指针移到不同的元素上时，显示不同的形状。

图 8-21　变化的鼠标

操作步骤

（1）执行"文件"|"新建"命令，在弹出的"新建文档"对话框中设置文档类型为 HTML，无框架，新建一个空白的 HTML 文档。

（2）执行"文件"|"页面属性"命令，弹出"页面属性"对话框。在"外观（CSS）"分类页面单击"浏览"按钮选择背景图像，然后单击"确定"按钮关闭对话框。

由于背景图像的尺寸小于窗口尺寸，因此 Dreamweaver CC 2018 会自动平铺（重复）背景图像填满整个窗口，效果如图 8-22 所示。

（3）使用 CSS 样式表禁用图像平铺。

> 💡 **提示**：读者可以在"外观"（CSS）分类页面的"重复"下拉列表中选择"不重复"禁用图像平铺功能。本练习为使读者熟悉"CSS 设计器"面板的使用，采用 CSS 属性实现这一功能。

①执行"窗口"|"CSS 设计器"命令，打开"CSS 设计器"浮动面板。

②单击"CSS 设计器"面板上的"添加源"按钮，在弹出的下拉菜单中选择"在页面中定义"，如图 8-23 所示。

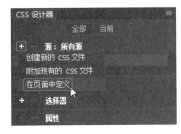

图 8-22   图像平铺效果

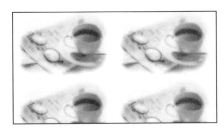

图 8-23   添加 CSS 源

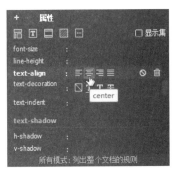

图 8-24   设置文本居中对齐

③单击"添加选择器"按钮，在出现的空行中输入选择器名称 body。

④在"属性"窗格顶部单击"文本"按钮📝，拖动滚动条找到 text-align 属性，然后单击"居中对齐"按钮📄，如图 8-24 所示；在"属性"窗格顶部单击"背景"按钮▨，拖动滚动条找到 background-repeat 属性，然后单击"不重复"按钮■，如图 8-25 所示。

此时，在"设计"视图中可以看到背景显示在页面的左上角，且不重复。

（4）在页面上单击，执行"插入"|"Div"命令，打开"插入 Div"对话框，设置 ID 为 content，如图 8-26 所示，在文档窗口中插入一个 Div 布局块。

图 8-25   设置背景图像不重复

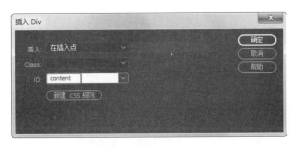

图 8-26   "插入 Div"对话框

（5）删除 Div 标签中的占位文本，输入内容"鼠标效果"和"请把鼠标移到相应的位置查看效果"，两段文字使用 Shift+Enter 组合键进行分隔。选中"鼠标效果"，在 HTML 属性面板的"格式"下拉列表中选择"标题 1"，如图 8-27 所示。

（6）另起一行，执行"插入"|"Div"命令，插入其他四个 Div 布局块，ID 分别为 content1，content2，content3 和 content4，并输入相应的文本内容，如图 8-28 所示。

（7）定义 CSS 规则设置 Div 标签的边距

①定义 ID 为 content1 的布局块的样式。在"CSS 设计器"面板中单击"添加选择器"按钮，输入选择器名称 #content1；在属性窗格顶部单击"布局"按钮▦，拖动滚动条找到 margin 属性。单击"单击以更改特定属性"按钮⌗，然后设置下边距为 10px，如图 8-29 所示；在属性窗格顶部单击"更多"按钮▦，在出现的空行中输入属性名称 cursor，值为 text，如图 8-30 所示。

图 8-27 应用 "标题 1" 格式

图 8-28 插入其他 Div

图 8-29 设置下边距属性

图 8-30 自定义属性

② 同样的方法定义其他三个规则 #content2、#content3 和 #content4，设置下边距均为 10px，然后自定义属性 cursor，值分别为 wait、point 和 help，如图 8-31 所示。

切换到 "代码" 视图，可以看到对应的 CSS 代码如下：

```
#content1 {
    cursor: text;
    margin-bottom: 10px;
}
#content2 {
    cursor: wait;
    margin-bottom: 10px;
}
#content3 {
    cursor: point;
```

```
        margin-bottom: 10px;
    }
    #content4 {
        cursor: help;
        margin-bottom: 10px;
    }
```

图 8-31　设置下边距和自定义属性

（8）执行"文件"|"保存"命令，保存文档，然后按 F12 键预览网页。当把鼠标指针移动到文字"文本"上时，鼠标指针变成 I；把鼠标指针移动到"等待"上时，鼠标指针变成 O；把鼠标指针移动到文字"指针"上时，鼠标指针变成 ；把鼠标指针移动到文字"求助"上时，鼠标指针变成 。

需要注意的是，有些 CSS 样式只有在预览时才能看到显示效果，例如本例中的 CSS 样式。

8.3　编辑和使用 CSS 规则

利用"CSS 设计器"面板，可以跟踪影响当前所选页面元素的 CSS 规则和属性，或影响整个文档的规则和属性，还可以在不打开外部样式表的情况下"可视化"地修改 CSS 样式和规则，并设置属性和媒体查询。修改样式表后，所有利用该样式表的网页都将自动更新，应用新样式。

8.3.1　修改 CSS 规则

修改 CSS 规则常用的方法有两种。

1. 在"CSS 设计器"面板中修改

在"CSS 设计器"面板的"源"窗格中单击选中需要编辑的 CSS 样式表，接下来在选择器列表中选择要修改的选择器，然后在对应的属性面板中单击属性值，即可进行修改，如图 8-32 所示。

图 8-32　在"CSS 设计器"面板中编辑属性

> ☝️ **提示**：为便于集中查看已定义的属性值，可以选中"属性"窗格中的"显示集"复选框。

> ☝️ **教你一招**：使用 Ctrl+Z 组合键可以撤销在"CSS 设计器"面板中执行的所有操作；使用 Ctrl+Y 组合键可以还原在"CSS 设计器"面板中执行的所有操作。所做更改会自动反映在"实时视图"中，且相关 CSS 文件也会自动刷新。为了让用户觉察到相关文件已更改，受影响属性的选项卡将突出显示几秒。

2. 在"CSS 规则定义"对话框中修改

在页面上选中一个应用了 CSS 规则的页面元素，在"属性"面板上的 CSS 属性中可以看到应用的规则名称，以及已经定义的属性，如图 8-33 所示。

图 8-33   "属性"面板上的 CSS 属性

单击"编辑规则"按钮，即可弹出指定规则对应的规则定义对话框，如图 8-34 所示。在选定的属性值上单击鼠标，即可修改属性。

8.3.2   删除 CSS 样式表

删除 CSS 样式表的常用方法有两种。打开"CSS 设计器"面板,在"源"窗格中选择需要删除的样式表,执行以下操作之一。

（1）单击"源"窗格顶部的"删除 CSS 源"按钮▬，如图 8-35 所示，即可将选中的 CSS 样式表删除。

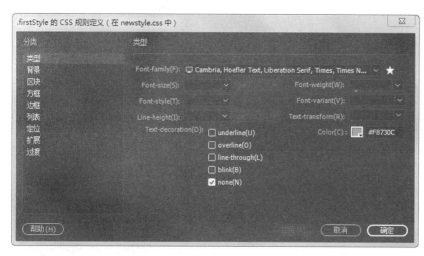

图 8-34   "CSS 规则定义"对话框

图 8-35   在"CSS 设计器"面板中删除 CSS 文件

（2）直接按键盘上的 Delete 键删除。

8.3.3　上机练习——使用外部样式表美化网页

8-2　上机练习——使用外部
样式表美化网页

 练习目标

通过前面基础知识的讲解，结合本节的练习实例，使读者进一步掌握创
建 CSS 规则的具体操作方法，以及使用外部样式表格式化页面的方法。

 设计思路

首先新建一个样式表文件，创建 CSS 规则设置链接文本样式，并保存文件。然后打开一个需要应用
链接样式的文件，通过链接外部样式表的方式使用样式表文件中定义的样式格式化文件。

 操作步骤

（1）新建 CSS 文件。启动 Dreamweaver CC 2018，执行"文件"|"新建"命令，在弹出的"新建文档"
对话框中设置文档类型为 CSS，如图 8-36 所示。单击"创建"按钮，新建一个样式表文件。

图 8-36　新建 CSS 文件

（2）保存样式表。执行"文件"|"保存"命令，在弹出的"另存为"对话框中输入文件名称 style，
保存类型为"Style Sheets"，如图 8-37 所示。单击"保存"按钮保存文件，并关闭对话框。

图 8-37　保存 CSS 文件

（3）设置链接文本属性。执行"窗口"|"CSS 设计器"命令，打开"CSS 设计器"面板，在"源"窗格中选择上一步保存的样式表文件 style.css。单击"添加选择器"按钮，在出现的空行中输入选择器名称 a:link。单击"属性"窗格顶部的"文本"按钮，在文本属性列表中设置颜色为 #0D8817，字体加粗，居中对齐，且无修饰，如图 8-38 所示。

（4）设置鼠标指针经过时的链接样式。打开"CSS 设计器"面板，单击"添加选择器"按钮，在出现的空行中输入选择器名称 a:hover。单击"属性"窗格顶部的"文本"按钮，在文本属性列表中设置颜色为 #FF3300，字体加粗，字号为 large，居中对齐，且无修饰，如图 8-39 所示。

（5）保存文件。执行"文件"|"保存"命令，保存样式表文件 style.css。样式表中自动生成相应的 CSS 代码，如图 8-40 所示。

图 8-38　设置 a:link 的 CSS 属性　　　图 8-39　设置 a:hover 的 CSS 属性　　　图 8-40　样式表文件中的 CSS 代码

（6）打开文件并添加链接。执行"文件"|"打开"命令，打开一个需要应用链接样式的网页文件，如图 8-41 所示。选中需要添加链接的文本"林清玄"，在属性面板上的"链接"文本框中输入"#"号。此时链接文本显示为蓝色，且有下画线，效果如图 8-42 所示。

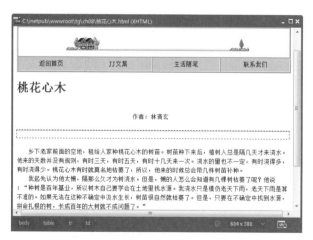

图 8-41　要应用链接样式的原始文件

图 8-42　链接文本显示效果

（7）链接外部样式表。打开"CSS 设计器"面板，单击"添加 CSS 源"按钮，在弹出的下拉列表中选择"附加现有的 CSS 文件"命令，如图 8-43 所示。

在弹出的"使用现有的 CSS 文件"对话框中，单击"浏览"按钮，在弹出的对话框中选择保存的样式表文件 style.css，添加方式为"链接"，如图 8-44 所示。

图 8-43　选择添加 CSS 源的方式

图 8-44　"使用现有的 CSS 文件"对话框

（8）单击"确定"按钮，即可应用样式表中的链接文本样式。如图 8-45 所示，链接文本显示为绿色，且无下画线；将鼠标指针移到链接文本上时，字体变大，且颜色变为橙色。

图 8-45　应用链接样式后的效果

8.4　认识 CSS 布局块

CSS 布局与传统表格（table）布局最大的区别在于：传统表格布局采用表格定位，通过表格的间距或者用无色透明的 GIF 图片控制布局版块的间距；用 CSS 布局则主要用块元素（如 Div）来定位，通过指定块元素的 margin、padding、border 等属性控制版块的间距，通过 ID 选择器定义块元素的样式。

8.4.1 CSS 盒模型简介

早在 1996 年推出 CSS1 时，W3C 组织就建议把所有网页上的对象都放在一个"盒"中，通过创建规则控制"盒"的属性。CSS 盒模型是 Web 标准布局的核心所在，在详细介绍 Div+CSS 布局之前，读者很有必要先了解 CSS 盒模型的概念和组成。

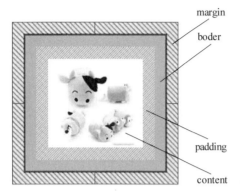

margin
boder
padding
content

图 8-46　CSS 盒模型示意图

所谓 CSS 盒模型，是指通过由 CSS 定义的大小不一的盒子和盒子嵌套排版网页。采用这种编排方式的网页代码简洁，表现和内容分离，后期维护方便，能兼容更多的浏览器。

CSS 盒模型的示意图，如图 8-46 所示。

由图 8-46 可以看出，整个盒模型在页面中所占的宽度 = 左边距 + 左边框 + 左填充 + 内容宽度 + 右填充 + 右边框 + 右边距；高度 = 上边距 + 上边框 + 上填充 + 内容高度 + 下填充 + 下边框 + 下边距。

> 💡**注意**：在 CSS 样式中 width（height）属性定义的宽度（高度）仅指内容部分的宽度（高度），而不是盒模型的宽度（高度）。

初学者在学习 CSS+Div 布局方式时，常会误认为只能使用 Div 标签进行布局，从而导致 Div 标签的滥用。事实上，"盒子"还可以是标题、段落等块级元素。下面是几个在 Dreamweaver CC 2018 中经常使用的"盒子"示例：

- ↘ Div 标签。
- ↘ 指定了绝对或相对位置的图像。
- ↘ 指定了 display:block 样式的 a 标签。
- ↘ 指定了绝对或相对位置的段落。

盒模型主要定义四个区域：内容（content）、填充（padding）、边框（border）和边距（margin）。此外，还可以指定盒模型的定位（position）和浮动（float）等属性，创建灵活多变的排版效果。下面分别进行简要介绍。

1. 内容

内容区域可以放置任何网页元素，这一区域的属性主要在"CSS 设计器"面板的"文本"和"背景"属性列表中进行设置。例如：font-family、font-style、font-size、color、background-image、line-height 属性等。

2. 填充（padding）

padding 属性用于描述盒模型的内容与边框之间的距离，分为 padding-top、padding-right、padding-bottom 和 padding-left 四个属性，分别表示盒模型四个方向的内边距，它的属性值是数值，单位可以是长度、百分比或 auto。例如：

```
#container {padding-left:20px; }
#footer { padding-top: 10% }
```

如果同时指定盒模型四个方向的内边距，可以直接用 padding 属性，四个值之间用空格隔开，顺序是：上、右、下、左，如：

```
body { padding: 5px 10px 5px 5px}
```

在"CSS 设计器"面板中的显示效果，如图 8-47 所示。

图 8-47　设置 padding 属性

> **教你一招**：padding 属性的简写方式
>
> 根据需要，padding 属性的值也可以不足四个。例如：
>
> ```
> #side {padding: 2px }              /* 所有的内边距都设为2px*/
> #side {padding: 1px 5px }          /* 上、下内边距为1px，左、右内边距为5px*/
> #side { padding: 0px 2px 3px }     /* 上内边距为0，左、右内边距为2px，下内边距为3px*/
> ```

3. 边框（border）

border 属性用于描述盒模型的边框。border 属性包括 border-width、border-color 和 border-style，这些属性下面又有分支。

border-width 属性用于设置边框宽度，分为 border-top-width、border-right-width、border-bottom-width、border-left-width 和 border-width 属性。与 padding 属性类似，border-width 为简写方式，顺序为上、右、下、左，值之间用空格隔开。例如：

```
img {
    border-width: 0px;
}
```

border-style 属性用于设置对象边框的样式，初始值为 none，即不显示边框。

border-color 属性用于显示边框颜色，分为 border-top-color、border-right-color、border-bottom-color、border-right-color 和 border-color 属性，属性值为颜色，可以用十六进制表示，也可用 RGB() 表示，border-color 为快捷方式，顺序为上、右、下、左，值之间用空格隔开。例如：

```
img {
    border-color: #EC7B37;
}
```

如果要同时设置边框的以上三种属性，可以使用简写方式 border，属性值间用空格隔开，顺序为“边框宽度 边框样式 边框颜色”，例如：

```
#layout {
    border: 5px dashed #FF3300;
}
```

在“CSS 设计器”面板中的显示效果如图 8-48 所示，应用该规则的块元素在“设计”视图中的效果如图 8-49 所示。

图 8-48　设置 border 属性

图 8-49　设置 border 属性的块元素

还可以用 border-top、border-right、border-bottom、border-left 分别作为上、右、下、左边框的快捷方式，属性值顺序与 border 属性相同。

4. 边距（margin）

margin 属性分为 margin-top、margin-right、margin-bottom、margin-left 和 margin 五个属性，分别表示盒模型四个方向的外边距。它的属性值可以是长度、百分比或 auto，甚至可以设为负值，实现容器与容器之间的重叠显示。

与 padding 属性类似，可以直接用 margin 属性作为简写方式，四个值之间用空格隔开，顺序是"上、右、下、左"，例如：

```
body { margin: 5px 8px 10px 2px}
```

上面的代码等同于：

```
body {
  margin-top:5px;
  margin-right:8px;
  margin-bottom:10px;
  margin-left:2px;
}
```

图 8-50　设置 margin 属性

在"CSS 设计器"面板中的显示效果如图 8-50 所示。

同样，margin 属性的值也可以不足四个，例如：

```
#side { margin: 2px }              /* 所有的边距都设为 2px*/
#side { margin: 1px 5px }          /* 上、下边距为 1px，左、右边距为 5px*/
#side { margin: 0px 2px 3px }      /* 上边距为 0，左、右边距为 2px，下边距为 3px*/
```

> 🔒 **教你一招**：在 IE6 及以上版本和标准的浏览器中，设置一个盒模型的外边距属性均为 auto（margin:auto;）时，可以使盒模型在页面上居中。

5. 布局（layout）

使用以上四类属性可以指定 CSS 布局块的显示外观。在进行页面布局时，还需要一些属性对布局块进行定位，指定布局块在页面中的呈现方式。

（1）position 属性

position 属性用于指定元素的位置类型，各个属性值的含义如下：

- 📌 absolute：绝对定位。位置将依据浏览器左上角开始计算。绝对定位使元素可以覆盖页面上的其他元素，并可以通过 z-index 属性来控制它的层级次序。
- 📌 relative：相对定位，依据 top，right，bottom，left 等属性，相对它原来的位置偏移。

> 💡 **注意**：父容器使用相对定位，子元素使用绝对定位后，子元素的位置不再相对于浏览器左上角，而是相对于父窗口左上角。

- 📌 static：无特殊定位，是 HTML 元素默认的定位方式。
- 📌 fixed：固定的。对象定位遵从绝对（absolute）方式，以浏览器窗口为参考点进行定位，当出现滚动条时，不会随滚动条的滚动而进行偏移。

相对定位和绝对定位需要配合 top、right、bottom、left 来定位具体位置。此外，这四个属性同时只能使用相邻的两个，不能使用 top 又使用 bottom，或同时使用 right 和 left。使用示例：

```
#menu { position: absolute; left: 100px; top: 0px; }
```

```
#menu ul li {position:relative; right: 100px; bottom: 0px; }
```

在"CSS 设计器"面板中的显示效果如图 8-51 所示。

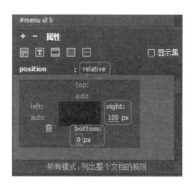

图 8-51　设置 position 属性

（2）float 和 clear 属性

在 CSS 中，任何元素都可以浮动。浮动元素会生成一个块级框，而不论它本身是何种元素。设置元素浮动后应指明一个宽度，否则它会尽可能地窄；当可供浮动的空间小于浮动元素时，它会跑到下一行，直到拥有足够放下它的空间。

float 属性有三个值 left、right、none，用于指定元素将飘浮在其他元素的左或右方，或不浮动。例如：

```
#side { height: 300px; width: 120px; float: left; }
```

相反地，使用 clear 属性将禁止元素飘浮。其属性值有：left、right、both、none，初始值为 none。例如：

```
clearfloat {clear:both; font-size: 1px;line-height: 0px;}
```

（3）overflow 属性

在指定元素的宽度和高度时，如果元素的宽度或高度不足以显示全部内容，就要用到 overflow 属性。overflow 的属性值含义如下：

- visible：增大宽度或高度，以显示所有内容。
- hidden：隐藏超出范围的内容。
- scroll：在元素的右边显示一个滚动条。
- auto：当内容超出元素宽度或高度时，显示滚动条，让高度自适应。
例如：

```
.nav_main { height:36px; overflow:hidden;}
```

（4）z-index 属性

在 CSS 中允许元素重叠显示，这样就有一个显示顺序的问题，z-index 属性用于描述元素的前、后位置。

z-index 使用整数表示元素的前、后位置，数值越大，就会显示在相对越靠前的位置，适用于使用 position 属性的元素。z-index 初始值为 auto，可以使用负数。使用示例：

```
#div1 {position:absolute; left:121px; top:441px; width:86px; height:24px; z-index:2;}
```

8.4.2　创建 Div 标签

Div 标签常用于定义网页内容的显示区域，通常被称为"块"。使用 Div 标签可以将内容块居中，创建列效果以及创建不同的颜色区域等，还可以对 Div 标签应用 CSS 样式创建页面布局。

在"文档"窗口的"设计"视图中，将插入点放置在要显示 Div 标签的位置。执行"插入"|"Div"命令，或在"插入"面板的"HTML"类别中单击"Div"按钮，弹出如图 8-52 所示的"插入 Div"对话框：

➦ 插入：用于选择 Div 标签的插入位置，如图 8-53 所示。如果选择"在插入点"以外的其他选项，则还要选择一个已有的标签名称。

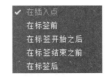

图 8-52 "插入 Div"对话框   图 8-53 选择插入位置

➦ 类：指定要应用于 Div 标签的类样式。如果附加了样式表，则该样式表中定义的所有类都将显示在"类"下拉列表中。

➦ ID：指定用于标识 Div 标签的唯一名称。如果附加了样式表，则该样式表中定义的所有 ID（除当前文档中已有的块的 ID）都将出现在列表中。

➦ 新建 CSS 规则：单击该按钮打开如图 8-54 所示的"新建 CSS 规则"对话框。

图 8-54 "新建 CSS 规则"对话框

单击"插入 Div"对话框中的"确定"按钮关闭对话框，即可在文档中插入一个 Div 标签。在"设计"视图中，Div 标签默认以虚线框的形式出现，并显示占位文本，如图 8-55（a）所示。将鼠标指针移到虚线框的边缘上时，虚线框高亮显示，如图 8-55（b）所示。

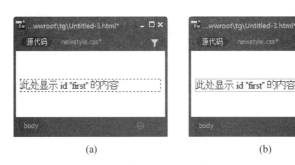

(a)   (b)

图 8-55 创建 Div 标签

> **提示:** 如果不希望在页面上显示 CSS 布局块的虚线外框，可以执行"查看"|"设计视图选项"|"可视化助理"|"CSS 布局外框"菜单命令取消显示布局外框，如图 8-56 所示。

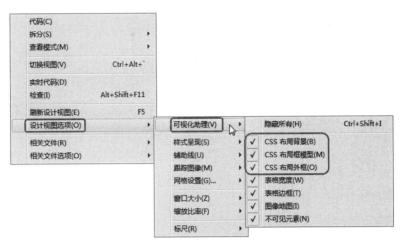

图 8-56 取消显示 CSS 布局外框

8.4.3 编辑 Div 标签

插入 Div 标签之后，就可以在"CSS 设计器"面板中查看和编辑应用于 Div 标签的规则，或在标签中添加内容了。

1. 选中 Div 标签

编辑 Div 标签之前，首先要选中 Div 标签，常用的方法有以下几种。

➥ 单击 Div 标签的边框。选中后的 Div 标签显示蓝色的粗线框，如图 8-57 所示。
➥ 在 Div 标签内单击，然后按两次 Ctrl+A（Windows）或 Command+A（Macintosh）。
➥ 在 Div 标签内单击，然后在"文档"窗口底部的标签选择器中单击 Div 标签 ID，如图 8-58 所示。

图 8-57 单击边框选中 Div 标签

图 8-58 使用标签选择器选中 Div 标签

2. 在 Div 标签中添加内容

选中 Div 标签中的占位文本，然后输入内容；或按 Delete 键删除占位文本，然后以在页面中添加内容的方式添加内容，如图 8-59 所示。

图 8-59 在 Div 标签中添加内容

3. 查看、定义规则

执行"窗口"|"CSS 设计器"命令,打开"CSS 设计器"面板,当前 Div 标签已应用的规则显示在"选择器"窗格中。如果没有为当前选中的 Div 标签定义 CSS 规则,则显示为空。例如,定义如图 8-59 所示的 Div 标签 ID 为 main,宽 350px,高 150 px,文本颜色为橙色,边框为 1px 深灰色实线,且在页面上居中,可以定义如图 8-60 所示的 CSS 规则,对应的 CSS 代码如下:

```
#main {
    width: 350px;
    height: 150px;
    border: 1px solid #666666;
    margin: auto;
    color: #FF6600;
}
```

显示效果如图 8-61 所示。

图 8-60　设置 CSS 属性

图 8-61　CSS 布局块效果

知识拓展

可视化 CSS 布局块

启用可视化 CSS 布局块,可以很直观地查看布局块的填充和边距。执行"查看"|"设计视图选项"|"可视化助理"命令,可以在弹出的子菜单中设置是否显示 CSS 布局背景、框模型和布局外框,如图 8-62 所示。

- ➔ CSS 布局背景:选中该选项,可以显示各个 CSS 布局块的临时指定背景颜色,并隐藏通常出现在页面上的其他所有背景颜色或图像,如图 8-63 所示。

> **注意:** 每次启用"可视化助理"查看 CSS 布局块背景时,Dreamweaver CC 2018 使用一个算法自动为每个 CSS 布局块分配一种背景颜色。用户无法自行指定布局背景颜色。

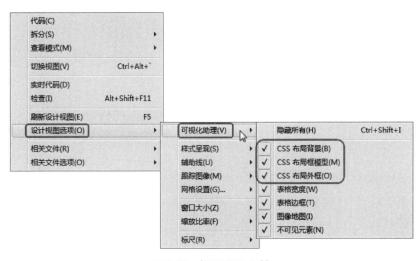

图 8-62　设置 CSS 属性

图 8-63　显示 CSS 布局背景

➥ CSS 布局框模型：显示所选 CSS 布局块的框模型（即填充和边距），如图 8-64 所示。设置如图 8-63 所示的 ID 为 head 的布局块上、下、左、右填充 10px，上、下边距为 10px，左、右边距为 5px 的效果。

➥ CSS 布局外框：显示页面上所有 CSS 布局块的虚线外框。取消显示 CSS 布局外框后的效果如图 8-65 所示。

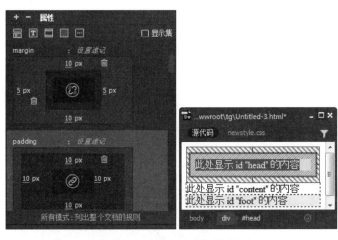

图 8-64　显示 CSS 布局框模型

图 8-65　取消显示 CSS 布局外框后效果

8.4.4　上机练习——制作简易公告栏

 练习目标

　　本练习实例制作一个简易的公告栏。通过 8.4.1 节 ~8.4.3 节基础知识的讲解，结合本节的练习实例，使读者掌握嵌套布局块的创建，以及通过 CSS 属性美化布局块外观的操作方法。

8-3　上机练习——制作
简易公告栏

 设计思路

　　首先新建一个空白的网页文件，在页面中插入一个 Div 标签，定义 CSS 规则指定布局块的尺寸和背景图像。接下来在布局块中嵌套一个 Div 标签，通过定义 CSS 属性设置布局块的位置、边框样式、背景颜色和文本样式。最后在布局块中输入文本，并使用 <marquee> 标签使文本在指定区域滚动显示，最终效果如图 8-66 所示。

图 8-66 "属性"面板上的 CSS 属性效果

 操作步骤

1. 新建文件

启动 Dreamweaver CC 2018，执行"文件"|"新建"命令，在弹出的"新建文档"对话框中选择文档类型为 HTML，无框架，单击"创建"按钮关闭对话框，创建一个空白的 HTML 文件。

2. 插入 Div

在页面上单击插入鼠标指针，执行"插入"|"Div"命令，在弹出的"插入 Div"对话框中输入 ID 为 main，如图 8-67 所示。单击"确定"按钮关闭对话框。

3. 使用 CSS 规则设置布局块外观

（1）添加源。执行"窗口"|"CSS 设计器"命令，打开"CSS 设计器"面板。单击"添加 CSS 源"按钮，在弹出的下拉菜单中选择"在页面中定义"命令，如图 8-68 所示。

（2）添加选择器。单击"添加选择器"按钮，在出现的空行中输入 #main，然后按 Enter 键，或单击其他空白区域。

（3）设置属性。在"布局"属性区域，设置宽（width）为 1024px，高（height）为 768px，左、右边距为 auto；切换到"背景"属性，设置背景图像，且图像不重复，如图 8-69 所示。

图 8-67 "插入 Div"对话框

图 8-68 设置添加源的方式

图 8-69 设置布局块 main 的属性

此时，页面中的布局块效果如图 8-70 所示。

4. 嵌套布局块

该布局块用于显示公告内容。

删除布局块 main 的占位文本，执行"插入"|"Div"命令，在弹出的"插入 Div"对话框中输入 ID 为 content，如图 8-71 所示。单击"确定"按钮关闭对话框。

图 8-70　设置了 CSS 属性的布局块效果　　　　　图 8-71　"插入 Div"对话框

5. 定义布局块的布局

（1）指定 CSS 源。执行"窗口"|"CSS 设计器"命令，打开"CSS 设计器"面板。在源列表中选择 <style>，如图 8-72 所示，即在页面中定义 CSS 规则。

（2）添加选择器。单击"添加选择器"按钮，在出现的空行中输入 #content，然后按 Enter 键，或单击其他空白区域。

（3）设置属性。在"布局"属性区域，设置宽（width）为 400px，高（height）为 260px，左边距为 50px；在 padding 属性区域，单击"单击以更改所有属性"按钮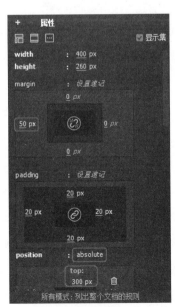，然后输入 20px，即设置内边距为 20px；在 position 属性下拉列表中选择 absolute，top 值为 300px，如图 8-73 所示。

图 8-72　指定 CSS 源　　　　　　　　　　图 8-73　设置布局属性

此时的布局块效果如图 8-74 所示。

图 8-74　设置布局属性的布局块效果

6. 定义布局块的边框样式

切换到"边框"属性，设置边框宽度（width）为 1px，样式（style）为 solid；在边角半径（border-radius）区域单击"单击以更改所有属性"按钮，然后输入 10px，即设置边框为圆角，半径为 10px，如图 8-75 所示。

切换到"实时视图"，可以查看边框的效果，如图 8-76 所示。

图 8-75　设置边框样式

图 8-76　边框效果

7. 定义文本样式和背景颜色

切换到"文本"属性，设置行距（line-height）为 150%；切换到"背景"属性，设置背景颜色（background-color）为 #FFFFCC。切换到"实时视图"，布局块的预览效果，如图 8-77 所示。

8. 添加文本

删除布局块 content 中的占位文本，输入需要显示的公告内容，如图 8-78 所示。

9. 创建滚动文本

要实现滚动文本，可以使用 <marquee> 标签将需要实现滚动的文本内容包含起来，并在 <marquee> 标签中设置相关的属性，以更好地控制滚动文本。

图 8-77　设置了背景颜色和文本样式的布局块效果

图 8-78　输入公告内容

（1）插入定位点。在"设计"视图中将指针定位在需要添加滚动文本的位置，单击"文档"工具栏上的"拆分"按钮，转换到"代码"视图中，在鼠标指针所在位置单击，如图 8-79 所示的位置。

（2）添加滚动代码。在鼠标指针所在位置输入 <marquee behavior="scroll" direction="up" hspace="0" height="220" vspace="20" loop="-1" scrollamount="1" scrolldelay="60">，然后在文本结尾处添加 </marquee>，如图 8-80 所示。

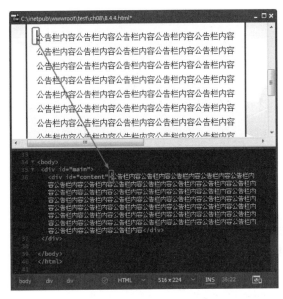

图 8-79　插入定位点

图 8-80　添加滚动代码

此时切换到"实时视图"，可以预览文本的滚动效果，如图 8-81 所示。

（3）控制滚动。为了使浏览者能够清楚地看到滚动的文字，还需要实现当鼠标指针移动到滚动字幕上时，字幕滚动停止；当鼠标指针移开时，字幕滚动继续的效果。

在 <marquee> 标记中添加属性 onmouseover 和 onmouseout，修改后的代码如下：<marquee behavior="scroll" direction="up" hspace="0" height="220" vspace="20" loop="-1" scrollamount="1" scrolldelay="60" onmouseover="this.stop()" onmouseout="this.start()">，如图 8-82 所示。

10. 保存文件

执行"文件"|"保存"命令，保存页面。在浏览器中的预览效果如图 8-66 所示。

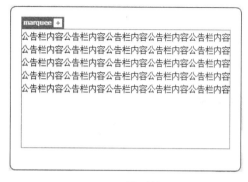

图 8-81　滚动效果

图 8-82　添加控制代码

知识拓展

<marquee> 标签的属性

<marquee> ... </marquee> 标签用于在页面中设置滚动字幕。常用的属性如下。

direction：用于设置滚动方向，属性值 up 表示向上滚动，down 表示向下滚动，left 表示向左滚动，right 表示向右滚动，默认为 left。

behavior：用于设置滚动的方式，值可以是 scroll（连续滚动）、slide（滑动一次）、alternate（来回滚动）。

loop：用于设置滚动的循环次数，属性值为正整数，若未指定则无限循环。

scrollamount：用于设置滚动的速度，属性值为整数，数值越小滚动越慢。

scrolldelay：用于设置滚动的停顿时间，属性值为整数，数值越大速度越慢，默认为 0。

Height 和 Width：用于设置滚动区域的高度和宽度，属性值为正整数或百分数。

onMouseOver：指定当鼠标指针移动到滚动区域时执行的操作。例如，onmouseover="this.stop()"表示当鼠标指针移到滚动区域时，停止滚动。

onMouseOut：指定当鼠标指针移开区域时执行的操作。例如，onmouseout="this.start()" 表示当鼠标指针移开滚动区域时，继续滚动。

hspace 和 vspace：用于指定元素到滚动区域边界的水平距离和垂直距离。

此外，还有两个不太常用的参数。

align：表示元素的垂直对齐方式，值可以是 top，middle，bottom，默认为 middle。

bgcolor：表示运动区域的背景色，值是十六进制的 RGB 颜色，默认为白色。

8.5　常用 CSS 布局版式

前面介绍 CSS 布局块的创建，以及利用 CSS 规则定位布局块的方法，本节将通过三个上机练习实例介绍网页制作中常见的三种 CSS 布局版式。希望通过本节的学习，读者能从原来的表格布局跨入到 Web 标准布局，能使用 Web 标准制作出常见的页面。

8.5.1　上机练习——列固定居中

练习目标

一列居中布局常用于显示正文或文章内容的页面。通过前几节基础知识的讲解，结合本节的练习实例，使读者进一步掌握插入 Div 布局块，创建 CSS 规则定位布局块的具体操作方法，并掌握使布局块水平居中显示的设置方法。

8-4　上机练习——列固定居中

设计思路

首先新建一个空白的网页文件，在页面中插入一个 Div 标签，并定义 CSS 规则指定布局块的尺寸和背景颜色。然后使用同样的方法插入两个 Div 标签，并设置布局块的属性，最终效果如图 8-83 所示。

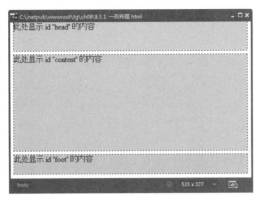

图 8-83　一列居中布局示意图效果

操作步骤

1. 新建文件

启动 Dreamweaver CC 2018，执行"文件"|"新建"命令，在弹出的"新建文档"对话框中设置文档类型为 HTML，无框架，新建一个空白的 HTML 页面。

2. 插入 Div

执行"插入"|"Div"命令，在弹出的"插入 Div"对话框中设置布局块的插入位置为"在插入点"，ID 为 head，如图 8-84 所示。单击"确定"按钮关闭对话框。

3. 定义选择器

打开"CSS 设计器"面板，单击"添加 CSS 源"按钮，在弹出的下拉列表中选择"在页面中定义"命令。然后单击"添加选择器"按钮，输入选择器名称 #head。

4. 定义 CSS 属性

切换到"属性"面板的"布局"类别，设置宽（width）为 500px，高（height）为 60px；下边距为8px，左、右边距为 auto；为便于区分布局块，切换到"背景"类别，设置背景颜色（background-color）为 #ADDD17，如图 8-85 所示。

图 8-84　"插入 Div"对话框

图 8-85　设置 CSS 属性

切换到"代码"视图，可以看到如下所示的代码：

```css
<style type="text/css">
#head {
    width: 500px;
    height: 60px;
    background-color: #ADDD17;
    margin-bottom: 8px;
    margin-right: auto;
    margin-left: auto;
    }
</style>
```

5. 插入第二个布局块

在状态栏上单击 <div> 标签选中页面上 Div 布局块，将鼠标指针放在布局块的右侧，按照 2~4 步的方法，插入第二个 Div 标签 content，然后定义 CSS 规则 #content 设置布局块的外观，如图 8-86 所示。对应的 CSS 代码如下所示：

```css
#content {
    width: 500px;
    height: 200px;
    background-color: #FFB5B5;
    margin-bottom: 8px;
    margin-right: auto;
    margin-left: auto;
}
```

6. 插入第三个布局块

在布局块 content 中单击，然后连续按两次 Ctrl+A 组合键选中布局块。将指针放在布局块右侧，打开"插入"面板，在"HTML"类别中单击"Div"按钮，插入第三个布局块 foot。接下来定义 CSS 规则 #foot 设置布局块的外观，如图 8-87 所示。

图 8-86　设置布局块 content 的 CSS 属性

图 8-87　设置布局块 foot 的 CSS 属性

对应的 CSS 代码如下：

```css
#foot {
    width: 500px;
```

```
height: 40px;
background-color: #31DBAE;
margin-right: auto;
margin-left: auto;
}
```

此时预览页面，可以看到如图 8-88 所示的效果。细心的读者可能会发现，Div 标签与页面的左、上显示有边距，即使指定 Div 标签的左、上边距为 0，仍显示有空白。事实上，这是 body 标签的默认边距。

7. 设置页面的边距

打开 CSS 设计器，单击"添加选择器"按钮，输入选择器名称为 body，然后在"布局"属性列表中设置边距为 0，如图 8-89 所示。

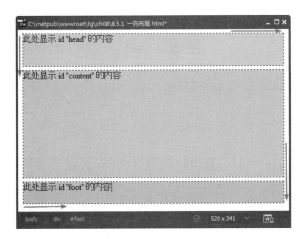

图 8-88　页面的默认边距

图 8-89　设置页面边距

对应的 CSS 代码如下：

```
body {
    margin: 0px;
}
```

此时预览页面，可以看到 Div 标签 head 与页面顶端没有空白了，如图 8-83 所示。

知识拓展

布局块宽度随浏览器宽度自适应

如果希望页面内容的显示宽度随着浏览器的宽度改变而改变，可以使用自适应宽度的 Div 标签。使用过表格布局的用户应该会想到使用宽度的百分比。例如，以下代码指定布局块的宽度为浏览器宽度的80%，高度为 60px，上、下边距为 0px，且水平居中：

```
#head {
    width: 80%;
    height: 60px;
    margin: 0px auto;
}
```

此外，如果不指定布局块的宽度，它默认是相对于浏览器显示的，即自适应宽度。

8.5.2 上机练习——左、右两列并排居中

 **练习目标**

本练习实例设计常见的左、右两列并排的布局，这种布局左列常用于显示导航菜单，右列显示正文。通过前几节基础知识的讲解，结合本节的练习实例，使读者了解 float 属性的使用方法，并掌握整体布局居中的设置技巧。

8-5 上机练习——左、右两列并排居中

 设计思路

首先新建一个空白的网页文件，在页面中插入两个 Div 标签。接下来定义 CSS 规则指定布局块的尺寸和背景颜色，并使用 float 属性使第一个布局块向左浮动。然后设置第二个布局块的边距，防止两个布局块重叠。最后创建嵌套布局块使布局块在页面上水平居中，最终效果如图 8-90 所示。

操作步骤

图 8-90 左列固定，右列自适应宽度布局效果

1. 新建文件

启动 Dreamweaver CC 2018，执行"文件"|"新建"命令，在弹出的"新建文档"对话框中设置文档类型为 HTML，无框架，新建一个空白的 HTML 页面。

2. 插入第一个 Div

执行"插入"|"Div"命令，在弹出的"插入 Div"对话框中设置布局块的插入位置为"在插入点"，ID 为 nav。单击"确定"按钮关闭对话框。

3. 插入第二个 Div

在状态栏上单击 <Div> 标签选中第一个布局块，将鼠标指针放在布局块的右侧，执行"插入"|"Div"命令，插入第二个 Div 标签，ID 为 content。

由于 Div 为块状元素，默认情况下占据一行的空间，因此插入的两个布局块上、下排列。要想让下面的 Div 移到右侧，就需要借助 CSS 的浮动属性 float 来实现。

4. 定义选择器

打开"CSS 设计器"面板，单击"添加 CSS 源"按钮，在弹出的下拉列表中选择"在页面中定义"命令。然后单击"添加选择器"按钮，输入选择器名称 #nav。

5. 定义布局块 nav 的 CSS 属性

切换到"属性"面板的"布局"类别，设置宽（width）为 120px，高（height）为 200px，找到 float 属性，单击"左"按钮 ；为便于观察效果，切换到"背景"类别，设置背景颜色（background-color）为 #FFCCFF，如图 8-91 所示。

切换到"代码"视图，可以看到如下所示的 CSS 代码：

```
<style type="text/css">
#nav {
    width: 120px;
    height: 200px;
    background-color: #FFCCFF;
    float: left;
}
</style>
```

图 8-91 设置布局块 nav 的 CSS 属性

此时的布局效果如图 8-92 所示。可以看到第二个 Div 标签已移到右侧。

6. 定义布局块 content 的 CSS 属性

打开"CSS 设计器"面板，单击"添加选择器"按钮，输入选择器名称 #content。切换到"属性"面板的"布局"类别，设置宽（width）为 240px，高（height）为 200px；为便于观察效果，切换到"背景"类别，设置背景颜色（background-color）为 #99FFFF，如图 8-93 所示。

图 8-92　浮动效果

图 8-93　设置布局块 content 的 CSS 属性

对应的 CSS 代码如下：

```
#content {
    height: 200px;
    width: 240px;
    background-color: #99FFFF;
}
```

此时预览页面，效果如图 8-94 所示。布局块 content 的实际显示宽度只有 120px，而不是指定的 240px。这是因为绝对定位元素的位置依据浏览器左上角开始计算，布局块 content 的一部分与 nav 重叠。接下来设置边距定位布局块。

7. 设置布局块 content 的左边距

打开"CSS 设计器"面板，在选择器列表中选择 #content。切换到"属性"面板的"布局"类别，设置左边距为 120px，如图 8-95 所示。

图 8-94　页面效果

图 8-95　设置布局块 content 的左边距

对应的 CSS 代码如下：

```css
#content {
    height: 200px;
    width: 240px;
    background-color: #99FFFF;
    margin-left: 120px;
}
```

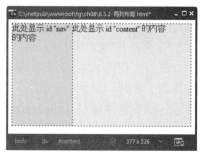

图 8-96　页面效果

此时的页面效果如图 8-96 所示。

通常页面内容都居中显示，接下来的步骤使两列布局居中。在 8.5.1 节介绍了一列居中的方法，可以使用同样的方法将两列放置在一列中，使布局居中。

8. 嵌套布局块

切换到"代码"视图，选中两个 Div 的代码，然后执行"插入"|"Div"命令，在弹出的对话框中指定 Div 标签为 main，即可将两个 Div 标签放入一个父标签中，如图 8-97 所示。

9. 定义布局块的 CSS 属性

打开"CSS 设计器"面板，单击"添加选择器"按钮，在出现的空行中输入选择器名称 #main。切换到"属性"面板的"布局"类别，设置宽（width）为 360px，左、右边距为 auto，如图 8-98 所示。

图 8-97　创建嵌套布局块

图 8-98　设置布局块 main 的左、右边距

10. 设置页面边距

打开 CSS 设计器，单击"添加选择器"按钮，输入选择器名称为 body，然后在"布局"属性列表中设置边距为 0。此时的页面效果如图 8-90 所示，左、右两列的宽度都是固定的，且整修页面布局居中显示。

8.5.3　上机练习——制作三列布局

练习目标

本练习实例设计常见的一种三列布局，左列和右列固定、中间列宽度根据浏览器宽度自适应。通过前两节练习的具体讲解，结合本节的练习实例，使读者进一步掌握 float 属性的使用方法和布局块自适应宽度的设置技巧。

设计思路

首先新建一个空白的网页文件，在页面中插入三个 Div 标签，接下来定义 CSS 规则指定布局块的尺寸和背景颜色，并使用 float 属性使第一个布局块向左浮动，第二个布局块向右浮动，最后设置第三个布局块的左、右边距，防止布局块重叠，最终效果如图 8-99 所示。

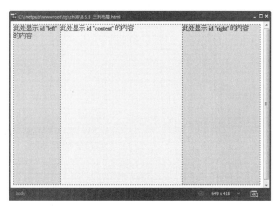

8-6 上机练习——制作
三列布局

图 8-99 页面显示效果

操作步骤

1. 新建文件并插入 Div

启动 Dreamweaver CC 2018，执行"文件"|"新建"命令，在弹出的"新建文档"对话框中设置文档类型为 HTML，无框架，新建一个空白的 HTML 页面。按照 8.5.2 节的方法，执行"插入"|"Div"命令，在页面中插入三个 Div 标签，依次命名为 #left、#right 和 #content。"代码"视图中相应的代码如下所示：

```
<div id="left">此处显示  id "left" 的内容 </div>
<div id="right">此处显示  id "right" 的内容 </div>
<div id="content">此处显示  id "content" 的内容 </div>
```

2. 定义左列的 CSS 属性

打开"CSS 设计器"面板，单击"添加 CSS 源"按钮，在弹出的下拉列表中选择"在页面中定义"命令。然后单击"添加选择器"按钮，输入选择器名称 #left。切换到"属性"面板的"布局"类别，设置宽（width）为 120px，高（height）为 400px，向左浮动；为便于观察效果，切换到"背景"类别，设置背景颜色（background-color）为 #FFCCFF，如图 8-100 所示。

3. 定义右列的 CSS 属性

使用上一步同样的方法，设置选择器名称为 #right，宽（width）为 200px，高（height）为 400px，向右浮动，背景颜色（background-color）为 #FFCCFF，如图 8-101 所示。

图 8-100 设置 left 的 CSS 属性

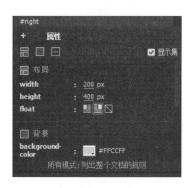

图 8-101 设置 rifht 的 CSS 属性

从 8.5.2 节的例子可以看出，要让中间的布局块按指定宽度显示，应设置左、右边距。

4. 设置中间列的 CSS 属性

按上一步同样的方法，设置选择器名称为 #content，高（height）为 400px，左边距 120px，右边距 200px，背景颜色（background-color）为 #FFCCFF，如图 8-102 所示。

此时中间列的布局框模型如图 8-103 所示。

图 8-102　设置 content 的 CSS 属性

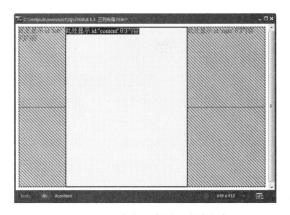

图 8-103　中间列的布局框模型

在上面的步骤中，由于没有设置中间列的宽度，因此，该列的宽度将随浏览器宽度的变化而变化。读者可以通过调整文档窗口的大小预览效果。

> **教你一招**：如果要创建中间列宽度固定的三列布局，则应将三列布局块放置在一个父布局块中，并指定布局块的宽度为三列的宽度和两个布局块之间的间距。

8.6　实例精讲——流金岁月

 练习目标

Div 标签在网页布局中占有十分重要的地位，不仅可以精确定位网页元素，还可以配合表单和动作制作出许多经典的特效。本节将制作一个 Div 标签的简单特效，通过本节实例进一步掌握 Div 布局和 CSS 属性的设置方法。

8-7　实例精讲——流金岁月

 设计思路

首先使用 Div 元素插入图片和文本，通过定义 CSS 规则定位布局块的位置，并格式化文本。然后使用"显示 - 隐藏元素"行为实现图片交换的效果：初始时在页面上只显示一张图片，如图 8-104 所示；当鼠标指针移动到另一张图片的缩略图上时，图片被替换，如图 8-105 所示。

制作重点

（1）通过对样式表的移动，将内部样式表移至外部样式表文件当中。

（2）通过设置 margin 属性和 position 属性实现布局块的重叠。

（3）使用行为和 visibility 属性实现布局块的显示和隐藏。

图 8-104　实例效果 1

图 8-105　实例效果 2

操作步骤

（1）启动 Dreamweaver CC 2018，新建一个文档，设置背景图像，字体为"方正粗倩简体"，颜色为 #000，大小为 100px，标题为"流金岁月"并保存。

（2）单击"插入"|"HTML"面板中的"Div"的图标，在弹出的"插入 Div"对话框中指定 ID 为 pic1。删除 Div 标签中的占位符文本，插入一幅图像。

（3）打开"CSS 设计器"面板，单击"添加 CSS 源"按钮，在弹出的下拉列表中选择"在页面中定义"；单击"添加选择器"按钮，输入选择器名称 #pic1，在"布局"属性列表中设置 width: 408px，height: 398px；切换到"文本"属性列表，设置 text-align: center，此时的页面效果如图 8-106 所示。

（4）单击"插入"|"HTML"面板中的"Div"的图标，在弹出的"插入 Div"对话框中指定 ID 为 liu。删除 Div 标签中的占位符文本，输入文字"流"。

（5）打开"CSS 设计器"面板，单击"添加 CSS 源"按钮，在弹出的下拉列表中选择"在页面中定义"；单击"添加选择器"按钮，输入选择器名称 #liu，然后在"布局"属性列表中设置 width: 120px，height: 115px，padding-top: 10px；切换到"文本"属性列表，设置 text-align: center；切换到"背景"属性列表，设置 background-color: #F60。

图 8-106　页面效果 1

本步使用CSS设计器可视化定义CSS规则，如果读者熟悉CSS代码规范，建议直接写代码以提高效率。

（6）按照上面两步的方法再插入三个 Div 标签，ID 分别为 jin，sui，yue。删除占位符文本后，并分别输入文本"金""岁""月"。

（7）打开"CSS 设计器"面板，单击"添加选择器"按钮，添加三个选择器 #jin，#sui 和 #yue，并分别定义规则，代码如下：

```css
#jin {
    width: 120px;
    height: 115px;
    padding-top: 10px;
    text-align: center;
    background-color: #9966FF;
}
#sui {
    width: 120px;
    height: 115px;
    padding-top: 10px;
    text-align: center;
    background-color: #999900;
}
```

```
#yue {
    width: 120px;
    height: 115px;
    padding-top: 10px;
text-align: center;
    background-color: #99CCFF;
}
```

此时的页面效果，如图 8-107 所示。

上面的代码有些冗余，接下来修改样式代码。

（8）打开“CSS 设计器”面板，添加一个组选择器 #liu,#jin,#sui,#yue 定义 Div 标签的宽、高、文本对齐方式和上填充，修改后的代码如下：

图 8-107　页面效果 2

```
<style type="text/css">
body {
    background-image: url(../images/bg2.jpg);
    color: #000000;
    font-family: " 方正粗倩简体 ";
    font-size: 100px;
}
#liu,#jin,#sui,#yue{
    width: 120px;
    height: 115px;
    text-align: center;
    padding-top: 10px;
}
#liu {
    background-color: #FF6600;
}
#jin {
    background-color: #9966FF;
}
#sui {
    background-color: #999900;
}
#yue {
    background-color: #99CCFF;
}
</style>
```

接下来使用 position 属性对 Div 块进行定位。

（9）打开“CSS 设计器”面板，修改选择器 #sui 的规则。切换到“布局”属性列表，设置 position: absolute, left: 450px, top: 160px.。同样的方法，修改选择器 #liu,#jin,#yue 的规则定义。修改后的代码如下：

```
<style type="text/css">
body {
    background-image: url(../images/bg2.jpg);
    color: #000000;
    font-family: " 方正粗倩简体 ";
    font-size: 100px;
}
#pic1 {
    width: 408px;
    height: 398px;
    text-align: center;
}
```

```
#liu,#jin,#sui,#yue{
    width: 120px;
    height: 115px;
    text-align: center;
    padding-top: 10px;
    position: absolute;
}
#liu {
    background-color: #FF6600;
    left: 660px;
    top: 160px;
}
#jin {
    background-color: #9966FF;
    left: 550px;
    top: 255px;
}
#sui {
    background-color: #999900;
    left: 450px;
    top: 160px;
}
#yue {
    background-color: #99CCFF;
    left: 550px;
    top: 55px;
}
</style>
```

此时的页面效果，如图 8-108 所示。

图 8-108　页面效果 3

（10）单击"插入"|"HTML"面板中的"Div"的图标，在弹出的"插入 Div"对话框中指定 ID 为 slt。删除 Div 标签中的占位符文本，输入一张图片。然后添加选择器 #slt 定位图片位置。代码如下：

```
#slt {
    width: 92px;
    height: 92px;
    position: absolute;
    left: 570px;
    top: 180px;
    z-index: -1;
}
```

上面的代码使用 z-index 设置布局块 slt 的堆叠顺序，将其值指定为 –1，使该布局块位于其他布局块下层。

此时的页面效果如图8-109所示。

图8-109　页面效果4

（11）打开"CSS设计器"面板，修改选择器#pic1的visibility属性为hidden，隐藏Div布局块pic1。此时，在"设计"视图中仍可看到布局块pic1，切换到"实时视图"，可以看到布局块pic1已隐藏。

（12）为便于在"设计"视图中编辑并查看页面效果，可以在"代码"视图中将布局块pic1相关的代码进行注释。如下所示：

```
<!--<div id="pic1"><img src="../images/p1.jpg" width="407" height="397" alt="tu1"/></div>-->
```

（13）切换到"代码"视图，在布局块pic1相关代码下添加一行如下代码，即可在页面中插入一个Div布局块pic2，并插入图形：

```
<!--<div id="pic1"><img src="../images/p1.jpg" width="407" height="397" alt="tu1"/></div>-->
<div id="pic2"><img src="../images/p2-2.jpg" width="407" height="397" alt="tu2"/></div>
```

此时的页面效果，如图8-110所示。

图8-110　页面效果5

（14）打开"CSS设计器"面板，添加选择器#pic2，并定义如下规则：

```
#pic2 {
    width: 408px;
    height: 398px;
    visibility: hidden;
}
```

上述代码使用visibility: hidden，使布局块pic2初始时在页面中隐藏。

（15）切换到"代码"视图，修改选择器#pic1的visibility属性为visible，并取消"代码"视图中Div块pic1的相关注释。

接下来使用"行为"面板创建布局块的显示和隐藏效果。

（16）在"设计"视图中选中Div块slt，执行"窗口"|"行为"命令，打开"行为"面板。

（17）单击"添加行为"按钮，从弹出的下拉菜单中选择"显示-隐藏元素"命令，弹出"显示-隐藏元素"对话框。

（18）在对话框中的元素列表中选择Div pic1，然后单击"隐藏"按钮；选择Div pic2，然后单击"显示"按钮。单击"确定"按钮关闭对话框。

（19）单击事件下拉列表按钮，从弹出的事件列表菜单中选择 OnMouseOver。

（20）为 Div slt 添加第二个"显示 - 隐藏元素"行为。在"显示 - 隐藏元素"对话框中选择 Div pic2，然后单击"隐藏"按钮；选择 Div pic1，然后单击"显示"按钮。单击"确定"按钮关闭对话框后，设置事件为 OnMouseOut。

（21）保存文档，并按 F12 键在浏览器中预览效果，如图 8-111 和图 8-112 所示。

图 8-111　移开鼠标指针的效果图

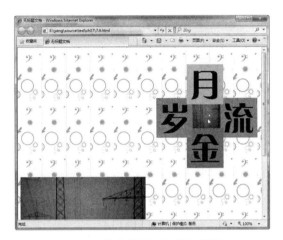

图 8-112　鼠标指针移到图片上的效果图

初始时，页面效果如图 8-111 所示，将鼠标指针移到布局块 slt 上时，显示效果如图 8-112 所示，可以看到布局块 pic2 的位置并不与 pic1 相同；移开鼠标指针时，显示效果如图 8-111 所示。

接下来修改布局块 pic 的 CSS 定义，使其位置与 pic1 一致。

（22）打开"CSS 设计器"面板，选中选择器 #pic2，在"布局"属性列表中设置上边距为 –398px。或直接切换到"代码"视图，在 #pic2 的定义中添加如下代码：

```
margin-top: -398px;
```

将边距设为负值，可以实现容器与容器之间的重叠显示。

此时，打开浏览器预览页面，将鼠标指针移到布局块 slt 上时，页面效果如图 8-105 所示。

8.7　答 疑 解 惑

1. 在 Dreamweaver CC 2018 中加载 CSS 样式有哪几种方式？

答：加载 CSS 样式有四种：行内样式、内部样式、外部样式、导入样式。

行内样式是在标签内以 style 标记的样式，只针对标签内的元素有效。由于这种形式没有与内容相分离，所以不建议使用。

内部样式是以 <style> 和 </style> 结尾，写在当前页面源代码的 head 标签内的样式，只能应用于当前页面中的元素，不能作用于其他页面。

外部样式是把 CSS 单独写到一个 CSS 文件中，然后在源代码中以 link 方式链接。不但本页可以调用，其他页面也可以调用，是最常用的一种形式。

导入样式是以 @import url 标记所链接的外部样式表，一般常用在另一个样式表内部，可以使代码达到很好的重用性。

2. CSS 样式有优先级吗？

答：CSS 样式的优先级为：ID 优先级高于 class；后面的样式覆盖前面的；指定的高于继承；行内样式高于内部或外部样式。

3. 定义超链接的 CSS 样式是否有先后顺序？

答：定义超链接的 CSS 样式应有先后顺序。否则，某些浏览器可能不会显示某个样式的效果。定义超链接的 CSS 样式应遵循的顺序如下：

a:link（超链接的默认样式）→ a:visited（已访问的链接样式）→ a:hover（鼠标指针经过时的链接样式）→ a:active（鼠标左键按下瞬间的链接样式）。可以简单记为 L-V-H-A。

8.8　学习效果自测

一、选择题

1. CSS 的全称是（　　　），中文译作（　　　）。

　　A. Cascading Style Sheets，层叠样式表

　　B. Cading Style Sheets，层次样式表

　　C. Cading Style Sheets，层叠样式表

　　D. Cascading Style Sheets，层次样式表

2. 下面属于类选择器的是（　　　）。

　　A. #myTable 　　　　　　　B. .mystyle 　　　　　　　C. td 　　　　　　　D. #mylink a:hover

3. 选择器类型为"标签"，表示（　　　）。

　　A. 用户自定义的 CSS 样式可以应用到网页中的任何标签上

　　B. 对现有的 HTML 标签进行重新定义，当创建或改变该样式时，所有应用了该样式的格式都会自动更新

　　C. 对某些标签组合或者是含有特定 ID 属性的标签进行重新定义样式

　　D. 以上说法都不对

4. 如果要使一个网站的风格统一并便于更新，在使用 CSS 样式的时候，最好使用（　　　）。

　　A. 外部链接样式表 　　　　B. 内嵌式样式表 　　　　C. 局部应用样式表 　　　　D. 以上三种都一样

5. 下面属于 ID 选择器的是（　　　）。

　　A. img 　　　　　　　　B. a:link 　　　　　　　　C. #main 　　　　　　　　D. . tdstyle

二、判断题

1. 使用 CSS 样式表可以将网页的格式和结构分离。（　　　）

2. 在 Dreamweaver CC 2018 中，只能通过使用"CSS 设计器"面板定义 CSS 样式。（　　　）

3. 在定义类样式表时，类样式表的名称可以任意设置。（　　　）

4. 在"CSS 设计器"中指定的宽度即为整个盒模型的宽度。（　　　）

三、填空题

1. 在 Dreamweaver CC 2018 中，可以使用（　　　）编辑 CSS 层叠样式表。

2. CSS 样式表文件的扩展名为（　　　）。

3. 在 Dreamweaver CC 2018 中，根据选择器的不同类型，CSS 样式被划分为四大类，即（　　　）、（　　　）、（　　　）、（　　　）。

4. 超链接样式包括（　　　）、（　　　）、（　　　）、（　　　）。

5. 在页面中定义的 CSS 样式表会位于页面 HTML 代码的（　　　）标签当中。

四、操作题

仿照本章的实例精讲，制作一个简单的页面，并使用 CSS 样式表美化页面。

第 9 章

创建表单网页

本章导读

　　浏览者在浏览网页时，常会遇到一些互动的网页，如会员注册、留言板、评论等，这些网页称为表单页面。使用表单可以收集来自用户的信息，建立网站与浏览者之间沟通的桥梁。获取用户购物订单，收集、分析用户的反馈意见，作出科学合理的决策，是一个网站成功的重要因素。表单是交互式网站的基础，在网页中得到广泛应用。

　　表单中包含多种对象（也称作表单控件）。如，用于输入文字的文本域、用于发送命令的按钮、用于选择的单选框和复选框、用于预置信息的选择框，等等。如果熟悉某种脚本语言，用户还可以编写脚本或应用程序来验证输入信息的正确性。

　　本章将着重介绍表单及表单控件的属性设置，并结合练习实例，使读者掌握创建表单网页的方法。

学习要点

- ◆ 了解表单的基本概念
- ◆ 掌握设置表单元素的属性
- ◆ 熟悉表单提交与验证的方法
- ◆ 学习制作表单网页实例

9.1 认识表单

表单是 Internet 用户与服务器进行信息交流最重要的工具。一个完整的表单应该有两个重要组成部分：一是含有表单和表单控件的网页文档，用于收集用户输入的信息；另一个是用于处理用户输入信息的服务器端应用程序或客户端脚本，如 CGI、JSP、ASP，等等。用户提交表单之后，即可将表单内容传送到服务器上，并由事先撰写的脚本程序处理，最后再由服务器将处理结果传回给浏览者，即提交表单之后出现的页面。

9.1.1 插入表单

在"设计"视图中要插入表单的位置单击，然后执行"插入"|"表单"|"表单"命令；或者在如图 9-1 所示的"表单"插入面板上单击"表单"按钮 ，即可在页面中插入表单，如图 9-2 所示，用红色的虚线框表示插入的表单。

图 9-1 "表单"插入面板

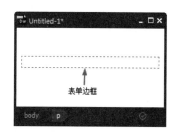

图 9-2 插入的表单

如果看不到虚线框，可以执行"查看"|"设计视图选项"|"可视化助理"|"不可见元素"命令，显示红色的轮廓线。

> 🔒 **提示**：表单标记可以嵌套在其他 HTML 标记中，其他 HTML 标记也可以嵌套在表单中。但是，一个表单不能嵌套在另一个表单中。

9.1.2 设置表单属性

与其他网页元素一样，表单也有对应的"属性"面板。将鼠标指针移到插入的表单上单击选中表单，然后选择"窗口"|"属性"命令，即可打开如图 9-3 所示的表单属性面板。

图 9-3 表单的"属性"面板

- ID：对表单命名以进行识别。该名称对应于 <form> 标签的 ID 属性，必须唯一。只有为表单命名后，表单才能被脚本语言引用或控制。
- 类（Class）：为表单指定 CSS 样式。
- 动作（Action）：指明用于处理表单信息的脚本或动态页面的路径。如果希望该表单通过 E-mail 方式发送，而不被服务器端脚本处理，则输入 mailto:+ 希望发送到的 E-mail 地址，例如

mailto:webmaster@website.com。

⊶ 方法（Method）：选择将表单数据传输到服务器的方法。"POST" 方法把表单数据嵌入到 HTTP
请求中发送，对传送的数据量没有限制；"GET" 方法把表单数据附加到请求 URL 中发送，对传
送的数据量做了限制；"默认" 方法使用浏览器的默认设置将表单数据发送到服务器。默认方法
为 GET。

> **提示**：不要使用 GET 方法发送长表单。URL 的长度限制在 8192 个字符以内。如果发送的
数据量太大，数据将被截断，从而导致意外的或失败的处理结果。而且，在发送机密用户名和密码、
信用卡号或其他机密信息时，用 GET 方法传递信息不安全。

⊶ 目标（Target）：用于设置表单被处理后，反馈网页打开的方式。有四个选项，意义与超级链接的"目
标" 属性相同，在此不再重复介绍。

⊶ 编码类型（Enctype）：指定对提交给服务器进行处理的数据使用的 MIME 编码类型。默认设置
application/x-www-form-urlencode 通常与 POST 方法协同使用。如果要创建文件上传域，则应指
定 multipart/form-data 类型。

⊶ 字符集（Accept Charset）：可接受的字符集。它标示文档的语言编码。Dreamweaver CC 2018 默认
使用 UTF-8 编码创建 Unicode 标准化表单。

⊶ 不验证（No Validate）：提交表单时不对 form 或 input 域进行验证。

⊶ 自动完成（Auto Complete）：在表单项中输入字符后，将显示可自动完成输入的候选项列表。

⊶ 标题（Title）：指定表单的额外信息，在浏览器中显示为工具提示。

例如，在属性面板上的 ID 文本框中输入 firstform；Action 文本框中输入 result.asp；在 Target 下拉列
表中选择 "_blank"，其他保留默认设置。在 "代码" 视图中看到类似如下的代码：

```
<form id="firstform" action="result.asp" method="post" target="_blank" >
</form>
```

如图 9-4 所示。

图 9-4　表单的相关代码

这段代码表示将名为 firstform 的表单以 post 的方式提交给 result.asp 进行处理，且提交结果在一个新
的页面显示，提交的 MIME 编码为默认的 application/x-www-form-urlencode 类型。

> **注意**：在 Dreamweaver CC 2018 中，可以设置的属性包括 HTML5 规范中列出的所有属性。
所有这些属性并非都存在于 "属性" 面板中，用户可以在 "代码" 视图中添加不存在于 "属性" 面
板中的属性。

9.2 创建表单控件

创建表单之后，就可以在表单内创建各种表单控件。表单的所有元素都应包含在表单标签<form>…</form>之中。在 Dreamweaver CC 2018 中，对表单对象的操作命令，主要集中在"插入"|"表单"命令中；或如图 9-5（a）所示的"表单"插入面板中。隐藏标签后的"表单"面板如图 9-5（b）所示。

(a)

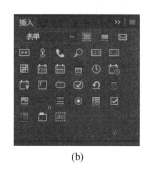
(b)

图 9-5　"表单"面板

9.2.1　文本域

文本域是网页中供用户输入文本的区域，可以接受任何类型的文本、字母或数字。Dreamweaver CC 2018 中的文本域有三种：文本字段、文本区域和密码。

1. 插入文本字段

文本字段是通常用于插入单行文本的文本框。切换到表单的"设计"视图，在要插入文本字段的位置单击鼠标，执行"插入"|"表单"|"文本"命令，或者单击"表单"插入面板中的"文本"按钮，如图 9-6 所示，即可插入一个文本字段，如图 9-7 所示。

图 9-6　选择"文本"按钮

图 9-7　插入文本字段

> **提示：** 插入表单控件之前，应先创建表单。如果表单控件不在表单中，其对应的参数值不能被提交。

选中插入的文本字段，可以修改文本字段的标签占位文本"Text Field："，还可以在如图 9-8 所示的"属性"面板上设置属性。

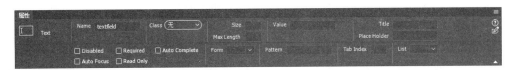

图 9-8 "属性"面板

➥ Name（名称）：用于设置文本字段的唯一名称，可以使用字母、数字、字符和下画线的任意组合，但不能包含空格或特殊字符。该名称可以被脚本或程序引用。

➥ Size（字符宽度）：用于设置文本字段的宽度，单位为字符数或像素。

➥ Max Length（最多字符数）：用于设置文本字段中最多可以输入的字符数。

➥ Value（初始值）：用于设置文本字段被显示时的初始文本。

➥ Read Only（只读）：用于将文本字段的值设置为只读。

➥ Required（必填）：用于指定在将表单提交给服务器时，文本字段是否必须包含数据（不能为空）。

➥ Disabled（禁用）：禁用文本字段。

➥ Auto Focus（自动聚焦）：在页面加载时，该域自动获取焦点。该 HTML5 表单元素属性适用于所有 <input> 标签的类型。

➥ Form（表单）：指定文本字段所属的表单。该属性适用于所有 <input> 标签的类型，必须引用所属表单的 id。

> **提示**：如需引用一个以上的表单，使用空格进行分隔。

➥ Pattern（匹配）：指定文本字段内容的模式（正则表达式），用于验证输入的内容是否合乎要求。

➥ Tab Index（Tab 键索引）：辅助功能，为表单对象指定在当前文档中的 Tab 顺序。如果为一个对象设置 Tab 顺序，则须为所有对象设置 Tab 顺序。

➥ Place holder：用于设置描述输入字段的预期值的提示信息。输入域为空时显示提示信息，输入域获得焦点时提示信息消失。

➥ List（列表）：指定输入字段的选项列表。

例如，将文本字段的标签占位文本"Text Field："修改为"昵称："；在"属性"面板上的"Name"文本框中输入字段的名称"textfield"；在"Size"（字符宽度）中输入 20，"Max Length"（最大字符数）设置为 18；在"Value"（初始值）文本框输入"行云流水"，页面效果如图 9-9 所示。

2. 插入密码字段

如果用户希望保护自己的输入信息不被他人看到时，可以使用密码字段。密码字段和文本字段的设置方法相同，不同的是，在密码字段中输入字符时，字符将自动以"●"符号或者"*"符号显示，从而起到保密的作用。

切换到表单的"设计"视图，在要插入密码字段的位置单击，执行"插入"|"表单"|"密码"命令，或在"表单"插入面板中单击"密码"按钮，如图 9-10 所示，即可插入一个密码字段，如图 9-11 所示。

图 9-9 添加文本字段效果

图 9-10 选择"密码"按钮

图 9-11 插入密码字段

选中"密码"表单对象，可以在"属性"面板上看到如图 9-12 所示的属性。

图 9-12　"密码"属性面板

各项属性的功能与文本字段的属性类似，这里不再重复介绍。

例如，将密码字段的标签占位文本"Password："修改为"密码："，然后在属性面板中设置"Name（名称）"为"pwd"；"Size（字符宽度）"为 14，"Max Length（最多字符数）"为 12；"Value（初始值）"为"Vivian"，页面效果如图 9-13 所示。

> 💡 **提示：** 输入密码字段中的信息不会以任何方式被加密，并且当发送到 Web 管理者手中时，它会以常规文本的形式显示。

3. 插入文本区域

切换到表单的"设计"视图，在要插入文本区域的位置单击，执行"插入"|"表单"|"文本区域"命令，或在"表单"插入面板中单击"文本区域"按钮，如图 9-14 所示，即可插入一个文本区域，如图 9-15 所示。

图 9-13　输入密码效果

图 9-14　选择"文本区域"按钮

图 9-15　插入文本区域

"文本区域"的"属性"面板，如图 9-16 所示。

图 9-16　"文本区域"属性面板

- ↘ Rows（行数）：可用于设置文本区域中可显示的行数。
- ↘ Cols（列数）：可用于设置每行的字符数。
- ↘ Wrap（换行）：设置多行文本的换行方式。如果选择"默认"和"soft"，则输入的文本内容超过文本区域的右边界时，文本自动换到下一行，当提交数据进行处理时，数据作为一个数据字符串进行提交。如果选择"hard"，则在文本区域中设置自动换行，当提交数据进行处理时，也对这些数据设置自动换行。

例如，将文本区域的标签占位文本"Text Area："修改为"自我介绍："；在"属性"面板中设置 Name（名称）为"info"；"Cols"（字符宽度）为 30，"Rows"（行数）为 5，即最多能输入的文本行数为 5 行；"Value

（初始值）"为"个人资料说明"，此时的页面效果如图 9-17 所示。

9.2.2 单选按钮

在表单中使用单选按钮可以设置预定义的选项。单选按钮所有的待选项是一个整体，对于选项的选择具有独占性，也就是说，在单选按钮的待选项中，只允许有一个选项处于被选中状态。

1. 插入单选按钮

切换到表单的"设计"视图，在要插入单选按钮的位置单击，执行"插入"|"表单"|"单选按钮"命令，或在"表单"插入面板中单击"单选按钮"按钮，如图 9-18 所示，即可插入一个单选按钮，如图 9-19 所示。

图 9-17　添加文本区域效果　　　图 9-18　选择"单选按钮"　　　图 9-19　插入单选按钮

"单选按钮"控件的"属性"面板，如图 9-20 所示。

图 9-20　"单选按钮"属性面板

- ➥ Name（名称）：用于设置单选按钮的名称。该名称可以被脚本或程序所引用。
- ➥ Value（选定值）：用于设置该单选按钮被选中时的值，这个值将会随表单一起提交。

- ➥ Checked（选中）：用于设置单选按钮的初始状态是否为选中。同一组单选按钮中只能有一个按钮的初始状态是选中的。

例如，插入两个单选按钮，修改第一个单选按钮的标签为"男"，在"属性"面板上设置 Name（名称）为"gender"，Value（选定值）为"0"，不选中 Checked（选中）复选框；修改第二个单选按钮的标签为"女"，在"属性"面板上设置 Name（名称）为"gender"，Value（选定值）为"1"，不选中 Checked（选中）复选框，页面效果如图 9-21 所示。

图 9-21　插入的单选按钮效果

> 💡 **注意**：由于单选按钮是以组为单位的，因此这一组单选按钮必须拥有同一个名称，但值不能相同。

2. 插入单选按钮组

如果需要添加的单选按钮很多，逐个地添加，然后再逐个地改名，实现起来特别繁琐。使用"单选按钮组"则可以一次建立一组单选按钮。

切换到表单的"设计"视图，在要插入单选按钮的位置单击，执行"插入"|"表单"|"单选按钮组"命令，或在"表单"插入面板中单击"单选按钮组"按钮，如图 9-22 所示。图 9-23 所示为"单选按钮组"对话框。

图 9-22　选择"单选按钮组"　　　　　图 9-23　"单选按钮组"对话框 1

- ❧ 名称：用于定义单选按钮组的名称。
- ❧ 标签：用于设置单选按钮的标签名称。单击占位文本"单选"，该文本框即变为可编辑状态，输入要在页面上显示的单选按钮的标签。
- ❧ 值：用于设置该选项被选中时对应的值。单击占位文本"单选"，该文本框即变为可编辑状态，输入值。
- ❧ ➕和➖按钮：用于添加和删除单选按钮。
- ❧ ▲和▼按钮：用于调整当前选中的单选按钮在单选按钮组中的位置。
- ❧ 布局，使用：用于设置单选按钮组中各个单选按钮的分隔方式。

例如，设置单选按钮组的名称为 t1，各个选项的标签和对应的值如图 9-24 所示。布局方式使用"表格"，单击"确定"按钮，即可在页面中插入如图 9-25 所示的单选按钮组。

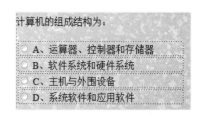

图 9-24　"单选按钮组"对话框（2）　　　　图 9-25　插入的单选按钮组

分别选中各个选项，在"属性"面板上可以看到所有选项使用共同的名称，以及各个选项对应的值。在这里，用户可以设置各个单选按钮的其他属性。

9.2.3　复选框

与单选按钮类似，复选框也用于设置预定义的选项。不同的是每个复选框都是独立的，选中与否只是在进行单个选项的"打开"与"关闭"状态切换，因此可以选中多个选项。

1. 插入复选框

切换到表单的"设计"视图，在要插入复选框的位置单击，执行"插入"|"表单"|"复选框"命令，或在"表单"插入面板中单击"复选框"按钮，如图 9-26 所示，即可插入一个复选框，如图 9-27 所示。

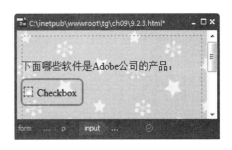

图 9-26 选择"复选框"　　　　　图 9-27 "单选按钮组"对话框

"复选框"控件的"属性"面板，如图 9-28 所示。

图 9-28 复选框的"属性"面板

➹ Name（名称）：用于设置复选框的名称。该名称可以被脚本或程序所引用。

> 💡 **注意**：与单选按钮不同，由于每一个复选框都是独立的，因此应为每个复选框设置唯一的名称。

➹ Value（值）：用于设置该复选框被选中时的值，这个值将会随表单提交。

➹ Checked（选中）：用于设置复选框的初始状态是否为选中。

例如，在页面中插入四个复选框，为每个选项设置不同的 Name（名称）和 Value（值），并分别修改复选框的标签占位文本，页面效果如图 9-29 所示。

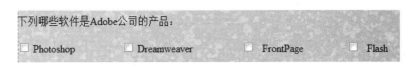

图 9-29 插入复选框的效果 1

2. 插入复选框组

使用"复选框组"控件可以一次建立一组复选框。

切换到表单的"设计"视图，在要插入复选框组的位置单击，执行"插入"|"表单"|"复选框组"命令，或在"表单"插入面板中单击"复选框组"按钮，如图 9-30 所示，弹出如图 9-31 所示的"复选框组"对话框。

图 9-30 选择"复选框组"

图 9-31 "复选框组"对话框

该对话框的设置与"单选按钮组"对话框的设置相同，这里不再重复介绍。

例如，设置复选框组的名称为 QX，各个选项的标签和对应的值如图 9-32 所示。布局方式使用"换行符"，单击"确定"按钮，即可在页面中插入如图 9-33 所示的复选框组。

图 9-32 插入复选框组的效果 2

图 9-33 插入复选框组的效果 3

分别选中各个选项，在"属性"面板上可以看到所有选项使用共同的名称，以及各个选项对应的值。在这里，用户可以设置各个复选框的其他属性。

9.2.4 选择框

选择框能够以列表的形式提供一系列的预设选择项，这对于空间有限的页面来说，是非常不错的选择。在 Dreamweaver CC 2018 中，用户可以在表单中插入两种类型的选择框：一种是单击时"下拉"的菜单；另一种是显示可选项的滚动列表。在"属性"面板中创建这两种选择框的方式是一样的，却可提供不同的功能。

> 下拉菜单：通过下拉方式显示多个可选项，一般只允许选择一个可选项。

> 列表：通过类似浏览器滚动条的滚动框显示多个可选项，并可以自定义滚动框的行高，允许浏览者选择一个或多个选项。

切换到表单的"设计"视图，在要插入选择框的位置单击，执行"插入"|"表单"|"选择框"命令，或在"表单"插入面板中单击"选择框"按钮，如图 9-34 所示，即可插入一个选择框，如图 9-35 所示。

"选择框"控件的"属性"面板，如图 9-36 所示。

> Size（大小）：用于设置列表显示的大小。

> 列表值：用于设置列表内容。

图 9-34 选择"选择框"

图 9-35 插入的选择框

图 9-36 选择框的"属性"面板

❧ Multiple（允许多选）：用于设置是否允许选择多项列表值。

❧ Selected（初始化时选定）：用于设置"列表 | 菜单"的默认选项。

此时预览页面，会发现选择框为空，还没有列表项。单击"属性"面板上的"列表值"按钮打开"列表值"对话框，如图 9-37 所示。在这里可以添加或修改列表项。

❧ 项目标签：用于设置列表项的显示文本。

❧ 值：用于设置列表项选中时对应的值。

❧ ➕和➖按钮：用于添加和删除列表项。

例如，将选择框的标签占位文本修改为"请选择一个最喜欢的产品："；在"属性"面板上设置 Name（名称）为 product；单击"列表值"按钮，各个列表项的标签和对应的值如图 9-38 所示。单击"确定"按钮，设置 Selected（初始时选中）为 Adobe Dreamweaver，页面效果如图 9-39 所示。单击选择框，将弹出下拉列表。

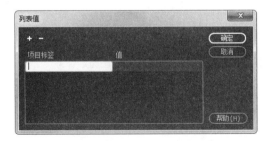

图 9-37 "列表值"对话框 1

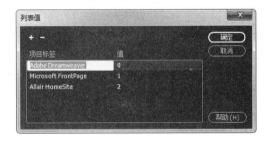

图 9-38 "列表值"对话框 2

图 9-39 插入选择框的效果 1

同样的方法，在"属性"面板上设置第二个选择框的 Size 为 3，选中"Multiple（允许多选）"复选框，在浏览器中的预览效果如图 9-40（a）所示。拖动滚动条可以浏览选项，按住 Shift 键或 Ctrl 键可以选择连续或不连续的多个选项，如图 9-40（b）所示。

图 9-40　插入选择框的效果 2

9.2.5　文件域

有时候，需要访问者提供的信息过于复杂，无法通过文本域上传到服务器，如经过排版的简历、图形文件或其他文件。在网页中加入文件域可以达到这个目的，前提条件是服务器支持文件匿名上传功能，且有能处理文件提交操作的页面。此外，文件域要求使用 POST 方法将文件从浏览器传输到服务器。

切换到表单的"设计"视图，在要插入选择框的位置单击，执行"插入"|"表单"|"文件"命令，或在"表单"插入面板中单击"文件"按钮，如图 9-41 所示。即可插入一个文件域，如图 9-42 所示。

图 9-41　选择"文件"

图 9-42　插入的文件域

"文件"控件的"属性"面板，如图 9-43 所示。

图 9-43　"文件"控件的"属性"面板

- Name（名称）：用于设置文件域的名称，可以被脚本或程序所引用。
- Multiple（多选）：选中该选项后，选择文件时允许同时选择多个文件。

例如，将"文件"控件的标签占位文本修改为"个人风采："，在浏览器中的效果如图 9-44 所示。单击"浏览"按钮，将弹出"选择性加载的文件"对话框，选择需要上传的文件后，单击"打开"按钮，即可在"文件"控件中填充指定文件的路径，如图 9-45 所示。

 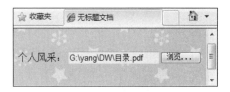

图 9-44 "文件"控件的效果　　　　　　图 9-45 选择文件上传

9.2.6 按钮

按钮对于表单来说，是必不可少的。表单中的按钮控件是用于触发服务器端脚本处理程序的工具。只有通过按钮的触发，才能把用户填写的信息传送到服务器端，实现信息的交互。Dreamweaver CC 2018 提供了三种基本类型的按钮。

1. 插入"提交"按钮

"提交"按钮使用 POST 方法将表单提交给指定的动作进一步处理。

切换到表单的"设计"视图，在要插入按钮的位置单击，执行"插入"|"表单"|"提交"按钮命令，或在"表单"插入面板中单击"提交"按钮图标，如图 9-46 所示，即可插入一个"提交"按钮，如图 9-47 所示。

图 9-46 选择"提交"按钮　　　　　　图 9-47 插入的"提交"按钮

"提交"按钮的"属性"面板，如图 9-48 所示。

图 9-48 "提交"按钮的"属性"面板

- Name（名称）：用于设置按钮的名称，默认为 submit。该名称可以被脚本或程序引用。
- Value（值）：用于设置按钮的标识，该标识将显示在按钮上，默认为"提交"。
- Form No Validate（不验证）：提交表单时不对 form 或 input 域进行验证。

2. 插入"重置"按钮

"重置"按钮用于把表单各控件的值恢复到初始状态，以便重新输入表单数据。

切换到表单的"设计"视图，在要插入按钮的位置单击，执行"插入"|"表单"|"重置"按钮命令，或在"表单"插入面板中单击"重置"按钮图标，如图 9-49 所示，即可插入一个重置按钮，如图 9-50 所示。

图 9-49　选择"重置"按钮

图 9-50　插入的"重置"按钮

"重置"按钮的"属性"面板，如图 9-51 所示。

图 9-51　"重置"按钮的"属性"面板

该按钮控件的属性与"提交"按钮的属性基本相同，不再重复介绍。不同的是 Name（名称）属性的值默认为 reset，Value（值）属性的值默认为"重置"。

3. 插入"按钮"

普通按钮（或称无动作按钮）在单击时不产生任何动作，用户可以为该按钮指定要执行的动作。

切换到表单的"设计"视图，在要插入按钮的位置单击，执行"插入"|"表单"|"按钮"命令，或在"表单"插入面板中单击"按钮"图标，如图 9-52 所示，即可插入一个普通按钮。

普通按钮的属性与"重置"按钮的属性基本相同，不同的是 Name（名称）属性的值默认为 button，Value（值）属性的值默认为"提交"。

图 9-52　选择"按钮"

9.2.7　图像按钮

在表单中，"图像按钮"不仅可以替代"提交"按钮执行将表单数据提交给服务器端程序的功能，而且可以使网页更为美观。

切换到表单的"设计"视图，在要插入按钮的位置单击，执行"插入"|"表单"|"图像按钮"命令，或在"表单"插入面板中单击"图像按钮"图标，如图 9-53 所示，即可插入一个图像按钮，如图 9-54 所示。

图 9-53　选择"图像按钮"

图 9-54　插入的图像按钮

"图像按钮"控件的"属性"面板，如图 9-55 所示。

图 9-55 "图像按钮"控件的"属性"面板

- ➥ Name（名称）：用于设置图像按钮的名称，可以被脚本或程序引用。
- ➥ Src（源文件）：用于设置图像的 URL 地址。
- ➥ Form Action（动作）：用于指定图像按钮的动作脚本文件。
- ➥ Alt（替换）：用于设置图像的替换文字，当浏览器不显示图像时，会用输入的文字替换图像。
- ➥ "编辑图像"：启动默认的图像编辑器打开图像文件进行编辑。

设置以上属性后，图像按钮还不能实现"提交"按钮的功能，还应指定图像按钮的 value（值）属性。该属性不能在"属性"面板上直接设置，需要在"代码"视图中指定。

切换到"拆分"视图，在"设计"视图中单击图像按钮，"代码"视图中相应的代码将突出显示，在图像按钮代码中加上 value 属性，并指定值，此时的图像按钮代码如下：

```
<input name="submit" type="image" id="submit" form="form1" formaction="result.aspx"
src="../images/email.jpg" alt="提交" value="submit" >
```

保存文档。在浏览器中预览页面，单击图像按钮将跳转到指定的表单处理页面。

9.2.8 上机练习——制作个人信息采集页面

 练习目标

通过以上对基础知识的介绍，结合"个人资料填写"网页的制作实例，使读者掌握设置表单和各种表单控件属性的方法。

 设计思路

首先新建一个空白的网页文件，在页面中插入表单，并使用表格设计页面布局；然后在单元格中插入表单控件，并设置控件的属性，最终效果如图 9-56 所示。

9-1 上机练习——制作个入
信息采集页面

图 9-56 表单结构效果

操作步骤

（1）新建文件。启动 Dreamweaver CC 2018，执行"文件"|"新建"命令，在弹出的"新建文档"对话框中，设置页面类型为 HTML，无框架，单击"创建"按钮，新建一个空白的 HTML 文档。

（2）设置标题属性。在页面中输入标题文本"个人资料填写"，选中文本，在"属性"面板上的"格式"下拉列表中选择 h2；然后切换到 CSS 属性区域，设置目标规则为 h2，颜色为红色（#FF0000），且居中对齐，如图 9-57 所示。

图 9-57 设置标题属性

（3）插入表单。标题文字下方单击，执行"插入"|"表单"|"表单"命令；在属性面板上设置表单 ID 为 form1，Action（动作）为 mailto:webmaster@hotmail.com，Method（方法）为 POST，Enctype（编码）为 text/plain。

（4）插入表格排版。执行"插入"|"表格"命令，在表单内插入一个 7 行 1 列的表格，宽度为 400 像素，"边框"值为 0，单元格间距为 0；然后在"属性"面板上设置表格的"对齐"方式为"居中对齐"。选中所有单元格，设置单元格高度为 40，"背景颜色"为绿色（#66CC99），单元格内容垂直对齐方式为"居中"；选中第 1 行至第 6 行，设置单元格内容水平"左对齐"，如图 9-58 所示。

图 9-58 设置表格和单元格的属性

（5）插入文本域。将指针放置在第 1 行单元格中，执行"插入"|"表单"|"文本"命令，插入一个文本字段。选中文本字段，将标签占位文本修改为"姓名："，然后在"属性"面板上设置 Name（名称）为 name，Size（宽度）为 20，Max Length（最多字符数）为 20，关联的表单为 form1。

（6）插入单选按钮。将鼠标指针放置在第 2 行单元格中，输入文本"性别："，然后执行"插入"|"表单"|"单选按钮"命令。选中单选按钮，将标签占位文本修改为"男"，在"属性"面板上设置 Name（名称）为 gender，Value（值）为 0，并选中 Checked（已选中）复选框；同样的方法，插入第二个单选按钮，Name（名称）为 gender，Value（值）为 1，不选中 Checked（已选中）复选框，此时的页面效果如图 9-59所示。

（7）插入密码域。将鼠标指针放置在第 3 行单元格中，执行"插入"|"表单"|"密码"命令。选中密码域，将标签占位文本修改为"密码"，在"属性"面板上设置 Name（名称）为 password，Size（宽度）为 20，Max Length（最多字符数）为 20，此时的页面效果如图 9-60 所示。

（8）插入选择框。将鼠标指针放置在第 4 行单元格中，执行"插入"|"表单"|"选择"命令。选中选择框，将标签占位文本修改为"学历"，在"属性"面板上设置 Name（名称）为 edu，Size（高度）为 1；单击"列表值"按钮，在弹出的"列表值"对话框中输入项目标签和对应的值，单击➕按钮，可以添加选择项，如图 9-61 所示。单击"确定"按钮，页面效果如图 9-62 所示。

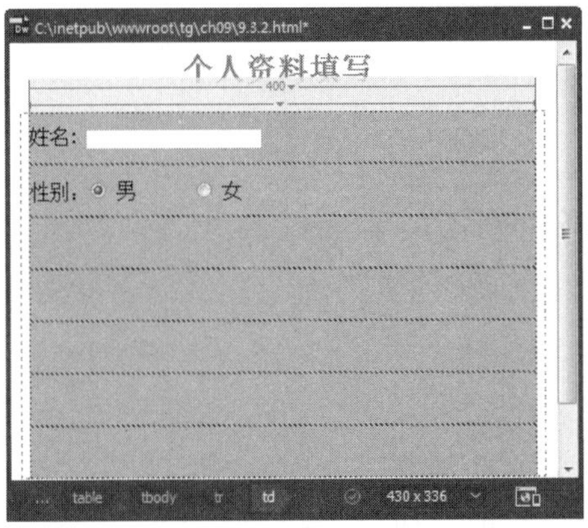

图 9-59 插入文本域和单选按钮效果

图 9-60 插入密码域效果

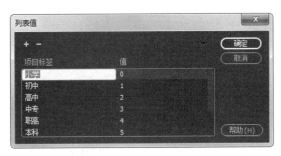

图 9-61 "列表值"对话框

图 9-62 插入选择框效果

（9）插入复选框。将鼠标指针放置在第 5 行单元格中，输入文本"爱好："，然后执行"插入"|"表单"|"复选框"命令。选中复选框，将标签占位文本修改为"音乐"，在"属性"面板上设置 Name（名称）为 music，Value（值）为 0，并选中 Checked（已选中）复选框；同样的方法，插入第二个复选框，设置 Name（名称）为 movie，Value（值）为 1，不选中 Checked（已选中）复选框，此时的页面效果如图 9-63 所示。

（10）插入文本区域。将鼠标指针放置在第 6 行单元格中，执行"插入"|"表单"|"文本区域"命令。选中文本区域，将标签占位文本修改为"备注"，在"属性"面板上设置 Name（名称）为 note，Rows（行）为 3，Cols（列）为 20，此时的页面效果如图 9-64 所示。

图 9-63 插入复选框效果

图 9-64 插入文本区域效果

（11）拆分单元格。将鼠标指针放置在第 7 行单元格中，在"属性"面板上设置单元格内容水平对齐方式为"居中"。然后单击"拆分单元格"按钮，在弹出的"拆分单元格"对话框中，把单元格拆分为"列"，列数为 2，如图 9-65 所示。

（12）插入按钮。将鼠标指针放置在第 1 列单元格中，执行"插入"|"表单"|"提交按钮"命令。将鼠标指针放置在第 2 列单元格中，执行"插入"|"表单"|"重置按钮"命令，在"属性"面板上将 Value（值）修改为"清空"，此时的页面效果如图 9-66 所示。

至此，页面制作完成。在浏览器中的预览效果如图 9-56 所示。

9.2.9　HTML5 表单元素

Dreamweaver CC 2018 提供多个 HTML5 表单元素，如日期、时间、电子邮件、电话号码、URL、数字、范围、搜索等，如图 9-67 所示。这些表单元素提供了更好的输入控制和验证。

图 9-65　"拆分单元格"对话框

图 9-66　插入按钮效果

图 9-67　HTML5 表单元素

> **注意：** 目前浏览器对 HTML5 新的输入类型还没有完全支持，不过已经可以在所有主流的浏览器中使用它们了。即使不被支持，仍然可以显示为常规的文本域。

1. 电子邮件

E-mail 类型用于输入 E-mail 地址，且在提交表单时，会自动验证电子邮件域的值。在表单中插入电子邮件控件之后，在"代码"视图中可以看到如下所示的代码：

```
<label for="email">Email:</label>
  <input type="email" name="email" id="email">
```

如果在电子邮件控件中没有填写正确的邮件格式，提交表单时会显示提示说明，如图 9-68 所示。

图 9-68　验证电子邮件地址

2. URL

URL 类型用于填写 URL 地址，在提交表单时，会自动验证 URL 域的值。在表单中插入 URL 控件之后，在"代码"视图中可以看到如下所示的代码：

```
<label for="url">Url:</label>
<input type="url" name="url" id="url">
```

如果在 Url 控件中没有填写正确的 Url 格式，提交表单时会显示提示说明，如图 9-69 所示。

3. 数字

Number 类型用于验证输入数值，显示为微调框，用户可以指定数字的范围、步长和默认值。如果没有填写正确的数字格式，提交表单时会显示提示说明，如图 9-70 所示。

4. 范围

Range 类型用于显示一定范围内的数字，显示为滑动条，如图 9-71 所示。

图 9-69　验证 Url 地址　　　　图 9-70　验证数字　　　　图 9-71　范围

5. 日期选择器

在 Dreamweaver CC 2018 中，HTML5 拥有多个可供选取日期和时间的输入类型。

➥ 月（month）：用于选取月、年，如图 9-72 所示。

➥ 周（week）：用于选取周和年，如图 9-73 所示。

➥ 日期（date）：用于选取日、月、年，如图 9-74 所示。

图 9-72　选取月　　　　　图 9-73　选取周　　　　　图 9-74　选取日期

➥ 时间（time）：使用微调框选取时间（小时和分钟），如图 9-75 所示。

➥ 日期时间（datetime）：用于选取时间、日、月、年（UTC 时间）。

➥ 日期时间（当地）（datetime-local）：用于选取时间、日、月、年（本地时间），如图 9-76 所示。

图 9-75　选取时间　　　　　　　图 9-76　日期时间（当地）

6. 颜色选择器

颜色选择器用于选取颜色，显示为下拉列表，如图 9-77 所示。

7. 搜索

search 类型用于搜索域，比如站点搜索。search 域显示为常规的文本域，如图 9-78 所示。

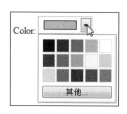

图 9-77　颜色选择器

图 9-78　搜索域

9.3　表单提交与验证

在文档中创建表单及其控件，并不能完成信息的交互。要想在网页中实现信息的真正交互，还必须使用脚本或应用程序来处理相应的信息。脚本或应用程序由 form 标签中的 action 属性指定。此外，设置表单的主要目的是为了通过网络收集到正确有效的信息，因此，在提交表单时应进行一些处理，检查表单控件输入的有效性。

9.3.1　用 E-mail 提交表单

将整个表单制作完成后，接着就是要设置表单提交的位置。一般网站管理员都会将表单交由服务器、ASP、CGI 或 Perl 等程序来处理，如果需要完成的操作比较简单，也可以使用 JavaScript 脚本在客户端进行处理，这种方式对初学者来说比较复杂。其实，还有一个比较简单的方法，就是利用 E-mail 直接收集浏览者填写的表单信息。

选中整个表单，在"属性"面板的 Action（动作）文本框中输入 mailto:e-mail 地址 ?subject= 主题内容，例如 mailto:webmaster@website.com?subject= 网站反馈意见；在 Method（方法）下拉列表中选择"POST"；在 Enctype（编码）文本框中输入 text/plain，将表单内容转换为纯文字格式，如图 9-79 所示。

图 9-79　设置表单动作、方法和编码

> **注意：**这种提交表单的方式只适合 Outlook 用户。收到的 E-mail 邮件中会列出表单中每一个字段的输入或者选择结果，如果没有为表单控件指定合适的 Name 属性，则提交的信息就无法一目了然。

9.3.2　上机练习——验证必填信息是否为空

 练习目标

通过以上对基础知识的介绍，结合本节练习实例的制作，使读者熟悉使用 JavaScript 脚本检查表单数据有效性的方法。

9-2　上机练习——验证必填信息是否为空

 设计思路

首先打开已制作好的个人信息采集页面，然后设置按钮的属性，使用 JavaScript 脚本检查表单数据的有效性，最后添加按钮响应事件。

操作步骤

（1）打开文件。启动 Dreamweaver CC 2018，执行"文件"|"打开"命令，在弹出的"打开"对话框中选择 9.2.8 节制作的表单网页，单击"打开"按钮。

在浏览器中测试网页时会发现，在表单中不填任何数据，或填的数据无效，单击"提交"按钮后仍然会发送邮件。为了解决这个问题，可以用 JavaScript 脚本对表单控件的值进行有效性检查。

（2）设置"提交按钮"的属性。选中按钮，在"属性"面板上设置 Form Action（动作）为 mailto:webmaster@hotmail.com?subject= 资料信息反馈，Method（方法）为 POST，Enc type（编码）为 text|plain，关联的表单为 form1，如图 9-80 所示。

图 9-80　设置按钮属性

（3）添加脚本。在"设计"视图中选中"提交"按钮，切换到"代码"视图，在选中的代码后输入以下 JavaScript 程序段：

```
<script type="text/javascript">
function checkForm(){
    if(document.form1.name.value==""){
        alert("用户名不能为空！");
        return false;
    }
    if(document.form1.password.value==""){
        alert("密码不能为空！");
        return false;
    }
    return true;
}

</script>
```

图 9-81　插入脚本

如图 9-81 所示。

（4）添加按钮响应事件。选中"提交"按钮对应的代码，添加按钮响应事件 onclick="return checkForm();"。修改后的代码如下：

```
<input name="submit" type="submit" id="submit" form="form1" formaction="mailto:webmaster@
website.com?subject= 资料信息反馈 " formenctype="text/plain" formmethod="POST" onclick="return
checkForm(); value=" 提交 ">
```

（5）保存文档，至此制作全部完成。可以在浏览器中打开页面进行测试。

本例网页的最终功能有输入姓名和密码,最多可以输入 20 个字符;当姓名和密码两者中至少有一个为空值时,单击"提交"按钮会弹出相应的错误提示对话框,如图 9-82 所示,并取消表单提交。

图 9-82 出错提示对话框

9.4 实例精讲——制作在线订购表单页面

 练习目标

本实例制作一个在线订购表单页面,通过对该实例的讲解,使读者对表单知识有更加深入的了解,并能够牢固掌握表单构件的属性设置方法。

9-3 实例精讲——制作在线
订购表单页面

 设计思路

首先打开一个已创建好框架的页面,插入表单,然后在表单中嵌入表格设置页面布局,并在各个单元格中插入表单构件,通过"属性"面板设置表单构件的属性,最终效果如图 9-83 所示。

图 9-83　页面最终效果

操作步骤

1. 打开文件

启动 Dreamweaver CC 2018，执行"文件"|"打开"命令，在弹出的"打开"对话框中选择已设置好页面布局的文件，单击"打开"按钮在 Dreamweaver CC 2018 中打开文件，如图 9-84 所示。

2. 插入表单

（1）插入表单域。将鼠标指针放在右侧的单元格中，在"属性"面板上设置单元格内容垂直"顶端"对齐，然后执行"插入"|"表单"|"表单"命令，插入表格，如图 9-85 所示。

> **提示：** 在制作表单提交的页面时应先插入表单域，否则录入的表单信息将不能提交。

图 9-84　打开的文件

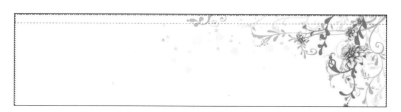

图 9-85　插入表单域

（2）设置表单属性。选中插入的表单，在"属性"面板上设置动作（Action）为 mailto:webmaster@website.com?subject=" 送餐信息 "，其他保留默认设置，如图 9-86 所示。

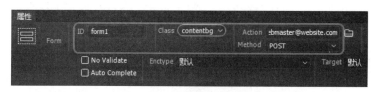

图 9-86　设置表单属性

3. 插入表格

将鼠标指针放在表单中，执行"插入"|"表格"命令，在弹出的"表格"对话框中设置行数为10，列为2，宽度为100%，边框粗细、单元格边距和单元格间距均为0。单击"确定"按钮插入表格，如图9-87所示。

图9-87　插入表格

4. 设置表格布局

（1）合并单元格。在第1行第1列单元格中按下鼠标左键向右拖动，选中第1行单元格，然后在"属性"面板上单击"合并所选单元格"按钮，合并第1行单元格。同样的方法，合并第2行、第10行单元格。

（2）设置单元格高度。将鼠标指针放在第1行单元格中，在"属性"面板上设置单元格"高"60。同样的方法，设置第10行单元格高度为60；第2行至第9行单元格高度为40，如图9-88所示。

图9-88　设置表格布局

5. 插入图像

将鼠标指针放在第1行单元格中，设置单元格内容水平"左对齐"，垂直"顶端"，然后执行"插入"|"图像"命令，在弹出的对话框中选择需要的图像，如图9-89所示。

6. 插入文本

选中第2行单元格，设置单元格内容水平"左对齐"；选中第3行至第9行第1列单元格，设置单元格内容水平"右对齐"；选中第3行至第9行第2列单元格，设置单元格内容水平"左对齐"。然后在第2行、第3行至第9行第1列单元格中输入文本，如图9-90所示。

图 9-89 插入图像

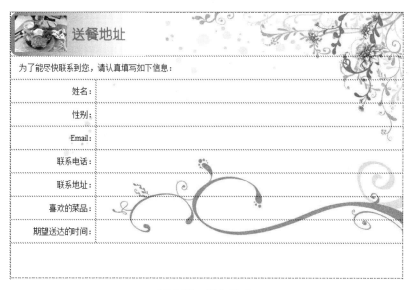

图 9-90 插入文本

7. 插入文本域

将鼠标指针放在第 3 行第 2 列单元格中，执行"插入" | "表单" | "文本"命令，插入一个文本域。删除文本域的标签占位符，然后选中文本域，在"属性"面板上设置名称（Name）为 name，宽度（Size）为 24，最多字符数（MaxLength）为 20，关联的表单（Form）为 form1，如图 9-91 所示。

此时的页面效果如图 9-92 所示。

图 9-91 设置文本域属性

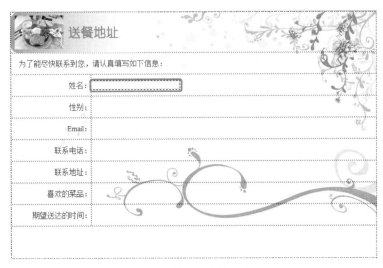

图 9-92   插入文本域的效果

8. 插入单选按钮

（1）添加单选按钮。将鼠标指针放在第 4 行第 2 列单元格中，执行"插入"|"表单"|"单选按钮"命令，插入一个单选按钮。

（2）设置单选按钮属性。删除单选按钮的标签占位文本，然后选中单选按钮，在"属性"面板上设置名称（Name）为 gender，值（Value）为 0，关联的表单（Form）为 form1，如图 9-93 所示。

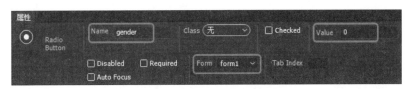

图 9-93   设置单选按钮的属性

（3）添加其他单选按钮。在第一个单选按钮右侧添加空格，按照第（1）步和第（2）步的方法插入第二个单选按钮，并设置名称（Name）为 gender，值（Value）为 1，关联的表单（Form）为 form1。此时的页面效果如图 9-94 所示。

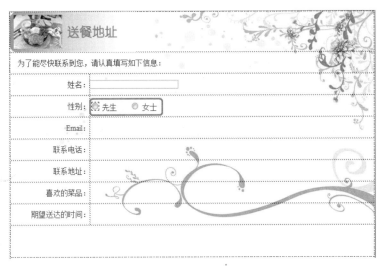

图 9-94   添加单选按钮的效果

9. 添加 E-mail 构件

将鼠标指针放在第 5 行第 2 列单元格中，执行"插入"|"表单"|"电子邮件"命令，插入一个电子邮件构件。删除标签占位文本，然后选中电子邮件构件，在"属性"面板上设置名称（Name）为 email，关联的表单（Form）为 form1，如图 9-95 所示。

图 9-95　设置电子邮件属性

此时的页面效果如图 9-96 所示。

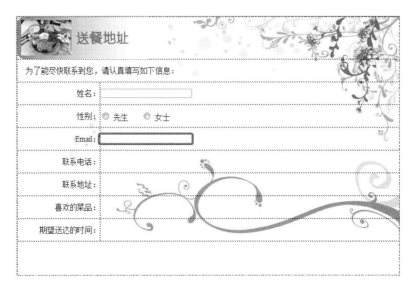

图 9-96　添加 E-mail 构件效果

10. 添加电话域

将鼠标指针放在第 6 行第 2 列单元格中，执行"插入"|"表单"|"Tel"命令，插入一个电话构件。删除标签占位文本，然后选中电话构件，在"属性"面板上设置名称（Name）为 tel，选中"必填"（Required）复选框，关联的表单（Form）为 form1，如图 9-97 所示。

图 9-97　设置电话域的属性

此时的页面效果如图 9-98 所示。

11. 插入文本区域

将鼠标指针放在第 7 行第 2 列单元格中，执行"插入"|"表单"|"文本区域"命令。删除标签占位文本，然后选中文本区域，在"属性"面板上设置名称（Name）为 address，行数（Rows）为 5，列宽 (Cols) 为 45，选中"必填"（Required）复选框，关联的表单（Form）为 form1，如图 9-99 所示。

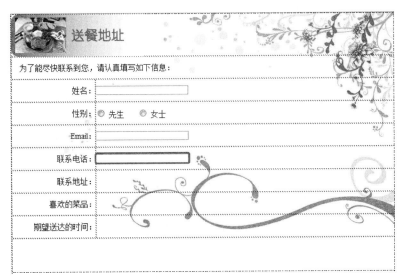

图 9-98　添加电话域的效果

图 9-99　设置文本区域的属性

此时的页面效果如图 9-100 所示。

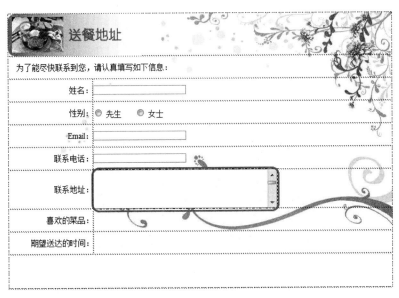

图 9-100　添加文本区域的效果

12. 添加复选框

（1）插入复选框。将鼠标指针放在第 8 行第 2 列单元格中，执行"插入"|"表单"|"复选框"命令，插入一个复选框。

（2）设置复选框属性。删除复选框的标签占位文本，然后选中复选框，在"属性"面板上设置名称（Name）为 tianpin，值（Value）为 1，关联的表单（Form）为 form1，如图 9-101 所示。

图 9-101　设置复选框属性

（3）添加其他复选框。按照第（1）步和第（2）步的方法插入其他两个复选框，并分别设置名称(Name) 和值 (Value)，此时的页面效果如图 9-102 所示。

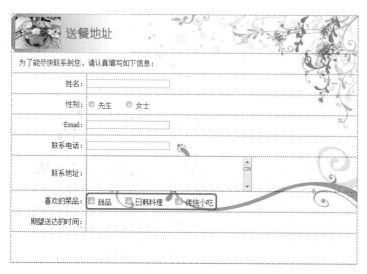

图 9-102　添加复选框的效果

13. 添加选择构件

（1）插入选择构件。将鼠标指针放在第 9 行第 2 列单元格中，执行"插入"|"表单"|"选择"命令，插入一个选择构件。

（2）设置列表值。在"属性"面板上单击"列表值"按钮，在弹出的"列表值"对话框中添加列表项和对应的值，如图 9-103 所示。

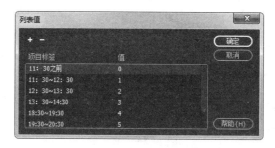

图 9-103　设置列表项

（3）设置选择构件属性。删除选择构件的标签占位文本，然后在"属性"面板上设置名称（Name）为 time，值（Value）为 1，选中"必填（Required）"复选框，关联的表单（Form）为 form1，初始时选中（Selected）第二项，如图 9-104 所示。

图 9-104　设置选择构件的属性

此时的页面效果如图 9-105 所示。

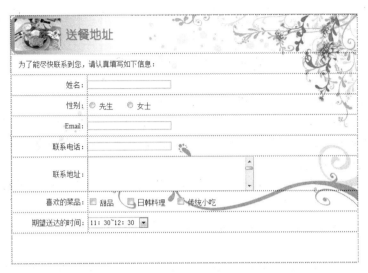

图 9-105　添加选择构件的页面效果

14. 添加按钮

（1）插入"提交"按钮。将鼠标指针放在第 10 行单元格中，设置单元格内容水平"居中对齐"，然后执行"插入"｜"表单"｜"提交按钮"命令，插入一个"提交"按钮。

（2）插入"重置"按钮。执行"插入"｜"表单"｜"重置按钮"命令，插入一个"重置"按钮。

此时的页面效果如图 9-106 所示。

图 9-106　页面整体效果

15. 保存文件

执行"文件"|"保存"命令，保存文件。在浏览器中的预览效果如图 9-83 所示。

9.5 答 疑 解 惑

1. 在 Dreamweaver CC 2018 中，表单和表格有什么区别？

答：表格用于布局，表单用于传输数据。可以在表格中包含表单，也可以在表单中包含表格。通常用表格来布局表单中的数据，但这些数据只有放到一个表单中，才能完成数据的提交。

2. 表单中的隐藏域有什么用处？

答：隐藏域在网页中不显示，但是可以通过查看源代码显示，通常用于存放设计者不希望显示在网页中的信息，或在网页之间传递信息，一般用在动态网页中。

3. 在表单中添加一组单选按钮，测试时可以同时选中多个单选按钮，而且选中之后不能取消选择，如何处理？

答：读者一定要记住，一组单选按钮的名称必须相同，如果不同，就会出现上面的问题。不考虑排版方面的因素，建议初学者使用单选按钮组。

4. 如何对表单构件进行格式化？

答：表单构件的"属性"面板上没有可以设置外观的属性，因此需要通过 CSS 样式修改表单构件的外观。例如，定义如下的样式代码，即可设置 ID 为 myBtn 的按钮的宽度和按钮标签的外观：

```
#myBtn{
    width:100px;
    font-size:20px;
    color:red;
}
```

9.6 学习效果自测

一、选择题

1. 下面不能用于输入文本的表单对象是（　　　）。
   A. 文本域　　　　　　B. 文本区域　　　　　　C. 密码域　　　　　　D. 文件域
2. 以下应用属于利用表单功能设计的有（　　　）。
   A. 用户注册　　　B. 浏览数据库记录　　C. 网上订购　　　D. 用户登录
3. 在表单元素的"列表"的属性中，（　　　）用于设置列表显示的行数。
   A. 类型　　　　　　B. 高度　　　　　　C. 允许多选　　　　　　D. 列表值
4. 对于一个简单的调查表单，以下说法正确的是（　　　）。
   A. 表单的元素必须使用 2 个以上
   B. 投票按钮不是一个表单元素
   C. 调查表单只能使用单选按钮
   D. 调查结果如需要保存到数据库中，应实现建立一个数据库链接
5. 在表单中，允许用户从一组选项中选择多个选项的表单对象是（　　　）。
   A. 单选按钮　　　　　　B. 选择框　　　　　　C. 复选框　　　　　　D. 单选按钮组

二、判断题

1. 在网页中插入文本框、单选框、复选框时，要先插入空白的表单域。（　　　）
2. Src 属性不属于表单标记 <FORM> 的属性。（　　　）

3. 表单的执行不需要服务器端的支持。（　　　）

4. 密码域用于填写密码等机密内容，填写的内容都将以"*"或"●"的形式显示。（　　　）

5. 一组复选框的名称必须是相同的。（　　　）

三、填空题

1. "最多字符数"属性可以设置文本域中可输入的（　　　）字数。

2. 文本域等表单对象都必须插入到（　　　）中，这样浏览器才能正确处理其中的数据。

3. 一组中的所有单选按钮必须具有（　　　），而且必须包含不同的（　　　）。

4. 表单的提交方法有（　　　）和（　　　）两种。

5. 在网页中插入表单域，在网页编辑窗口显示为（　　　）。

四、操作题

制作一个调查问卷表单。

五、简答题

表单的处理过程是什么？

应用行为创建交互

本章导读

行为是事件和动作的组合，是一种运行在浏览器中的 JavaScript 代码，用于浏览者与网页本身进行交互，以多种方式改变页面效果或执行特定任务。

Dreamweaver CC 2018 提供丰富的内置行为，用户利用简单直观的语句设置手段，不需要编写任何代码，就可以实现一些强大的交互与控制功能。用户还可以从 Internet 下载一些第三方提供的行为插件，制作出更加丰富的效果。

学习要点

- ◆ 了解行为的功能含义
- ◆ 内置行为的使用

10.1　认识"行为"面板

行为由事件（Event）和该事件触发的动作（Action）组成。事件通常由浏览器确定，比如页面加载、单击鼠标左键、鼠标经过等。动作通常由一段 JavaScript 代码组成，通过在网页中执行这段代码可以执行相应的任务，比如打开新的浏览窗口、播放声音或弹出信息等。Dreamweaver CC 2018 提供很多常用内置行为，通过"行为"面板可以很方便地添加和控制行为。

执行"窗口"|"行为"命令，即可打开"行为"面板，如图 10-1 所示。

❧ ▤：仅显示当前选中元素使用的行为对应的事件。

❧ ▤：显示所有事件。在行为列表中按字母升序列出可应用于当前选中标签的所有事件，如图 10-2 所示。

根据所选对象的不同，显示的事件也有所不同。如果未显示预期的事件，应检查是否选择正确的网页元素或标签。

❧ ✚：添加行为。单击该按钮弹出行为列表，包含可以附加到当前所选元素的动作。对当前不能使用的行为，则以灰色显示。

图 10-1　"行为"面板

图 10-2　显示所有事件

❧ ▬：删除当前选择的事件。

❧ ▲和▼：改变附加到当前页面元素的动作的执行顺序。

单个事件可以触发多个不同的动作，动作以它们在"行为"面板中列出的顺序依次发生。通过调整动作发生的顺序，可以达到各种不同的效果。

10.1.1　了解事件与动作

利用行为实现用户与网页之间的交互，实质是用户通过在网页中触发一定的事件来引发一些相应的动作。

1. 事件

所谓事件，就是浏览器响应访问者的操作行为生成的消息，指示该页的访问者执行某种操作。例如，当访问者将鼠标指针移动到某个链接上时，浏览器为该链接生成一个 OnMouseOver 事件。下面简要介绍网页制作过程中常用的事件。

❧ onClick：单击页面上某一特定的元素时触发。

❧ onDblClick：双击页面上某一特定的元素时触发。

❧ onError：浏览器在载入页面或图像过程中发生错误时触发。

❧ onFocus：将鼠标指针定位在指定的焦点时触发。

❧ onKeyUp：按下键盘上的一个键，在释放该键时触发。

- ◗ onKeyDown：按下键盘上的一个键，无论是否释放该键都会触发动作。
- ◗ onKeyPress：按下键盘上的一个键，然后释放该键时触发。该事件可以看作是 onKeyUp 和 onKeyDown 的组合。
- ◗ onLoad：图像或页面载入完成之后触发。
- ◗ onMouseDown：按下鼠标左键尚未释放时触发。
- ◗ onMouseOver：将鼠标指针移到指定元素的范围时触发。
- ◗ onMouseOut：在鼠标指针移出指定的对象时触发。
- ◗ onMouseUp：按下的鼠标按钮被释放时触发。
- ◗ onMouseMove：在指定元素上移动鼠标指针时触发。
- ◗ onSubmit：提交表单时触发。
- ◗ onUnload：离开页面时触发。

读者要注意的是，事件是针对页面对象或标签而言的，也就是说，大多数事件只能用于特定的页面元素。例如，在大多数浏览器中，onClick 事件通常与链接相关联，而 onLoad 事件通常与图像和文档的 body 标签关联。不同的元素定义了不同的事件，若要查看给定的页面元素及给定的浏览器支持哪些事件，可以选中页面上的元素，然后单击"行为"面板上的"显示所有事件"按钮 ，如图 10-3 所示。

图 10-3　查看指定元素可用的事件

> **提示**：在事件列表中，事件名称前显示 <A> 的事件（图 10-3 所示）仅用于超链接。如果所选对象不是超链接，选择这些事件后，Dreamweaver CC 2018 将自动为选定元素添加空链接（在"属性"面板上的"链接"文本框中可以看到 javascript:; ）。

2. 动作

动作由预先编写的 JavaScript 代码组成，这些代码执行特定的任务，例如打开浏览器窗口、显示或隐藏元素、检查表单或应用 jQuery 效果等。Dreamweaver CC 2018 内置的行为动作是开发工程师精心编写的，它提供了最大的跨浏览器兼容性。例如，显示或隐藏元素的动作由以下代码实现：

```
<script type="text/javascript">
function MM_showHideLayers() {
  var i,p,v,obj,args=MM_showHideLayers.arguments;
  for (i=0; i<(args.length-2); i+=3)
  with (document) if (getElementById && ((obj=getElementById(args[i]))!=null)) {
v=args[i+2];
    if (obj.style) { obj=obj.style; v=(v=='show')?'visible':(v=='hide')?'hidden':v; }
    obj.visibility=v; }
}
</script>
```

10.1.2　上机练习——查看图像可用的行为

10-1　上机练习——查看
图像可用的行为

 练习目标

通过前面两节对事件与动作的介绍，结合本节练习，掌握查看页面元素可用的行为的方法。

 设计思路

首先选中页面上的一张图片，然后打开"行为"面板，单击"添加行为"按钮，即可查看图像可用的行为。

![操作步骤图标] **操作步骤**

（1）打开文件。启动 Dreamweaver CC 2018，执行"文件"|"打开"命令，打开一个包含图像的网页文件，如图 10-4 所示。

（2）查看行为。选中网页上的图像，执行"窗口"|"行为"命令，打开"行为"面板。单击"添加行为"按钮，弹出行为下拉菜单，如图 10-5 所示。

图 10-4　图像文件　　　　　　　　　　图 10-5　查看行为列表

从图 10-5 所示的行为下拉菜单中可以查看可应用到当前选中对象的行为，如果行为显示为灰色，则表示该行为不可用于当前选中对象。

10.1.3　应用行为

行为可以应用到整个文档（即 body 标签）、链接、图像、表单元素或其他 HTML 元素，但是不能将行为应用到纯文本，例如 <p> 和 <span> 等标签。应用行为的操作步骤如下。

（1）在"设计"视图中选取要应用行为的页面元素。

> ![教你一招图标] **教你一招**：若要对文本应用行为，一个简单的方法是为文本添加一个空链接（在"链接"文本框中输入 javascript:，或直接键入一个 #），然后应用行为。使用特殊符号（#）的问题在于，当访问者单击该链接时，某些浏览器可能跳到页面的顶部。而单击 JavaScript 空链接不会在页面上产生任何效果，因此 JavaScript 方法通常更可取。

（2）选择动作。单击"行为"面板上的"添加行为"按钮 ➕，在弹出的下拉菜单中选择需要的动作，如图 10-6 所示。对当前选中标签不能使用的动作以灰色显示。

行为的强大功能来自于它的灵活性。每个动作都带有一个特定的对话框，用于用户自定义行为。

（3）设置动作参数。例如，在动作列表中选择"弹出信息"动作之后，将弹出如图 10-7 所示的"弹出信息"对话框。用户可以自定义要显示的消息。

（4）指定触发事件。单击"确定"按钮关闭参数设置对话框。此时，"行为"面板中已列出已应用的动作及默认的事件。单击事件下拉表单，可以从中选择需要的触发事件，如图 10-8 所示。

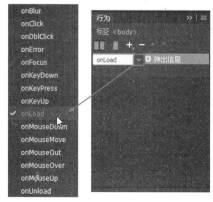

图 10-6　选择动作　　　　图 10-7　"弹出信息"对话框　　　　图 10-8　选择事件

10.1.4　修改行为

Dreamweaver CC 2018 预置的行为功能不仅很强大，而且很灵活。在应用行为之后，可以更改触发动作的事件、添加或删除动作以及更改动作的参数。

选择一个应用行为的对象，执行"窗口"|"行为"命令打开"行为"面板，按需要执行以下操作：

- 编辑动作参数：在"行为"面板中双击要重新编辑的动作名称，如图 10-9 所示。然后在弹出的参数对话框中重新设置动作的参数。
- 调整同一事件的多个动作的执行顺序：选择某个动作后单击▲或▼按钮，如图 10-10 所示。
- 删除行为：选中动作后单击"删除事件"按钮■或按 Delete 键，如图 10-11 所示。删除事件的同时删除动作。

图 10-9　双击要修改的动作　　图 10-10　修改动作的执行顺序　　图 10-11　删除行为

10.2　内置行为的应用

Dreamweaver CC 2018 为常见的行为动作编写了代码，并进行封装。用户只需要简单地设置一些参数，就可以生成一些复杂的交互和动态功能。添加行为一般遵循三个步骤：选中对象、添加行为、指定事件。下面简要介绍 Dreamweaver CC 2018 内置行为的功能和参数设置。

10.2.1　调用 JavaScript

"调用 JavaScript"行为允许用户指定当发生某个事件时应该执行的自定义函数或 JavaScript 代码行。JavaScript 代码可以是用户自己编写或使用第三方 JavaScript 库中提供的代码。

选中要应用行为的页面元素,并打开"行为"面板。单击"添加行为"按钮,在弹出的下拉菜单中选择"调用 JavaScript"命令,弹出"调用 JavaScript"对话框,如图 10-12 所示。

在文本框中输入要执行的代码,单击"确定"按钮关闭对话框。此时"行为"面板显示如图 10-13 所示。Dreamweaver CC 2018 默认为该行为指定 onClick 事件,即单击鼠标时触发动作。

图 10-12　"调用 JavaScript"对话框

图 10-13　添加行为后的"行为"面板

例如,为一个按钮添加"调用 JavaScript"行为,在"JavaScript:"文本框中输入 alert("欢迎使用 Dreamweaver CC 2018!"),如图 10-14 所示。单击"确定"按钮,在浏览器中预览时,单击按钮,即可弹出一个对话框,如图 10-15 所示。

图 10-14　输入 JavaScript 语句

图 10-15　"调用 JavaScript"行为的效果

10.2.2　弹出信息

"弹出信息"行为显示一个带有指定消息的警告框。由于警告框只有一个"确定"按钮,所以使用此行为只能提供信息,不能提供选择。

选中要应用行为的页面元素,并打开"行为"面板。单击"添加行为"按钮,在弹出的下拉菜单中选择"弹出信息"命令,弹出"弹出信息"对话框,如图 10-16 所示。在文本框中输入要显示的消息,单击"确定"按钮关闭对话框。然后在"行为"面板中选择触发事件。

图 10-16　"弹出信息"对话框

在网页中设置弹出信息可以引起浏览者的注意,不过,不恰当或太多的弹出信息往往适得其反,会引起浏览者的反感,因此不建议使用太多的弹出信息。

10.2.3 上机练习——显示图片信息

 练习目标

通过 10.2.2 节"弹出信息"对话框参数设置的讲解，结合本节练习，掌握 10-2 上机练习——显示
添加行为的操作方法，熟悉"弹出信息"行为的功能。 图片信息

 设计思路

首先选中页面中的一张图片，然后通过"行为"面板添加"弹出信息"行为，并指定触发事件为
OnMouseOver（鼠标经过）。

 操作步骤

（1）执行"文件"|"打开"命令，打开一个已插入图片的网页。选择页面中要添加提示信息的一张图片，
如图 10-17 所示。然后执行"窗口"|"行为"命令打开"行为"面板。

（2）单击"行为"面板上的"添加行为"按钮，在弹出的下拉菜单中选择"弹出信息"命令，弹出"弹
出信息"对话框。

（3）在"消息"文本域中输入需要的消息。本例输入"出水芙蓉"，如图 10-18 所示。

图 10-17 要添加行为的图片

图 10-18 "弹出信息"对话框

（4）单击"确定"按钮，然后在"行为"面板上的事件下拉列表中选择触发事件。本例选择
OnMouseOver，如图 10-19 所示。

（5）执行"文件"|"保存"命令保存文档，然后在浏览器中预览效果。将鼠标指针移到图片上时，
将弹出一个信息提示框，如图 10-20 所示。

图 10-19 设置触发行为

图 10-20 "弹出信息"动作的效果

> **提示：**"弹出信息"行为不能控制 JavaScript 警告的外观，这是由访问者的浏览器决定的。
> 如果希望对消息的外观进行更多的控制，可以考虑使用"打开浏览器窗口"行为。

单击"文档"工具栏上的"代码"按钮，切换到"代码"视图，可以看到 Dreamweaver CC 2018 自动在页面的 HTML 代码中增加相应的 JavaScript 代码和相关文件，如图 10-21 所示。

图 10-21　"弹出信息"行为的代码

10.2.4　改变属性

"改变属性"行为可以动态地改变指定对象的属性值，例如 Div 标签的背景图像或背景色，图像的边框和样式。这些属性的具体效果由所使用的浏览器决定。

选中要添加行为的页面元素，在"行为"面板上单击"添加行为"按钮，在弹出的快捷菜单中选择"改变属性"命令，弹出如图 10-22 所示的"改变属性"对话框。

- ↘ 元素类型：用于选择要改变属性的对象类型，有 IMG、DIV、SPAN 等，如图 10-23 所示。
- ↘ 元素 ID：设置了元素类型后，该下拉列表将显示所有已指定 ID 的指定类型元素。
- ↘ 属性 - 选择：选中此项，可以从右侧的下拉列表中选择一项要改变的属性。
- ↘ 属性 - 输入：选中此项，可以直接在右侧的文本框中输入要改变的对象属性。
- ↘ 新的值：设置上一步中指定属性的新属性值。

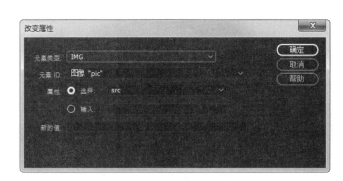

图 10-22　"改变属性"对话框

图 10-23　元素类型

10.2.5　上机练习——单击改变背景颜色

 练习目标

通过 10.2.4 节"改变属性"对话框参数设置的讲解，结合本节练习，掌握添加行为的操作方法，熟悉"改变属性"行为的功能。

10-3　上机练习——单击
改变背景颜色

 设计思路

首先选中页面中一个已命名的 Div 标签，然后通过"行为"面板添加"改变属性"行为，设置要修改的属性为 backgroundColor（背景颜色），最后指定触发事件为 OnMouseOver（鼠标经过）。

操作步骤

（1）执行"文件"|"打开"命令，打开一个已设置背景图像的网页文件。执行"插入"|"Div"命令，在弹出的"插入 Div"对话框中输入标签的 ID，本例输入 dd，如图 10-24 所示。

（2）单击"插入 Div"对话框底部的"新建 CSS 规则"按钮，弹出"新建 CSS 规则"对话框。在"选择器类型"下拉列表中选择"标签"，在"选择器名称"下拉列表中选择 Div，如图 10-25 所示。然后单击"确定"按钮打开对应的规则定义对话框。

图 10-24　"插入 Div"对话框

图 10-25　"新建 CSS 规则"对话框

（3）在对话框左侧的分类列表中选择"区块"，文本对齐方式为"居中对齐"，如图 10-26 所示。然后单击"确定"按钮关闭对话框。

（4）删除 Div 标签中的占位文本，输入"Welcome"。选中输入的文本，在属性面板上设置文本的格式为"标题 1"，居中对齐，如图 10-27 所示。

图 10-26　"div 的 CSS 规则定义"对话框

图 10-27　在 Div 标签中插入文字

（5）在状态栏上单击 <div> 标签，然后单击"行为"面板上的"添加行为"按钮，从弹出的快捷菜单中选择"改变属性"命令，弹出"改变属性"对话框。

（6）"元素类型"自动填充为 DIV，"元素 ID"自动填充为 DIV "dd"，在"属性"区域选中"选择"单选按钮，然后在下拉列表中选择 backgroundColor，在"新的值"文本框中输入新的颜色值 #FF0，如图 10-28 所示。

（7）单击"确定"按钮关闭对话框，在"行为"面板上指定触发事件为 OnMouseOver。

（8）执行"文件"|"保存"命令保存文件，然后按下 F12 键打开浏览器进行测试。在浏览器中将鼠标指针移到"Welcome"上时，指定的 DIV 元素背景将变为黄色（#FF0），效果如图 10-29 所示。

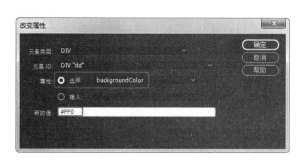

图 10-28　"改变属性"对话框

图 10-29　改变属性后的效果

10.2.6　检查插件

"检查插件"行为用于根据浏览器安装插件的情况打开指定的网页。如果在网页中使用某些插件，如 Flash、Windows Media Player 等，应通过"检查插件"行为检查用户的浏览器中是否安装这些插件。如果安装了，则跳转到指定的网页；如果没有安装，则不进行跳转或跳转到另一个网页。如果不进行检查，当用户没有安装这些插件时就无法浏览网页中的相关内容。

选择一个对象并打开"行为"面板，单击"添加行为"按钮，在弹出的快捷菜单中选择"检查插件"命令，弹出"检查插件"对话框，如图 10-30 所示。

图 10-30　"检查插件"对话框

➥ 插件 - 选择：选中此项，可以从右侧的插件下拉列表中选择一种插件。

➥ 插件 - 输入：选中此项，可以直接在文本框中输入插件的类型，类型只能是 Flash、Shockwave、LiveAudio、Windows Media Player、QuickTime 等五种类型插件中的一种。

➥ 如果有，转到 URL：如果找到指定的插件类型，则跳转到右侧文本框中指定的网页。

➥ 否则，转到 URL：如果没有找到指定的插件类型，则跳转到右侧文本框中指定的网页。如果希望没有安装该插件的访问者留在当前页上，可将此域留空。

➥ 如果无法检测，则始终转到第一个 URL：选择该项后，如果不能检查插件，则跳转到第一个 URL 地址指定的网页。

> **注意**："检查插件"行为仅适用于在 Windows 的 Internet Explorer 中检测指定的插件。Mac OS 上的 Internet Explorer 中不能实现插件检测。

10.2.7　jQuery 效果

　　jQuery 是一个优秀的、轻量级的 JavaScript 框架，其宗旨是——WRITE LESS,DO MORE（写更少的代码，做更多的事情），它兼容 CSS3，还兼容各种浏览器（IE 6.0+，FF 1.5+，Safari 2.0+，Opera 9.0+）。

　　Dreamweaver CC 2018 内置十二种精美的 jQuery 效果，如图 10-31 所示。可直接应用于 HTML 页面上几乎所有的元素，轻松地为页面元素添加视觉过渡。由于这些效果都基于 jQuery，因此当用户单击应用了效果的对象时，只有单击的对象会进行动态更新，而不会刷新整个 HTML 页面。

　　如果要对某个元素应用效果，该元素必须处于选定状态，或者具有一个有效的 ID。

　　🠒 Bounce（反弹）：模拟弹跳效果，向上、向下、向左、向右跳动来隐藏或显示元素。参数设置对话框如图 10-32 所示。

图 10-31　选择 jQuery 效果　　　　　　图 10-32　Bounce 效果的参数设置对话框

　　　🡦 目标元素：选择要应用效果的对象 ID。目标元素可以与最初选择的元素相同，也可以是页面上的其他元素。

　　　🡦 效果持续时间：指定效果持续的时间，默认为 1000ms。

　　　🡦 可见性：指定对象应用效果后的最终状态：隐藏、显示或在隐藏与显示之间切换。最后一次或第一次反弹会呈现淡入 / 淡出的效果。

　　　🡦 方向：指定弹跳的方向。

　　　🡦 距离：指定弹跳的最大位移。

　　　🡦 次：设置弹跳的次数。

　　🠒 Blind（百叶窗）：采用"拉百叶窗"的效果来显示或隐藏元素。

　　🠒 Clip（剪辑）：通过垂直或水平方向夹剪元素来隐藏或显示元素。

　　🠒 Drop（降落）：通过单个方向滑动的淡入淡出来隐藏或显示一个元素。

　　🠒 Fade（淡入 | 淡出）：使元素显示或渐隐。

　　🠒 Fold（折叠）：模拟百叶窗效果，向上或向下折叠来隐藏或显示元素。

　　　🡦 水平优先：指定折叠时是否先进行水平方向的折叠。读者要注意，显示的时候与隐藏的时候顺序相反。

　　　🡦 大小：设置被折叠元素的尺寸。

　　🠒 Highlight（高亮）：更改元素的背景颜色。

⤷ 颜色：设置高亮显示的颜色。

◤ Puff（膨胀）：通过在缩放元素的同时隐藏元素创建膨胀特效。

◤ Pulsate（跳动）：通过跳动来隐藏或显示元素。

◤ Scale（缩放）：使元素变大或变小。参数设置对话框如图 10-33 所示。

图 10-33　Scale 效果的参数设置对话框

⤷ 方向：指定特效的方向。

⤷ 原点 X 和原点 Y：指定缩放中心点。

⤷ 百分比：设置指定对象要缩放的百分比。

⤷ 小数位数：设置元素将被调整尺寸的区域。box 表示调整元素的边框和内边距的尺寸；content
表示调整元素内所有内容的尺寸。

◤ Shake（振动）：在垂直或水平方向上多次振动元素。

⤷ 方向：指定元素沿轴线移动第一步时的方向。

⤷ 距离：指定移动的位移。

⤷ 次：设置振动的次数。

◤ Slide（滑动）：向上、向下、向左或向右移动元素，以显示或隐藏元素。

💡 **注意：** 应用 jQuery 效果后，系统会在"代码"视图中将对应的代码行添加到文件中。其中
的两行代码用来标识实现 jQuery 效果所需的依赖文件 jquery-1.11.1.min.js 和 jquery-ui-effects.custom.
min.js，如图 10-34 所示。不能从代码中删除该行，否则这些效果将不起作用。

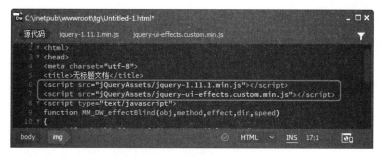

图 10-34　引用外部依赖文件

　　与其他行为一样，可以将多个效果与同一个对象相关联，以产生奇妙的效果。设置了多重效果后，
这些效果按照在"行为"面板中的显示顺序依次执行。

10.2.8 上机练习——跳动的小鱼

练习目标

通过 10.2.7 节对 jQuery 效果参数的讲解，结合本节练习，熟悉各类 jQuery 效果的参数含义，掌握为页面元素添加 jQuery 效果的方法。

10-4 上机练习——跳动的小鱼

设计思路

首先选中页面中一个已命名的图像，然后通过"行为"面板添加"反弹"（Bounce）效果，并设置效果参数，最后指定触发事件为 OnClick（鼠标单击）。

操作步骤

1. 选中要添加效果的页面元素

执行"文件"|"打开"命令，打开要添加效果的网页，然后选中页面上要添加效果的页面元素，如图 10-35 所示。

2. 设置元素 ID

打开"属性"面板，在"ID"文本框中输入 fish，如图 10-36 所示。

图 10-35　要添加效果的页面元素

图 10-36　设置元素 ID

3. 添加行为

打开"行为"面板，单击"添加行为"按钮➕，在弹出的下拉菜单中选择"效果"|"反弹"（Bounce），如图 10-37 所示，弹出"反弹（Bounce）"对话框。

4. 设置效果参数（如图 10-38 所示）

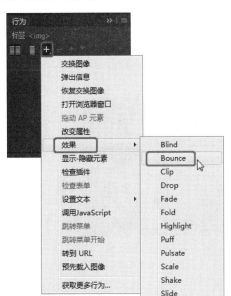

图 10-37　选择效果

图 10-38　设置效果参数

（1）在"目标元素"下拉列表中选择要应用效果的对象的 ID，本例选择 img "fish"。如果已经选中了页面上的图像，可以保留默认选项"< 当前选定内容 >"。

（2）在"效果持续时间"文本框中指定效果持续的时间，单位为毫秒。本例保留默认设置，1000 毫秒。

（3）在"可见性"下拉列表中选择对象应用效果后的显示状态。本例选择"隐藏"（hide），即应用效果后，在页面上隐藏。

（4）在"方向"下拉列表中选择元素反弹的方式，可以是向上、向下、向左、向右。本例选择"向上"（up）。

（5）在"距离"文本框中指定反弹的最大位移，本例设置为 60 像素。

（6）在"次"文本框中指定反弹次数，本例输入 5。

5. 设置触发事件

单击"确定"按钮关闭对话框，Dreamweaver CC 2018 默认将 jQuery 效果的触发事件指定为 OnClick 事件，如图 10-39 所示。

6. 保存文件并预览

（1）复制相关文件。执行"文件"|"保存"命令，弹出如图 10-40 所示的"复制相关文件"对话框。单击"确定"按钮关闭对话框，在弹出的对话框中输入文件名称，然后单击"保存"按钮。

图 10-39　设置触发事件　　　　　　　图 10-40　"复制相关文件"对话框

（2）预览效果。在浏览器中打开保存的网页，点击添加了效果的图片，图片在页面上向上反弹五次，且一次比一次高，最后一次弹跳到 60 像素，然后在页面上消失。

10.2.9　转到 URL

"转到 URL"行为用于设置网页满足特定的触发事件时，跳转到指定的网页。

选择一个对象并打开"行为"面板，单击"添加行为"按钮，在弹出的快捷菜单中选择"转到 URL"命令，弹出"转到 URL"对话框，如图 10-41 所示。

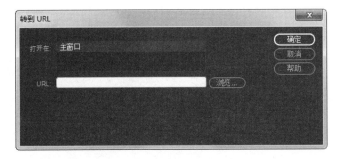

图 10-41　"转到 URL"对话框

➥ 打开在：在这里可以选择网页打开的窗口。

默认窗口为浏览器的主窗口。若正在编辑的网页中使用了浮动帧框架 IFrame，即有多个窗口，则每个窗口的名称都将显示在"打开在"列表框中。

> 💡 **注意**：如果将框架命名为 top、blank、self 或 parent，浏览器可能会将这些名称误认为保留的目标名称，从而产生意想不到的结果。

➥ URL：指定要打开的网页地址。

10.2.10 打开浏览器窗口

使用"打开浏览器窗口"行为在打开当前网页的同时，还可以再打开一个新的窗口。同时，还可以编辑浏览窗口的大小、名称、状态栏、菜单栏等属性。

选择一个对象并打开"行为"面板，单击"添加行为"按钮，在弹出的快捷菜单中选择"打开浏览器窗口"命令，弹出"打开浏览器窗口"对话框，如图 10-42 所示。

图 10-42 "打开浏览器窗口"对话框

➥ 要显示的 URL：指定在打开的浏览器窗口中显示的网页地址。
➥ 窗口宽度：设置打开的浏览器窗口的宽度。
➥ 窗口高度：设置打开的浏览器窗口的高度。
➥ 属性：设置打开的浏览器窗口包含的显示属性，可以选中其中的一个或多个显示特性。
➥ 窗口名称：指定打开的浏览器窗口的名称，该名称将显示在浏览器的标题栏上。

10.2.11 预先载入图像

"预先载入图像"行为将不能立即显示在页面上的图像预先载入到浏览器缓存中，可以使网页上图像的下载时间明显缩短，有效地防止由于下载速度导致的图像显示延迟。

选择一个对象并打开"行为"面板，单击"添加行为"按钮，在弹出的快捷菜单中选择"预先载入图像"命令，弹出"预先载入图像"对话框，如图 10-43 所示。

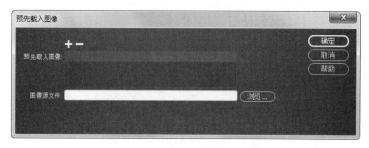

图 10-43 "预先载入图像"对话框

➥ 图像源文件：用于选择要预先载入的图像文件。

➥ ➕："添加项"按钮，用于将图像添加到"预先载入图像"列表中。

> 🔒 **提示**：如果在添加下一个图像之前没有单击"添加项"按钮,则列表中选中的图像将被"图像源文件"文本框中指定的图像替换。

➥ ➖："删除项"按钮，用于从"预先载入图像"列表中删除选中的图像。

10.2.12　交换图像 / 恢复交换图像

"交换图像"行为通过更改 <img> 标签的 src 属性，将一个图像与另一个图像进行交换。使用"交换图像"行为之后，系统将默认为指定的元素添加"恢复交换图像"行为。

选择一个图像对象并打开"行为"面板,单击"添加行为"按钮,在弹出的快捷菜单中选择"交换图像"命令，弹出"交换图像"对话框，如图 10-44 所示。

➥ 图像：该列表框显示当前文档窗口中所有的图像名，可以从该列表中选择一幅图像进行图像变换。

➥ 设定原始档为：指定替换图像。

> 💡 **注意**：由于只有 src 属性受此行为的影响，所以应该换入一个与原图像尺寸（高度和宽度）相同的图像。否则换入的图像显示时会被压缩或扩展，以适应原图像的尺寸。

➥ 预先载入图像：预先将"图像"列表框中高亮显示的图像加载到浏览器的缓冲区。

➥ 鼠标滑开时恢复图像：将鼠标从图像上移开后，显示原图像，也就是添加"恢复交换图像"行为，触发事件为 onMouseOut，如图 10-45 所示。

图 10-44　"交换图像"对话框

图 10-45　添加"恢复交换图像"行为

10.2.13　上机练习——制作产品展示页面

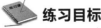 **练习目标**

通过 10.2.12 节对交换图像行为参数的讲解，结合本节练习，掌握交互图像行为各项参数的意义，以及添加行为的方法。

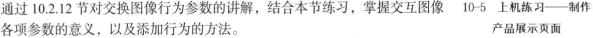

10-5　上机练习——制作产品展示页面

设计思路

首先选中页面中一个已命名的图像,然后通过"行为"面板添加"交换图像"行为,并设置行为的参数,最后指定触发事件,最终效果如图 10-46 所示。

图 10-46　交换图像效果

 操作步骤

1.打开文件

执行"文件"|"打开"命令,打开一个要添加行为的网页文件,如图 10-47 所示。

2.设置图像 ID

选中页面顶部的第一张图,在"属性"面板上设置 ID 为 detail,如图 10-48 所示。同样的方法,依次将其他四张图的 ID 分别设置为 pic1、pic2、pic3 和 pic4。

图 10-47　打开的文件

图 10-48　设置图像 ID

3.添加交换图像行为

(1)选中图像 pic2,打开"行为"面板,单击"添加行为"按钮,在弹出的下拉菜单中选择"交换图像"行为,弹出"交换图像"对话框。

(2)在"图像"列表中选中图像"detail",表示交换图像行为触发后,将交换 ID 为 detail 的图像。

(3)单击"浏览"按钮,在弹出的"选择图像源文件"对话框中选择 pic2 的详图,如图 10-49 所示。

(4)在"交换图像"对话框中单击"确定"按钮关闭对话框。

此时,在"行为"面板上可以看到,Dreamweaver CC 2018 已自动添加了恢复交换图像行为,并为行为分别指定触发事件为 onMouseOver 和 onMouseOut,如图 10-50 所示。

在浏览器中预览网页,将鼠标指针移到图像 pic2 上时,页面顶端的图像将替换为该图像的详图,效果如图 10-51 所示;移开鼠标指针,则恢复为原图。

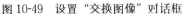

图 10-49　设置"交换图像"对话框

图 10-50　指定触发事件

图 10-51　交换图像的效果

（5）重复第（1）步到第（4）步的操作，分别为 pic3 和 pic4 添加交换图像行为。

4. 保存文件

执行"文件"|"保存"命令保存文件，在浏览器中的预览效果如图 10-46 所示。

10.2.14　设置文本

"设置文本"行为可以设置容器、状态栏、文本域中的内容，在用适当的触发事件触发后显示新的内容。

选择一个网页元素并打开"行为"面板，单击"添加行为"按钮，在弹出的快捷菜单中选择"设置文本"命令，弹出如图 10-52 所示的子菜单，分别对应三种切换方式。

1. 设置容器的文本

容器是指可以包含文本或其他元素的任何元素，如 div、p、iframe 等标签。"设置容器的文本"行为用于设置页面上容器的内容和格式进行动态变化，但保留容器的属性（包括颜色）。"设置容器的文本"对话框，如图 10-53 所示。

图 10-52　"设置文本"子菜单　　　　　图 10-53　"设置容器的文本"对话框

➥ 容器：用于指定内容进行动态变化的容器。

➥ 新建 HTML：用于设置容器中要显示的内容。可以输入任何有效的 HTML 语句、JavaScript 函数调用、属性、全局变量或其他表达式，这些内容将替换该容器中原有的内容。

> 🔒 **提示**：如果要嵌入一个 JavaScript 表达式，应将表达式放置在大括号（{}）中，例如 {alert(" 樱桃红了！ ")}。若要显示大括号，则在它前面加一个反斜杠（\{）。这个规则同样适用于其他两种文本类动作。

例如，选中一幅图像添加"设置容器的文本"行为，设置容器为页面中的一个 Div 标签，在"新建 HTML"文本框中输入 <font size="20" color="red">Happy New Year!</font>，单击"确定"按钮关闭对话框后，设置触发事件为 onMouseOver。则在浏览器中将鼠标指针移到图像上时，对应的 Div 标签中将以指定的大小和颜色显示指定的文本，如图 10-54 所示。

2. 设置文本域文字

"设置文本域文字"行为用于改变指定文本域的显示内容。使用本行为之前必须先插入文本域对象。"设置文本域文字"对话框如图 10-55 所示。

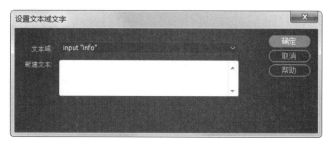

图 10-54 "设置容器的文本"行为的效果 　　　　　图 10-55 "设置文本域文字"对话框

➥ 文本域：用于指定内容要进行变化的文本域，可从右侧的下拉列表中选择一个文本域。

➥ 新建文本：用于指定在文本域中要显示的内容。可输入任何的 HTML 语句以及 JavaScript 代码，这些内容将代替文本域中原有的内容。

3. 设置状态栏文本

"设置状态栏文本"行为用于指定的事件触发后，在状态栏显示信息。例如，当浏览者将鼠标指针移动到超级链接上时，在状态栏中显示链接的地址。

"设置状态栏文本"对话框如图 10-56 所示。

图 10-56 "设置状态栏文本"对话框

➥ 消息：用于输入需要显示的信息。

10.2.15　上机练习——制作圣诞贺卡

 练习目标

通过 10.2.14 节"设置文本"对话框参数设置的讲解，结合本节练习，熟练掌握添加三种文本行为的操作方法。

10-6　上机练习——制作圣诞贺卡

 设计思路

首先新建一个空白的网页文件，使用 Div 和 CSS 设置卡片布局和背景，并插入图像和文本域。接下来通过"行为"面板添加"设置文本域文本"和"设置状态栏文本"行为，并分别指定触发事件为 onClick（鼠标单击）和 onMouseOver（鼠标经过）。

本例最终效果如下：单击圣诞树图片，文本域中将显示指定的文本，效果如图 10-57 所示；将鼠标指针移到滑雪图片上时，状态栏上将显示指定的文本，效果如图 10-58 所示。

图 10-57 "设置文本域文本"的效果   图 10-58 "设置状态栏文本"的效果

 操作步骤

1. 新建文件

执行"文件"|"新建"命令,在弹出的"新建文档"对话框中设置文档类型为 HTML,无框架,单击"创建"按钮新建一个空白的 HTML 文档。

2. 插入 Div 布局块

执行"插入"|"Div"命令,在弹出的"插入 Div"对话框中设置 ID 为 card,如图 10-59 所示。单击"确定"按钮关闭对话框。

图 10-59 "插入 Div"对话框

3. 定义 CSS 规则格式化 Div 布局块

执行"窗口"|"CSS 设计器"命令,打开"CSS 设计器"面板。单击"添加 CSS 源"按钮,在弹出的下拉菜单中选择"在页面中定义";单击"添加选择器"按钮,在出现的空行中输入选择器名称 #card;切换到"属性"列表,设置宽(width)为 640px,高(height)为 450px,左、右外边距(margin)为 auto,文本(text-align)居中对齐,边框宽(width)为 8px,样式(style)为 double,颜色(color)为 #FF3300(橙色),并设置背景图像,如图 10-60 所示。

4. 在布局块中添加内容

使用"插入"|"图像"命令,在布局块中插入两张图片,并输入相应的文字;执行"插入"|"表单"|"文本"命令,插入一个文本字段,将文本字段的标签占位文本修改为"看这里:",然后在属性面板上设置文本域的 Name 属性为 content。此时的页面效果如图 10-61 所示。

图 10-60　card 的 CSS 属性

图 10-61　页面效果 1

5. 定义文本框的 CSS 规则

打开"CSS 设计器"面板，单击"添加选择器"按钮，在出现的空行中输入选择器名称 #content。切换到"属性"列表，设置文本颜色（color）为 #FF3300，字体（font-family）为 Impact，字号（font-size）为 xx-large；边框宽（width）为 medium，样式（style）为 ridge，如图 10-62 所示。此时的页面效果如图 10-63 所示。

图 10-62　content 的 CSS 属性

图 10-63　页面效果 2

6. 添加"设置文本域文本"行为

选中页面上的圣诞树，打开"行为"面板，单击"行为"面板上的"添加行为"按钮，在弹出的行为菜单中选择"设置文本"|"设置文本域文字"行为，打开"设置文本域文字"对话框。

在"文本域"下拉列表中选中内容将发生变化的文本域 input "content"。

在"新建文本"文本域中输入将在文本域中显示的内容 Merry Christmas*^O^*，如图 10-64 所示。

图 10-64　"设置文本域文字"对话框

7. 指定触发事件

单击"确定"按钮关闭对话框，在"行为"面板上设置触发该动作的事件为 onClick，如图 10-65 所示。

8. 添加"设置状态栏文本"行为

选中页面上的滑雪图片，打开"行为"面板，单击"行为"面板上的"添加行为"按钮，在弹出的行为菜单中选择"设置文本"|"设置状态栏文本"行为，打开"设置文本域文字"对话框。在"消息"文本框中输入"圣诞节我们一起去滑雪吧：)"，如图 10-66 所示。

9. 指定触发事件

单击"确定"按钮关闭对话框，在"行为"面板上设置触发该动作的事件为 onMouseOver，如图 10-67 所示。

图 10-65　设置触发事件

图 10-66　"设置状态栏文本"对话框

图 10-67　设置触发事件

10. 保存文档

在浏览器中预览页面效果，如图 10-57 和图 10-58 所示。

10.2.16　显示 - 隐藏元素

"显示 - 隐藏元素"行为用于修改一个或多个已命名的网页元素的可见性，通常用于用户与页面进行交互时显示信息。例如，当用户将鼠标指针滑过一个人物的图像时，可以显示该人物的姓名、性别、年龄和星座等详细信息。

选择一个网页元素并打开"行为"面板，单击"添加行为"按钮，在弹出的快捷菜单中选择"显示 - 隐藏元素"命令，弹出"显示 - 隐藏元素"对话框，如图 10-68 所示。

- ↳ 元素：该列表框中列出了当前页面所有已命名的元素。
- ↳ 显示：单击此按钮，使指定的元素在页面上可见。
- ↳ 隐藏：单击此按钮，使指定的元素在页面上不可见。
- ↳ 默认：单击此按钮，则按默认值决定元素是否可见，一般为可见。

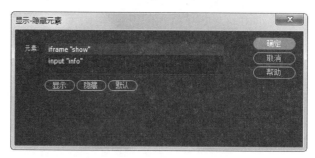

图 10-68　"显示 - 隐藏元素"对话框

10.2.17　上机练习——制作简易相册

 **练习目标**

通过 10.2.16 节"显示 - 隐藏元素"对话框参数设置的讲解，结合本节练习，熟练掌握显示 / 隐藏页面元素的操作方法，以及网页元素定位的方法。

10-7　上机练习——制作简易相册

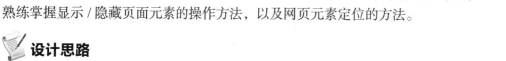 **设计思路**

首先新建一个空白的网页文件，使用 Div、表格和 CSS 设置相册布局和背景，并插入图像。接下来通过"行为"面板添加"显示 - 隐藏元素"行为，并指定触发事件为 onClick（鼠标单击）。

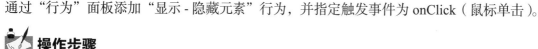 **操作步骤**

1. 新建文件

执行"文件"|"新建"命令，在弹出的"新建文档"对话框中设置文档类型为 HTML，无框架，单击"创建"按钮新建一个空白的 HTML 文档。

2. 插入 Div 布局块

执行"插入"|"Div"命令，在弹出的"插入 Div"对话框中设置 ID 为 album，单击"确定"按钮关闭对话框。

3. 定义 CSS 规则格式化 Div 布局块

执行"窗口"|"CSS 设计器"命令，打开"CSS 设计器"面板。单击"添加 CSS 源"按钮，在弹出的下拉菜单中选择"在页面中定义"；单击"添加选择器"按钮，在出现的空行中输入选择器名称 #album；切换到"属性"列表，设置宽（width）为 620px，左、右外边距（margin）为 auto，并设置背景图像，如图 10-69 所示。

4. 插入表格

删除 Div 标签中的占位文本，执行"插入"|"表格"命令，在弹出的对话框中，设置表格行数为 5，列为 2，表格宽度为 600px，边框粗细、单元格边距和单元格间距均为 0。选中表格，在"属性"面板上设置对齐方式为"居中对齐"。

图 10-69　album 的 CSS 属性

5. 设置单元格属性

选中第 1 列单元格，设置单元格宽度为 120，第 1 行和最后一行的高度为 10；选中第 1 列的第 2 行至第 4 行单元格，设置单元格内容水平和垂直对齐方式均为"居中"；选中第 2 列的第 2 行至第 4 行单元格，单击"属性"面板上的"合并单元格"按钮，然后设置单元格内容水平"左对齐"，垂直"居中对齐"。

6. 插入图像

将鼠标指针定位在第 1 列第 2 行单元格中，执行"插入"|"图像"命令，插入导航图像。同样的方法，在其他单元格中插入图像，效果如图 10-70 所示。

7. 插入其他图像

选中第 2 列中的图像，在"属性"面板上设置 ID 为 p1；然后将鼠标指针放置在图片右侧，执行"插入"|"图像"命令，插入第二个导航图片链接的图片，并在"属性"面板上设置 ID 为 p2，如图 10-71 所示。

图 10-70　页面效果

图 10-71　插入图像

> 🔒 **提示：** 为便于图片美观，本例将所有图片的尺寸设置为相同宽度 480px 和高度 300px。

同样的方法，插入第三个导航图片链接的图片，并将图片 ID 设置为 p3。

8. 定义规则隐藏图片

打开"CSS 设计器"面板，单击"添加选择器"按钮，在出现的空行输入选择器名称 #p2；切换到"属性"列表，设置上边距为 –303px，position 属性为 absolute，display 属性为 inherit，visibility 属性为 hidden，如图 10-72 所示。

同样的方法，定义规则 #p3 设置第三张图片的位置和显示方式，如图 10-73 所示。

设置完成，保存文件，在浏览器的显示效果如图 10-74 所示。

图 10-72　p2 的 CSS 属性

图 10-73　p3 的 CSS 属性

图 10-74　在浏览器中预览页面效果

9. 添加行为实现交互

选中第一张导航图片，单击"行为"面板上的"添加行为"按钮，在弹出的快捷菜单中选择"显示 -隐藏元素"命令，弹出"显示 - 隐藏元素"对话框。

在"元素"列表中选择 img "p1"，单击"显示"按钮；

在"元素"列表中选择 img "p2"，单击"隐藏"按钮；

在"元素"列表中选择 img "p3"，单击"隐藏"按钮；如图 10-75 所示，单击"确定"按钮关闭对话框，在"行为"面板上设置触发事件为 onClick，如图 10-76 所示。

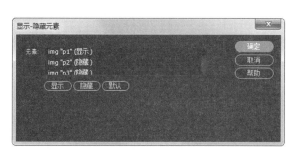

图 10-75　"显示隐藏元素"对话框 1　　　　图 10-76　设置触发事件

同样的方法，为其他两张导航图片添加"显示 - 隐藏元素"行为，并指定触发事件。对应的设置对话框分别如图 10-77 和图 10-78 所示。

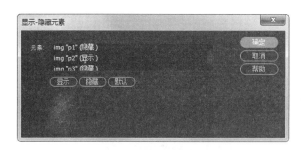

图 10-77　"显示隐藏元素"对话框 2　　　　图 10-78　"显示隐藏元素"对话框 3

10. 保存文档

并预览效果。在浏览器中的预览效果如图 10-79 所示，单击第一个导航按钮，右侧的图片显示区域显示图片 p1；单击第二个导航按钮，显示图片 p2；单击第三个导航按钮，显示图片 p3。

图 10-79　页面效果

10.2.18　检查表单

"检查表单"行为用于检查指定表单构件的内容以确保输入正确的数据类型。通常使用 onBlur 事件将此行为附加到单个表单构件，在填写表单时对表单构件的值进行检查；或使用 onSubmit 事件将其附加到表单，在单击"确定"按钮时，同时对多个表单构件进行检查。

选择表单或一个表单构件并打开"行为"面板，单击"添加行为"按钮，在弹出的快捷菜单中选择"检查表单"命令，弹出"检查表单"对话框，如图 10-80 所示。

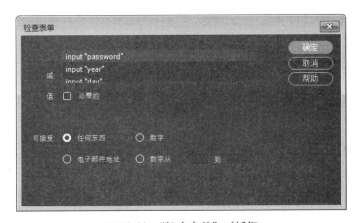

图 10-80　"检查表单"对话框

- 域：该列表框中列出所有可用的域名，在这里可以指定要检查的表单元素。
- 必需的：选中此项，则表单构件必须填有内容，不能为空。
- 任何东西：选中此项，则该表单对象不能为空，但不需要包含任何特定类型的数据。如果没有选择"必需的"选项，则该选项毫无意义。
- 数字：选中此项，则检查该域是否只包含数字。
- 电子邮件地址：选中此项，则检查指定表单构件是否包含一个 @ 符号。

↳ 数字从：选中此项，则表单对象内只能输入指定范围的数字。

10.2.19　上机练习——验证表单内容的正确性

练习目标

通过 10.2.18 节讲解的基础知识，结合实例学习为页面中的表单添加"检查　　　10-8　上机练习——验证
表单"行为的方法。　　　　　　　　　　　　　　　　　　　　　　　　　　　表单内容的正确性

设计思路

本实例对页面中的表单在提交时进行有效性检查。首先选中页面中需要检查的表单，然后为该表单添加"检查表单"行为，分别设置各个表单构件可接受的值，最后修改代码，将提示的英文信息改为中文。

操作步骤

1. 打开文件

执行"文件"|"打开"命令，在弹出的对话框中选择一个含有表单的 HTML 页面，如图 10-81 所示。

2. 添加"检查表单"行为

选中要检查的表单，执行"窗口"|"行为"命令，打开"行为"面板。单击"行为"面板上的"添加行为"按钮，在弹出的快捷菜单中选择"检查表单"命令，打开如图 10-82 所示的"检查表单"对话框。

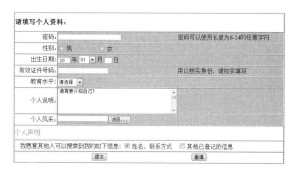

图 10-81　待检查的表单

图 10-82　"检查表单"对话框

> 🔒 提示：网页中的对象命名应该使用英文，并且不要有空格和特殊符号。任何类型的对象都不要出现同名的现象。

3. 设置各个表单构件可接受的值

在"域"列表框中选中 password，然后选中"必需的"复选框，并在"可接受"区域选择"任何东西"选项。

在"域"列表框中选择 year，然后选中"必需的"复选框，并在"可接受"区域选中"数字从"，范围为 1900～2016。

在"域"列表框中选择 day，然后选中"必需的"复选框，并在"可接受"区域选中"数字从"，范围为 1～31。

在"域"列表框中选择 idcard，然后选中"必需的"复选框，并在"可接受"区域选中"数字"。

在"域"列表框中选择 info，然后选中"必需的"复选框，并在"可接受"区域选中"任何东西"选项。设置完成后的对话框如图 10-83 所示。

4. 设置触发事件

单击"确定"按钮关闭对话框,然后在"行为"面板中将触发事件设置为 onSubmit,如图 10-84 所示。

图 10-83　设置表单构件可接受的值

图 10-84　设置触发事件

5. 保存文件

执行"文件"|"保存"命令保存文档,在浏览器中预览页面效果,如图 10-85 所示。

图 10-85　弹出警告对话框

如果"密码"域为空;出生日期的"年"不在 1900~2012 之间,"日"不是 1~31 间的数字;身份证号码不是全为数字,则提交表单时,会弹出一个警告的对话框,列出所有错误的信息,并取消提交表单。

检查表单行为默认的提示文字为英文,用户可以转换到"代码"视图中,找到相关的脚本代码,将提示信息修改为中文。

6. 修改提示信息

单击"文档"工具栏上的"代码"按钮,切换到"代码"视图。在代码中找到弹出的警告对话框中的提示英文字段,如图 10-86 所示。替换为中文,如图 10-87 所示。

图 10-86　需要修改的英文文本

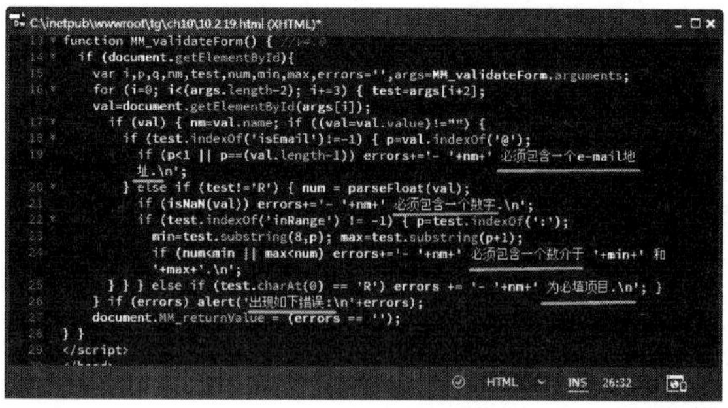

图 10-87　替换为中文文本

7. 保存文件

执行"文件"|"保存"命令，保存页面，然后在浏览器中预览页面，并测试验证表单的行为，提示框如图 10-88 所示。可以看到，提示对话框中的提示文字已经改为中文。

图 10-88　验证表单效果

10.3　答 疑 解 惑

1. 行为与事件和动作之间的关系？

答：行为是事件和动作的组合。事件是在特定的时间或是在用户发出指令后紧接着发生的，例如，网页下载完毕、用户按键或是单击鼠标等。而动作是在事件发生后所做出的反应，例如，打开新的浏览器窗口、弹出菜单等。

2. 利用行为制作一个导航条，选中文本后，为什么"行为"下拉菜单中的命令均显示为灰色？

答：行为不能附加到纯文本上。如果要为文本添加行为，可以把文本转换为空链接再操作。

3. 在 Dreamweaver CC 2018 中怎么查看行为的代码？

答：首先在"设计"视图中选择一个页面元素并添加行为，然后切换到"代码"视图，即可看到相应的 js 代码。

4. 在为图片添加行为后，想把触发事件设置为 onSubmit，但在事件列表中找不到 onSubmit，为什么？

答：行为是与页面中的元素相关的，也就是说，不同的元素可用的行为也不尽相同，对应的触发事件也就不同。Onsubmit 事件常用于触发表单构件的动作，如果想把 onsubmit 加载到一个图片上，是不会有这个行为事件的。如果选中一个表单构件，则可在事件列表中显示 onsubmit。

10.4　学习效果自测

一、选择题

1. "动作"是 Dreamweaver CC 2018 预先编写好的（　　　）脚本程序，通过在网页中执行这段代码就可以完成相应的任务。

  A. VBScript　　　　　　　B. JavaScript　　　　　　C. C++　　　　　　　　　D. JSP

2. 用户填写完一个注册网页，单击"确定"按钮，网页将检查所填写的资料的有效性，这是使用了 Dreamweaver CC 2018 的（　　　）行为。

  A. 检查表单　　　　　　　B. 检查插件　　　　　　C. 检查浏览器　　　　　D. 改变属性

3. 在 Dreamweaver CC 2018 中，下面（　　　）不是行为类型的。

  A. 打开新的浏览器窗口　　　　　　　　　B. 弹出消息
  C. 隐藏元素　　　　　　　　　　　　　　　D. 网页错误

4. 在 Dreamweaver CC 2018 中，Behavior（行为）的组成要素是（　　　）。

  A. 事件　　　　　　　　　B. 动作　　　　　　　　C. 初级行为　　　　　　D. 最终动作

5. 当鼠标指针移动到文字链接上时显示一个隐藏的元素，这个动作的触发事件应该是（　　　）。

  A. onClick　　　　　　　　B. onDblClick　　　　　　C. onMouseOver　　　　D. onMouseOut

二、判断题

1. 在 Dreamweaver CC 2018 中，行为就是动作。（　　　）

2. 可以在页面中的任何元素上添加行为。（　　　）

3. 任何行为都要添加在 <body> 标签中。（　　　）

4. 在添加检查表单行为时，弹出的提示框是英文的。（　　　）

三、填空题

1. 行为由（　　　）和（　　　）两部分组成，（　　　）由（　　　）来激活。

2. 行为是指（　　　），在添加行为的任何时候都要遵循的三个步骤分别为（　　　）、（　　　）、（　　　）。

3. 在为页面添加弹出信息的行为时，首先要选择（　　　）中的（　　　）标签。

4. 当鼠标指针指向一张图片，图片发生轮替，此时鼠标指针移动被称为（　　　），图片发生的变化成为（　　　）。

四、操作题

熟悉各种行为和事件的效果。

第 11 章

统一站点风格

本章导读

在创建网站的过程中，往往需要建立大量外观及部分内容相同的网页，使站点具有统一的外观和结构。如果逐页建立、修改会很费时、费力，效率不高，而且容易出错。Dreamweaver CC 2018 提供两种可以重复使用的部件来解决以上问题，这就是模板和库。

模板是一种页面布局，重复使用的是网页的一部分结构。而库是一种放置在网页上的资源，重复使用的是网页对象。但它们两者有一个相同的特性，就是与应用它们的文档都保持关联，在更改库项目或模板的内容时，可以同时更新所有与之关联的页面。本章将介绍使用库与模板统一网站风格的方法，包括创建模板和库项目、编辑模板元素、更新页面和站点等。

学习要点

◆ 了解模板的基本概念
◆ 掌握创建模板和模板元素的方法
◆ 掌握使用模板创建网页的操作
◆ 创建和使用库项目

11.1　认识"资源"面板

在 Dreamweaver CC 2018 中，使用"资源"面板可以对网站中所有的资源，包括图像、链接、媒体、脚本、模板、库，甚至颜色进行统一管理。

在"文件"面板中选中一个本地站点之后，执行"窗口"|"资源"命令，即可调出"资源"面板，显示当前站点中的资源列表，如图 11-1 所示。

1. 查看资源的方式

从图 11-1 可以看出，"资源"面板 0000 提供了两种查看站点资源的方式：

- 站点列表：列示当前站点中使用的所有资源及类型，如图 11-1 所示为站点中的图像资源列表。
- 收藏列表：用于收藏常用的资源。收藏资源并不作为单独的文件存储在磁盘上，它们是对"站点"视图列表中的资源的引用。

在"站点"视图下，单击"资源"面板右下角的"添加到收藏夹"按钮，可将选中的资源添加到收藏夹。在"收藏"视图下，单击"资源"面板右下角的"从收藏中删除"按钮，可取消收藏，如图 11-2 所示。

图 11-1　"资源"面板

图 11-2　"资源"面板的"收藏"视图

默认情况下，类别中的资源按名称的字母顺序列出。用户可以单击标题栏上的标题按名称、大小、维数、格式或完整路径进行排序，如图 11-3 所示。

2. 资源类别

使用"资源"面板左侧的按钮，可以在当前站点不同的资源类别之间进行切换，如图 11-4 所示。

图 11-3　对资源列表进行排序

图 11-4　资源类别

- 图像▣: 当前站点中的 GIF、JPEG 或 PNG 格式的图像文件。
- 颜色▦: 当前站点中的文档和样式表中使用的所有颜色, 包括文本颜色、背景颜色和链接颜色。
- URLs 🔗: 当前站点文档中使用的外部链接, 包括 FTP、HTTP、HTTPS、JavaScript、电子邮件 (mailto) 以及本地文件 (file://) 链接。
- 媒体▤: 当前站点中的媒体文件列表, 如 SWF 文件、Adobe Shockwave 文件、QuickTime 或 MPEG 文件。
- 脚本▨: 当前站点中独立的 JavaScript 或 VBScript 文件列表。HTML 文件中的脚本不出现在 "资源" 面板中。
- 模板▣: 当前站点中的所有模板。
- 库▥: 当前站点中的所有库项目。

3. 功能按钮

- 〔插入〕: 将选中的资源插入到当前文档中。
- ☑: 刷新站点列表, 更新资源。
- ☑: 打开当前在资源列表中选中的资源进行编辑。
- ☑: 将当前选中的资源添加到收藏夹。

11.2 创 建 模 板

模板提供了一种建立同一类型网页基本框架的方法, 将网页中固定的内容设置为锁定区域, 将需要修改的内容指定为可编辑区域。基于这个模板创建文档, 可以得到与模板相似但又有所不同的新网页。修改模板时, 使用该模板创建的所有网页可以自动更新。

模板的制作方法与普通网页类似, 不同的是模板在制作完成后应定义可编辑区域、重复区域等模板元素。

11.2.1 使用 "模板" 面板创建模板

(1) 执行 "窗口" | "资源" 命令, 调出 "资源" 面板, 单击 "资源" 面板左侧的 "模板" 按钮▣, 即可切换到 "模板" 面板, 如图 11-5 所示。面板上半部分显示当前选择的模板的缩略图, 下半部分则是当前站点中所有模板的列表。

(2) 单击 "模板" 面板底部的 "新建模板" 按钮☑, 模板列表底部出现一个新模板, 且名称为可编辑状态, 如图 11-6 所示。

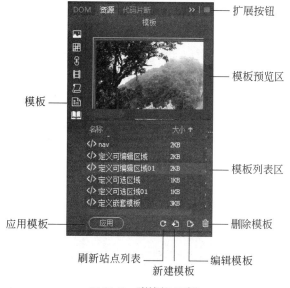

图 11-5 "模板" 面板

图 11-6 新建模板

（3）输入模板名称之后按 Enter 键，或单击面板其他空白区域，即可创建一个空模板。

> **注意：** 创建模板之后，Dreamweaver CC 2018 会自动在本地站点目录中添加一个名为 Templates 的文件夹，然后将模板文件存储到该目录中。不要将模板移动到 Templates 文件夹之外，或者将任何非模板文件放在 Templates 文件夹中。也不要将 Templates 文件夹移动到本地站点根文件夹之外。

11.2.2　使用"新建文档"对话框创建模板

（1）执行"文件"|"新建"命令，打开"新建文档"对话框。

在对话框左侧的"类别"栏选中"新建文档"；在"文档类型"列表中选择"HTML 模板"，如图 11-7 所示，然后单击"创建"按钮。

（2）执行"文件"|"保存"命令，保存空模板文件，此时会弹出一个对话框，提醒用户本模板没有可编辑区域，如图 11-8 所示。

（3）单击"确定"按钮，弹出如图 11-9 所示的"另存模板"对话框。

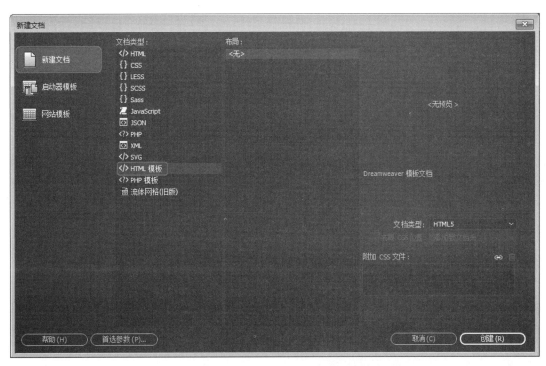

图 11-7　"新建文档"对话框

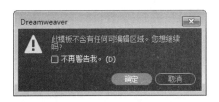

图 11-8　警告对话框

图 11-9　"另存模板"对话框

- ➥ 站点：在该下拉列表中选择要存放模板的站点。
- ➥ 现存的模板：站点中已有的模板列表。
- ➥ 描述：用于对模板进行简单说明。
- ➥ 另存为：用于设置模板名称。例如 example_1。

（4）单击"保存"按钮关闭对话框。此时，在"文件"面板中可以看到
自动生成的 Templates 文件夹和创建的模板文件，如图 11-10 所示。

图 11-10　查看创建的模板文件

11.2.3　上机练习——将文档保存为模板

 练习目标

本节介绍创建模板的另一种常用方法，将已编辑好的文档存储为模板。通过实例掌握"另存为"命令和"另存为模板"命令的区别，加深对 Templates 文件夹的理解。

 设计思路

首先打开一个已有的网页文件，然后分别使用"另存为"命令和"另存为模板"命名保存文件。

11-1　上机练习——将文档
保存为模板

 操作步骤

1. 打开文件

执行"文件"|"打开"命令，在"选择文件"对话框中选择一个将作为模板的普通文件，如图 11-11 所示。在标题栏可以看到文件路径和名称 (nav.html)。

2. 另存为文件

执行"文件"|"另存为"命令，弹出"另存为"对话框，选择站点（本例中为 test）根目录下的 Templates 文件夹；在"文件名"文本框中输入文件名称，本例为 example_01；在"保存类型"下拉列表中选择"Template Files(*.dwt)"，如图 11-12 所示。

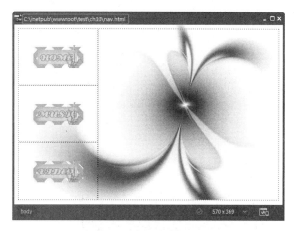

图 11-11　打开的 HTML 文件

图 11-12　"另存为"对话框

> **注意：** 使用"另存为"命令保存文件时，默认将文件保存在站点根目录下。因此在保存模板文件时，需要将保存路径设置为站点根目录下的 Templates 文件夹。

3. 单击"保存"按钮

弹出一个提示对话框,询问用户是否要更新链接。单击"是"按钮更新模板中的链接。

由于模板文件与 HTML 文件的保存路径不同,因此会弹出该对话框。保存文件后,在文件的标题栏上可以看到 << 模板 >>example_01.dwt, 如图 11-13 所示,表明该文件为模板文件。

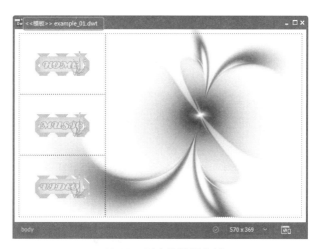

图 11-13 创建的模板文件 1

4. 打开文件

执行"文件"|"打开"命令,打开如图 11-11 所示的网页文件 (nav.html)。

5. 另存为模板

执行"文件"|"另存为模板"命令,弹出"另存模板"对话框。

在"站点"下拉菜单中选择保存该模板的站点名称,本例选择 test。

在"描述"文本框中输入该模板文件的说明信息。本例保留默认设置。

在"另存为"文本框中输入模板名称。例如 example_02,如图 11-14 所示。

如果要覆盖现有的模板,可以从"现存的模板"列表中选择需要覆盖的模板名称。

6. 单击"保存"按钮

弹出一个对话框,询问用户是否要更新链接。单击"是"按钮更新链接,并将该模板保存在本地站点根目录下的 Template 文件夹中。

此时打开"文件"面板,可以看到已创建的两个模板文件,如图 11-15 所示。

图 11-14 "另存模板"对话框

图 11-15 创建的模板文件 2

11.3 编辑模板元素

在浏览器中预览 11.2 节创建的模板文件，会发现该文档中无法输入文本或插入其他网页元素。这是因为还没有为模板定义可编辑区域，所有的区域都是锁定的。本节将介绍在模板文件中添加可编辑区域、重复区域的操作方法。

11.3.1 可编辑区域

可编辑区域用于在基于模板创建的网页中改变页面内容，可以是文本、图像或其他的网页元素。可以说如果一个模板没有可编辑区域就毫无用处，因为整个页面都处于锁定状态，无法修改，不能以它为模板创建有差异的网页。

1. 插入可编辑区域

执行"插入"|"模板"|"可编辑区域"命令，如图 11-16 所示；或者在"模板"插入面板上单击"可编辑区域"按钮，如图 11-17 所示，弹出如图 11-18 所示的"新建可编辑区域"对话框。

图 11-16　使用菜单命令插入可编辑区域

图 11-17　使用"插入"面板添加可编辑区域

图 11-18　"新建可编辑区域"对话框

➥ 名称：用于指定可编辑区域的名称。

例如，在"名称"文本框中输入 text，单击"确定"按钮即可在插入点添加一个可编辑区域，如图 11-19 所示，可编辑区域顶部以蓝绿色标签显示名称。

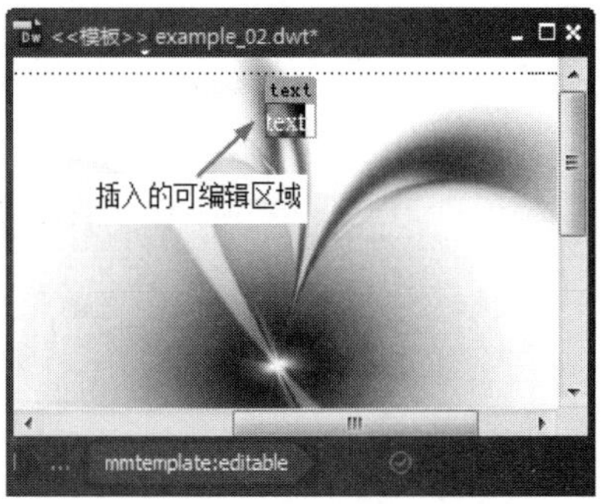

2. 编辑可编辑区域的属性

选中可编辑区域，在"属性"面板上可以修改可编辑区域的名称，如图 11-20 所示。输入完成，按 Enter 键或单击面板的其他区域，即可完成修改。

3. 删除可编辑区域

在页面上单击可编辑区域顶部的蓝绿色标签，然后按 Delete 键，即可删除。

图 11-19　插入的可编辑区域

图 11-20　可编辑区域的"属性"面板

11.3.2　上机练习——制作景点门票

 练习目标

本节练习制作一张简易门票，在经常要修改内容的网页区域插入可编辑区　　11-2　上机练习——制作
域。通过实例掌握在网页中添加可编辑区域的方法。　　　　　　　　　　　　　　景点门票

 设计思路

首先新建一个 HTML 文件，使用表格构造页面框架，并插入图像和文字；然后选中要修改的区
域，插入可编辑区域；最后基于制作好的模板生成一个新的网页，修改可编辑区域的内容，最终效果如
图 11-21 所示。

 操作步骤

1. 新建一个空模板

打开"资源"面板，单击"模板"按钮，切换到"模板"面板，然后单击面板底部的"新建模板"
按钮，输入模板名称，如图 11-22 所示，按 Enter 键保存模板。

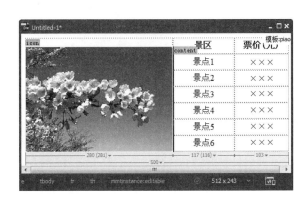

图 11-21　页面效果

图 11-22　新建模板

2. 设计页面布局

在模板列表中双击上一步创建的模板打开模板文件，执行"插入"|"表格"命令，在弹出的"表格"
对话框中，设置行数为 7，列为 3，表格宽度为 500px，边框粗细为 0，单元格边距和单元格间距均为 0；
标题为"顶部"，如图 11-23 所示，单击"确定"按钮插入表格。选中表格，在"属性"面板上设置表格"居
中对齐"；然后合并第 1 列单元格。

3. 添加页面内容

将鼠标指针放在第 1 列单元格中，执行"插入"|"图像"命令插入图像；选中第 2 行第 2 列至第 7
行第 3 列单元格，在"属性"面板上设置单元格内容水平和垂直对齐方式均为"居中"；然后在单元格中
输入文字。此时的页面效果如图 11-24 所示。

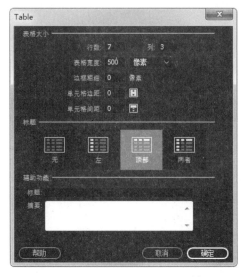

图 11-23 "Table"（表格）对话框

图 11-24 插入效果

由于设置了表格的标题为"顶部"，所以第 1 行的文字显示为标题文本，且居中。

4. 插入可编辑区域

选中表格第 1 列中的图像，执行"插入"｜"模板"｜"可编辑区域"命令，弹出"新建可编辑区域"对话框，在"名称"文本框中输入 icon，单击"确定"按钮关闭对话框。同样的方法，选中第 2 行第 2 列至第 7 行第 3 列单元格，然后插入可编辑区域，名称为 content。此时的页面效果如图 11-25 所示。

插入的可编辑区在模板文件中默认用蓝绿色高亮显示，并在顶端显示指定的名称。

图 11-25 插入两个可编辑区域

5. 保存模板

执行"文件"｜"保存"命令，保存模板。

6. 基于模板新建文件

打开"模板"面板，在刚保存的模板文件上单击鼠标右键，然后在弹出的快捷菜单中选择"从模板新建"命令，如图 11-26 所示。即可新建一个 HTML 文档并打开，如图 11-27 所示。

图 11-26 选择"从模板新建"命令

图 11-27 基于模板生成的网页

从图 11-27 可以看到新建的文档内容与保存的模板一样，但只有已定义的可编辑区域可以修改，其他区域则处于锁定状态。

7. 修改可编辑区域的内容

选中可编辑区域 icon 中的图片，按 Delete 键删除。然后执行"插入"|"图像"命令，插入需要的图片，效果如图 11-21 所示。根据需要，还可以修改可编辑区域 content 的文本。

8. 保存文件

执行"文件"|"保存"命令，在弹出的对话框中输入文件名称，然后单击"保存"按钮。

> **教你一招**：如果希望将模板中的某个可编辑区域变为锁定区域，可以在"设计"视图中选中要删除的可编辑区域，然后执行"工具"|"模板"|"删除模板标记"菜单命令，即可将可编辑区域变为不可编辑区域。

11.3.3 重复区域

重复区域是可以在基于模板生成的页面中复制任意次数的模板部分，通常用于表格。

1. 插入重复区域

选择要设置为重复区域的网页元素，或将插入点放置在要插入重复区域的位置，执行以下操作之一，如图 11-28 所示的"新建重复区域"对话框：

- ➘ 执行"插入"|"模板"|"重复区域"命令。
- ➘ 在文档窗口单击鼠标右键，在弹出的快捷菜单中执行"模板"|"新建重复区域"命令。
- ➘ 在"模板"插入面板上单击"重复区域"按钮，如图 11-29 所示。

在"名称"文本框中输入重复区域的名称（不能使用特殊字符），单击"确定"按钮即可插入重复区域，如图 11-30 所示。重复区域顶部显示"重复: content"，content 为指定的名称。

图 11-28　选择"重复区域"命令　　　图 11-29　"新建重复区域"对话框　　　图 11-30　插入的重复区域 content

> **注意**：重复区域不是可编辑区域。若要使重复区域中的内容可编辑，必须在重复区域内插入可编辑区域。相关操作可参见 11.3.1 节的操作。

2. 生成重复项

打开"模板"面板，在模板上单击鼠标右键，从弹出的快捷菜单中选择"从模板新建"命令，新建一个文档，如图 11-31 所示。文档右上角显示使用的模板名称，且重复区域顶端出现了一排按钮 。

图 11-31 基于模板生成的页面

➥ **➕**：添加项，用于添加一个重复项，如图 11-32 所示。

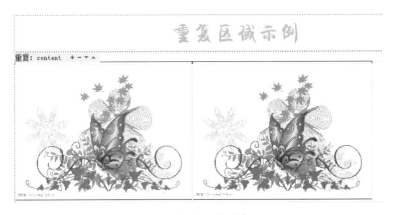

图 11-32 添加一个重复项

➥ **➖**：删除项，用于删除当前选中的重复项。

> **提示**：重复区域内添加了可编辑区域时，单击该按钮可直接删除一个重复项；如果没有可编辑区域，将弹出如图 11-33 所示的对话框。提示用户要先单击可编辑区域，才能删除指定的重复项，否则不能删除。

图 11-33 提示对话框

▶ ▼ ▲：用于调整指定重复区域的位置。要使用该按钮，必须先在重复区域内添加可编辑区域，如图 11-34 所示。

图 11-34　调整重复项的位置

11.3.4　上机练习——定义嵌套模板

嵌套模板是指基于一个原始模板生成的新模板，它进一步定义站点中部分特定页面的可编辑区域，可以定义精确的布局。对原始模板所做的更改将在嵌套模板中自动更新，并在所有基于原始模板和嵌套模板生成的文档中自动更新。

11-3　上机练习——定义嵌套模板

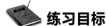 **练习目标**

通过前面对基础知识的学习，结合本节的练习实例，熟练掌握模板的创建方法，以及添加可编辑区域和重复区域的操作，加深对嵌套模板和重复表格的理解。

 设计思路

首先基于一个已创建的模板创建一个新文档，然后在可编辑区域中定义一个重复表格和一个可编辑区域；接下来使用"保存"命令保存嵌套模板；最后基于嵌套模板生成一个新的网页，修改重复区域和可编辑区域的内容，如图 11-35 所示。

图 11-35　基于嵌套模板生成的网页

操作步骤

1. 基于原始模板新建一个文档

打开"模板"面板，在模板列表中选中一个模板，然后单击鼠标右键，在弹出的快捷菜单中选择"从模板新建"命令，如图 11-36 所示。

生成的文件，如图 11-37 所示。

图 11-36　选择"从模板新建"命令

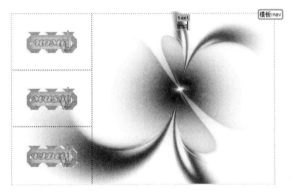

图 11-37　基于模板生成的文件

2. 修改可编辑区域

删除可编辑区域 text 中的占位文本，执行"插入"|"表格"命令，设置表格行数为 3，列为 1，表格宽度为 360 像素，边框粗细、单元格边距和单元格间距均为 2，无标题。

3. 插入重复表格

将鼠标指针放在第 1 行单元格中，在"模板"面板上单击"重复表格"按钮，如图 11-38 所示。弹出一个对话框，提示用户 Dreamweaver CC 2018 将会自动将文档转换为模板。单击"确定"按钮，弹出"插入重复表格"对话框。

图 11-38　选择"重复表格"命令

4. 设置重复表格的参数

设置行数为 2，列为 4，宽度为 100%，边框为 1；重复起始行为 2，结束行为 2，区域名称为 list，如图 11-39 所示。单击"确定"按钮，即可插入重复表格，如图 11-40 所示。

图 11-39　"插入重复表格"对话框

图 11-40　插入的重复表格

提示：与重复区域不同，插入重复表格时，会自动在每个单元格中插入一个可编辑区域。用户可以用编辑表格的方法编辑重复表格。

5. 插入可编辑区域

将鼠标指针定位在第 2 行单元格中，在"属性"面板上设置单元格内容水平"居中对齐"，垂直"顶端"，然后执行"插入"|"模板"|"可编辑区域"命令，在弹出的对话框中输入名称为 content，单击"确定"按钮插入可编辑区域，如图 11-41 所示。

6. 插入图片

将鼠标指针定位在第 2 行单元格中，在"属性"面板上设置单元格内容水平"居中对齐"，垂直"顶端"，然后执行"插入"|"图像"命令，插入一张图片，如图 11-42 所示。

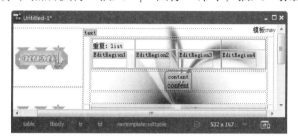

图 11-41　插入可编辑区域

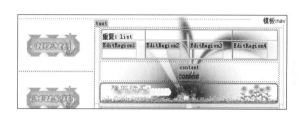

图 11-42　插入图片

7. 保存嵌套模板

执行"文件"|"保存"命令，弹出"另存模板"对话框，如图 11-43 所示。输入模板名称 (page) 后单击"保存"保存文档。此时可以看到原始模板中的可编辑区域标签变为黄色，如图 11-44 所示。

图 11-43　"另存模板"对话框

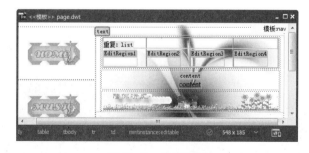

图 11-44　嵌套模板

8. 基于嵌套模板生成网页

打开"模板"面板，在上一步保存的嵌套模板上单击鼠标右键，在弹出的快捷菜单中选择"从模板新建"命令，新建并打开一个模板文件，如图 11-45 所示。

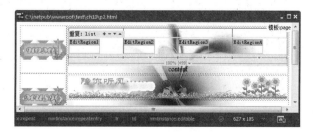

图 11-45　基于嵌套模板生成的网页

9. 编辑重复表格的内容

在重复表格的各个单元格中输入内容。单击"添加项"按钮 ✚，将生成新的一行单元格，如图 11-35 所示。单击 ▼ ▲ 按钮，将调整行的顺序，而不是列的顺序。

> 💡 **提示：** 由于在"插入重复表格"对话框中设置重复的起始行为 2，结束行也为 2，所以每次重复的是一行，而不在重复范围内的表格行不可编辑，如本例中的第 1 行。如果要编辑该行，应在模板中进行修改。

11.4 使 用 模 板

创建模板的主要目的是使用模板创建具有相同外观及部分内容相同的文档，使站点风格统一。修改模板中的内容，基于模板生成的所有网页可实现自动更新。此外，用户还可以根据需要将文档从模板中分离，对文档进行单独修改，此时该文档不会随模板的修改而自动更新。

11.4.1 基于模板创建网页

使用模板创建网页有两种方式：从模板新建文档、为现有文档应用模板。本节将分别对这两种方式进行说明。

1. 从"模板"面板新建

本章前面讲述的例子都是使用这种方式创建新文档。打开"模板"面板，在需要的模板上单击鼠标右键，然后在弹出的快捷菜单中选择"从模板新建"命令，如图 11-46 所示。即可新建一个网页并在文档窗口中打开。

2. 使用"新建文档"对话框创建

执行"文件"|"新建"命令，打开"新建文档"对话框，如图 11-47 所示。

图 11-46 "从模板新建"网页

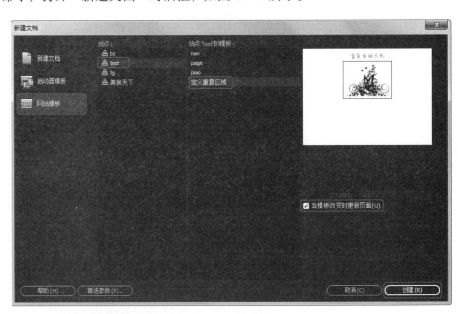

图 11-47 "新建文档"对话框

- 类别：选择"网站模板"。
- 站点：在下拉列表框中选择要应用的模板所在的站点。
- 站点的模板：在下拉列表框中选择需要的模板文件，右侧将显示模板的缩略图。
- 当模板改变时更新页面：选中该复选框，当模板变动时，会自动更新由该模板生成的所有网页文件。
- 创建：单击该按钮，即可基于指定的模板创建一个新文档。

11.4.2　上机练习——应用模板到页

 **练习目标**

本节介绍使用模板创建网页的另一种方法，为已编辑好的文档应用模板。通过实例加深对模板和模板元素的理解，掌握为网页套用模板，以及处理不一致的区域名称的方法。

11-4　上机练习——应用模板到页

 设计思路

首先打开一个已编辑好的 HTML 文件，使用"应用模板到页"命令为网页套用模板，然后通过设置"不一致的区域名称"对话框，将网页中的区域与模板中的可编辑区域对应起来，最终效果如图 11-48 所示。

 操作步骤

1. 打开文件

执行"文件"|"打开"命令，打开一个已编辑好的 HTML 文件，如图 11-49 所示。

图 11-48　套用模板的效果

图 11-49　初始文件效果

2. 选择要应用的模板

执行"工具"|"模板"|"应用模板到页"命令，打开如图 11-50 所示的"选择模板"对话框。
在"站点"下拉列表中选择要应用的模板所在的站点。
在"模板"列表中选择需要的模板。

图 11-50　"选择模板"对话框

> **注意：** 选择的模板应定义有可编辑区域，否则不能套用模板。

选中对话框底部的"当模板改变时更新页面"复选框。

3. 解析不一致的区域名称

单击"选定"按钮，如果文档中的内容不能自动指定到模板区域，会弹出如图 11-51（a）所示的"不一致的区域名称"对话框，提示用户此文档中的某些区域在新模板中没有相应区域。

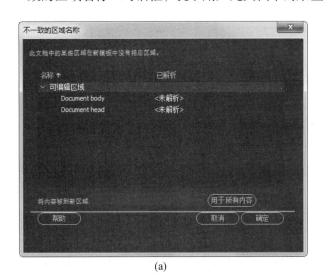

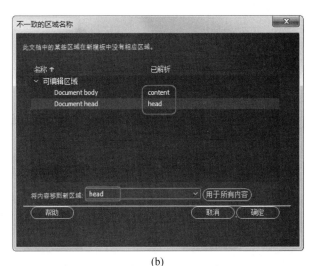

（a）　　　　　　　　　　　　　　　　　　　（b）

图 11-51　"不一致的区域名称"对话框

选中列表中不一致的区域名称，对话框下方的"将内容移到新区域"下拉列表变为可用状态。分别从下拉列表中选中 layout01.dwt 模板中定义的可编辑区域名称 content 和 head。此时，不一致的区域名称列表中，选定的区域的状态由"< 未解析 >"变为指定的区域名称 content 和 head，如图 11-51（b）所示。

> **提示：** 如果选择"不在任何地方"选项，则该区域的内容将从文档中删除。单击"用于所有内容"按钮，可将所有未解析的内容移到选定的区域。

4. 套用模板

单击"确定"按钮应用模板。应用模板前、后的页面效果如图 11-48 所示。

> **注意**：这将模板应用于现有文档时，该模板将用其标准化内容替换文档内容。所以将模板应用于页面之前，最好备份页面的内容。

此外，用户也可以直接在"模板"面板中用鼠标指针拖动模板到要应用模板的文档中，或单击"模板"底部的"应用"按钮，将指定的模板应用到当前编辑的文档。

11.4.3　分离模板

通过模板创建文档之后，文档和模板就密不可分了，只要修改模板，就可以自动对文档进行更新，通常将这种文档称作附着模板的文档。如果希望能随意地编辑应用了模板的文件，可以断开与模板的链接，即从模板中分离文档。

打开应用了模板的文档，执行"工具"|"模板"|"从模板中分离"命令，即可将文档与模板中分离，如图 11-52 所示。

从图 11-52 可以看出，文档与模板分离之前，在页面中可以看到可编辑区域的名称和标识，右上角可以看到基模板的名称，如图 11-52（a）所示。文档与所附模板分离之后，该文档变为一个普通文档，文档中不再有模板标记，如图 11-52（b）所示。

图 11-52　文档从模板中分离前、后的效果

11.4.4　修改模板并更新站点

1. 修改模板

在"模板"面板中双击要编辑的模板名称，或选中模板之后，单击"模板"面板底部的"编辑"按钮，如图 11-53 所示，即可打开模板进行编辑。

保存编辑过的模板时，Dreamweaver CC 2018 会弹出一个对话框，询问是否修改应用该模板的所有网页，如图 11-54 所示。

单击"更新"按钮，即可弹出如图 11-55 所示的"更新页面"对话框，自动更新所有基于当前模板生成的嵌套模板和网页，并在状态栏显示更新的状态信息。

2. 更新站点

用户也可以手动更新站点中的页面。

图 11-53 修改模板

图 11-54 "更新模板文件"对话框

图 11-55 "更新页面"对话框 1

修改模板之后，执行"工具"|"模板"|"更新页面"命令，如图 11-56 所示的"更新页面"对话框。

图 11-56 "更新页面"对话框 2

> ❧ 查看：用于选择页面更新的范围。
>> ☞ 整个站点：对指定的站点中所有的文档进行更新。
>> ☞ 文件使用：对站点中所有使用指定模板的文档进行更新。不使用该模板的文档不会被更新。
> ❧ 更新：指定要更新的项目。
>> ☞ 模板：更新站点中的模板及基于模板生成的所有页面。
>> ☞ 库项目：更新站点中的库项目及所有使用指定库项目的页面。

单击"开始"按钮，即可更新指定站点中的模板和网页，并在"状态"栏显示更新的状态信息，如图 11-57 所示。

图 11-57　"更新页面"对话框 3

🔍 **知识拓展**

更新 Web 字体脚本标记

Dreamweaver CC 2018 支持 Adobe Edge 字体，在页面中使用 Edge 字体时，将添加额外的脚本标签以引用 JavaScript 文件。显示页面时，从 Creative Cloud 服务器下载字体，即使用户计算机上有该字体也会下载。

如果页面使用了外部样式表中定义的 Edge 字体，更新页面时，应选中"Web 字体脚本标记"选项，以便更新 Web 字体脚本标记。

11.5　创建与使用库项目

在同一个站点中，网页文件中除了相同的外观，还有一些需要经常更新的页面元素也是相同的，例如版权声明、实时消息、公告内容等。这些内容只是页面中的一小部分，在各个页面中的摆放位置可能也不同，但内容却是一致的。在 Dreamweaver CC 2018 中，可以将这种内容保存为一个库项目，在需要的地方插入，并能在使用库项目的文件中自动更新。

执行"窗口"|"资源"命令，调出"资源"面板。单击"资源"面板左侧的"库"图标按钮📖，即可切换到"库"面板，如图 11-58 所示。"库"面板上半部分显示当前选中的库项目的预览图；下半部分则是当前站点中所有库项目的列表。

图 11-58　"库"面板

- ↘ 🔄：刷新站点列表，更新库项目。
- ↘ 📑：在库列表中新建一个库项目。
- ↘ 📝：编辑当前在库列表中选中的库项目。
- ↘ 🗑：删除当前在库列表中选择的库项目。

> 💡 **注意：** 删除库项目是从本地站点的 **Library** 目录中删除相应的库项目文件，删除后无法恢复。但已经插入到文档中的库项目内容并不会被删除。如果不小心误删某个库项目，可以使用"重新创建"命令恢复以前的库项目。有关"重新创建"的操作参见 11.5.4 节的讲解。

- ↘ （插入）：将在库列表中选中的库项目插入到当前文档中。

11.5.1　创建库项目

在 Dreamweaver CC 2018 中，可以从无到有创建一个空白的库项目，也可以将任何页面元素创建为库项目。本节将分别介绍这两种方法。

1. 创建空白库项目

单击"库"面板底部的"新建库项目"按钮 ⊡，库项目列表中将显示一个新建的项目，且名称处于可编辑状态，如图 11-59 所示。输入文件名称，按 Enter 键，或单击面板其他区域，即可新建一个库项目。

> 💡 **注意：** 站点中所有的库项目都应保存在站点根目录下的 Library 文件夹中，以 .lbi 为扩展名。不应在该文件夹中添加任何非 .lbi 的文件。

2. 增加对象到库

在文档窗口中选中要创建为库项目的内容（图 11-60），单击"库"面板底部的"新建库项目"按钮 ⊡，或者执行"工具"|"库"|"增加对象到库"命令（图 11-61），然后输入库项目名称即可。创建的库项目在文档中以黄色高亮显示，如图 11-62 所示。

图 11-59　新建库项目

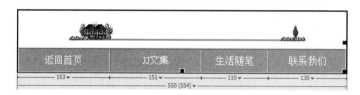

图 11-60　选中页面元素

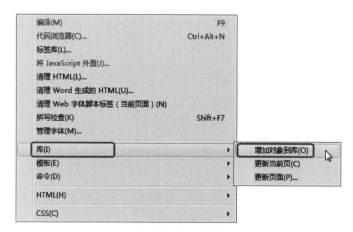

图 11-61　选择"增加对象到库"命令

图 11-62　创建的库项目

提示：如果选中的页面内容定义了样式，会弹出图 11-63 所示的对话框，提示用户没有同时复制样式表信息，所选内容放入其他文档中时，效果可能不同。单击"确定"按钮关闭对话框。在"代码"视图中将页面内容使用的样式代码复制到库文件的"代码"视图中。

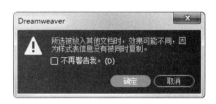

图 11-63　提示对话框

11.5.2　使用库项目

在页面中使用库项目，实际上是将库项目的一个副本以及对该库项目的引用一起插入到文档中。

将插入点定位在"设计"视图中要插入库项目的位置，在"库"面板中选择要插入的库项目，然后单击"库"面板底部的 插入 按钮；或直接将库项目从"库"面板中拖到文档窗口中。

此时，文档中会出现库项目所表示的文档内容，同时以淡黄色高亮显示，表明它是一个库项目，效果如图 11-64 所示。

图 11-64　在文档中插入库项目的效果

教你一招：在"文档"窗口中，库项目是作为一个整体出现的，不能对库项目中的局部内容进行编辑。如果希望只添加库项目内容而不希望它作为库项目出现，可以按住 Ctrl 键的同时，将库项目从"库"面板中拖动到"文档"窗口中。此时插入的内容以普通文档的形式出现，可以对其进行任意编辑，如图 11-65 所示。

图 11-65　仅插入库项目的内容

11.5.3　上机练习——在网页中添加版权声明

 练习目标

通过前面操作方法的讲解，结合本节练习实例进一步掌握新建库项目，以及将库项目应用到网页中的操作步骤。

11-5　上机练习——在网页中添加版权声明

 设计思路

首先使用"新建库项目"命令创建一个空白的库文件，然后双击打开文件，通过插入 Div 布局块、设置 CSS 样式定义库文件的显示外观，接下来在布局块中添加图像和文本，最后打开一个网页文件，将制作好的库项目插入文档中，如图 11-66 所示。

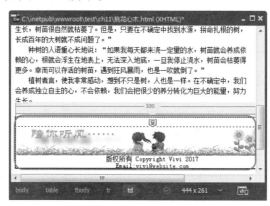

图 11-66　插入库项目

 操作步骤

1. 新建库项目

打开"文件"面板，在站点下拉列表中选择要创建库项目的站点。打开"资源"面板，单击"库"图标按钮切换到"库"面板，然后单击面板底部的"新建库项目"按钮，输入库项目名称 copyright，如图 11-67 所示。

2. 创建布局块

在"库"面板中双击上一步创建的库项目打开库文件,将指针定位在文档窗口中,执行"插入"|"Div"命令，在弹出的"插入 Div"对话框中设置布局块 ID 为 footer，如图 11-68 所示。

图 11-67　新建库项目

图 11-68　"插入 Div"对话框

提示：编辑库项目时，"页面属性"对话框不可用，因为库项目中不能包含body标记或其属性。

3. 定义布局块外观样式

单击"新建 CSS 规则"按钮，在弹出的"新建 CSS 规则"对话框中单击"确定"按钮，弹出"#footer 的 CSS 规则定义"对话框。

在"类型"分类中设置字号（Font-size）为 12px，行高（Line-height）为 120%；

在"区块"分类中设置文本对齐方式（Text-align）为"center"；

在"方框"分类中设置宽度（Width）为 500px；

单击"应用"和"确定"按钮关闭对话框。此时打开"CSS 设计器"面板，可以看到如图 11-69 所示的属性设置。

图 11-69　设置布局块的 CSS 属性

4. 编辑库文件内容

删除布局块 footer 的占位文本，执行"插入"|"图像"命令，在弹出的对话框中选择要插入的分隔图。

将鼠标指针置于分隔图右侧，按下 Shift + Enter 组合键插入一个软回车，然后输入需要的版权声明文本。同样的方法，另起一行，输入邮箱地址，如图 11-70 所示。

5. 设置电子邮件链接

选中上图中的邮箱地址，在"属性"面板的"链接"文本框中输入 mailto:vivi@website.com，此时的页面效果如图 11-71 所示。

6. 保存库文件

执行"文件"|"保存"菜单命令保存库文件。

7. 应用库项目

执行"文件"|"打开"命令，打开一个要插入版权声明的网页，并将指针放在插入点。打开"库"面板，选中上一步保存的库项目，然后单击"插入"按钮，如图 11-72 所示。即可看到插入的库项目以淡黄色高亮显示，如图 11-66 所示。

图 11-70　编辑库文件内容

图 11-71　添加电子邮件链接的效果

图 11-72　插入库项目

8. 保存文件

执行"文件"|"另存为"菜单命令，保存文件。

11.5.4 编辑库项目

在文档窗口中选择一个库项目后,选择"窗口"|"属性"命令,可以看到如图 11-73 所示的"属性"面板。

图 11-73 库项目的属性面板

- ➥ 打开:单击该按钮可以打开库项目的源文件进行编辑。
- ➥ 从源文件中分离:将当前选择的内容从库项目中分离出来,这样可以对插入到文档窗口中的库项目内容进行修改。事实上,此时页面中的内容已不能称为库项目了。

在使用该功能时,会弹出一个对话框,提示用户执行该操作后,库项目源文件被改变时,该网页中的库项目内容不会自动更新,如图 11-74 所示。如果单击"确定"按钮,即可将当前选择的内容与库项目分离;如果选择"取消"按钮,则取消操作。

> 🔒 **提示**:在将库项目拖到"文档"窗口的同时,按下 Ctrl 键,也可以将库项目从源文件中分离。

- ➥ 重新创建:将插入的库项目内容重新生成库项目文件。使用该功能时,会显示一个对话框,如图 11-75 所示,询问用户是否覆盖现存的库项目。通常在删除库项目文件后,使用该功能恢复以前的库项目文件。

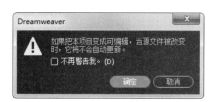

图 11-74 提示对话框 1

图 11-75 提示对话框 2

> 🔒 **提示**:如果重建后的库项目没有出现在"库"面板中,可以单击"库"面板底部的"刷新站点列表"按钮 🔄,如图 11-76 所示。

图 11-76 单击"刷新站点列表"按钮

11.6　实例精讲 —— 柳永名作欣赏

 练习目标

　　本实例制作一个词作欣赏网站，通过对该实例的讲解，使读者对模板、可编辑区域和库有更加深入的了解，并能够牢固掌握使用模板和库创建统一风格网页的方法。

 设计思路

　　首先新建一个空白的 HTML 模板，使用表格创建页面的整体框架，将词作内容区域设置为可编辑区域，并将页面保存为模板，然后制作库项目插入到模板的可编辑区域。最后基于模板生成新的网页，并修改词作内容，最终效果如图 11-77 所示。单击导航文本，则跳转到一个除词作内容不同，其他页面元素均相同的页面。

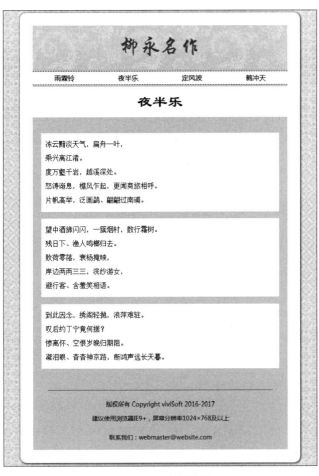

图 11-77　实例效果

 **操作步骤**

11.6.1　制作页面基本框架

11-6　制作页面基本框架

1. 新建模板文件

　　执行"文件"|"新建"命令，在弹出的"新建文档"对话框中选择文档类型为"HTML 模板"，新

建一个空白的 HTML 模板文件。

2.设置页面属性

执行"文件"|"页面属性"命令,在"页面属性"对话框中设置页面的背景图像;然后切换到"链接"页面,设置链接颜色为 #333333,已访问链接颜色为 #330000,变换图像链接和活动链接颜色为 #FF3300,仅在变换图像时显示下画线,如图 11-78 所示。单击"确定"按钮关闭对话框。

图 11-78　设置链接样式

3.插入表格

执行"插入"|"表格"命令,在页面中插入一个 3 行 1 列的表格,表格宽度为 600 像素,边框粗细、单元格边距和单元格间距均为 0,如图 11-79 所示。选中表格,在"属性"面板上的"对齐"下拉列表中选择"居中对齐",ID 为 main。

4.格式化表格

(1)创建样式表文件。打开"CSS 设计器"面板,单击"添加 CSS 源"按钮,在弹出的下拉菜单中选择"创建新的 CSS 文件"命令。在弹出的对话框中单击"浏览"按钮,输入样式表文件的名称 common.css,如图 11-80 所示。单击"确定"按钮关闭对话框。

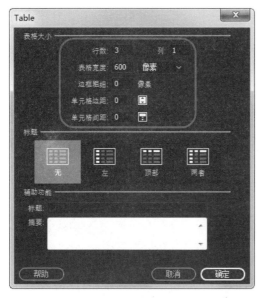

图 11-79　设置表格参数

图 11-80　创建新的 CSS 文件

（2）定义 CSS 规则。在"CSS 设计器"面板中选择源 common.css；单击"添加选择器"按钮，设置选择器名称为 #main；然后在属性列表中设置边框宽（width）为 30px，样式（style）为 solid（实线），颜色（color）为白色；边框的圆角半径（border-radius）为 15px；水平（h-shadow）和垂直（v-shadow）阴影为 1px，模糊半径（blur）为 4px，如图 11-81 所示。

（3）预览样式效果。切换到"实时视图"，可以看到应用样式后的表格效果如图 11-82 所示。

5. 格式化标题文本

（1）输入文本。选中第 1 行单元格，在"属性"面板上设置"高度"为 100，然后输入文本"柳永名作"。

（2）定义 CSS 规则。打开"CSS 设计器"面板，选择源 common.css；单击"添加选择器"按钮，设置选择器名称为 .topbg；然后在属性列表中设置背景图像；设置文本颜色（color）为 #B42E09，字体（font-family）为"华文行楷"，字号（font-size）为 48px，居中对齐，如图 11-83 所示。

图 11-81　设置表格的 CSS 属性

图 11-82　格式化表格的效果

图 11-83　设置文本的 CSS 属性

（3）应用样式。将鼠标指针放在第 1 行单元格中，在"属性"面板上的"目标规则"下拉列表中选择 .topbg。切换到"实时视图"，页面的预览效果如图 11-84 所示。

图 11-84　格式化单元格的效果

6. 制作导航条

（1）嵌套表格。选中第 2 行单元格，设置单元格内容水平和垂直对齐方式均为"居中""高"为 40，背景颜色为 #EBD399。然后在单元格中嵌套一个 1 行 4 列，宽度为 100%，边框粗细、单元格边距和单元格间距均为 0 的表格，如图 11-85 所示。

（2）设置单元格属性。选中嵌套表格，在"属性"面板上设置表格 ID 为 nav；选中所有单元格，设置背景颜色为白色（#FFF），高为 30，如图 11-86 所示。

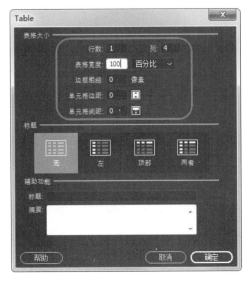

图 11-85　设置嵌套表格的参数

图 11-86　设置单元格属性后的效果

（3）设置表格上、下边框样式。打开"CSS 设计器"面板，选择源 common.css；单击"添加选择器"按钮，设置选择器名称为 #nav；然后在属性列表中设置上边框的宽度为 1px，样式为 dashed（虚线），颜色为黑色（#000），同样的方法设置下边框的样式，如图 11-87 所示。

（4）输入导航文本。在单元格中依次输入导航文本，切换到"实时视图"，页面的预览效果如图 11-88 所示，嵌套表格的上、下边框显示为虚线，其他边线不显示。

图 11-87　设置上、下边框样式

图 11-88　输入导航文本

为了便于控制对齐格式，词的内容部分放在一个两行一列的表格中。

7. 嵌套表格

选中第 3 行单元格，设置单元格内容水平对齐方式为"居中对齐"，垂直对齐方式为"顶端"，然后在单元格中插入一个 2 行 1 列的表格，表格宽度为 600 像素，边框粗细为 0，单元格边距为 20，单元格间距为 0，如图 11-89 所示。

8. 设置标题样式

（1）输入标题。选中嵌套表格的第 1 行，设置单元格"高"为 50，背景颜色为白色（#FFF）。然后输入文本"雨霖铃"。

（2）定义 CSS 规则。打开"CSS 设计器"面板，在"CSS 源"列表中选择 common.css；单击"添加选择器"按钮，设置选择器名称为 .titlefont；然后在属性列表中设置内边距（padding）为 10px，字体为"隶书"，字号为 36px，对齐方式（text-align）为"居中"，如图 11-90 所示。

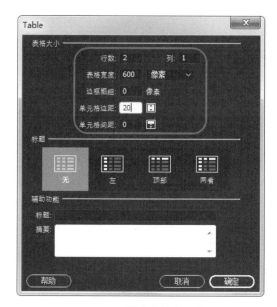

图 11-89　嵌套表格的属性

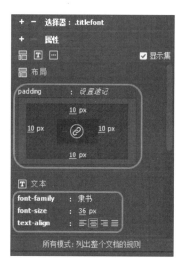

图 11-90　设置 CSS 属性

（3）应用样式。选中输入的标题文本，在"属性"面板的"目标规则"下拉列表中选择 .titlefont。此时的页面效果如图 11-91 所示。

图 11-91　设置标题样式的效果

9. 格式化文本

（1）输入文本。选中嵌套表格的第 2 行，设置单元格内容垂直对齐方式为"顶端"，背景颜色为 #EBD399，然后输入诗词文本。

（2）定义 CSS 规则。打开"CSS 设计器"面板，在"CSS 源"列表中选择 common.css；单击"添加选择器"按钮，设置选择器名称为 .fontstyle；然后在属性列表中设置内边距（padding）为 10px，字体（font-family）为"新宋体"，行距（line-height）为 200%，背景颜色（background-color）为白色（#FFF），如图 11-92 所示。

（3）应用样式。选中输入的文本内容，在"属性"面板的"目标规则"下拉列表中选择 .fontstyle。此时的页面在"实时视图"中的预览效果如图 11-93 所示。

10. 保存模板

执行"文件"|"保存"命令，在弹出的对话框中输入模板名称 famous.dwt。

图 11-92　设置 CSS 属性

图 11-93　实例效果

11.6.2　定义可编辑区域

1. 插入表格行

选中导航条以下的嵌套表格，将指针放在表格右侧，单击鼠标右键，在弹出　11-7　定义可编辑区域
的快捷菜单中选择"表格"|"插入行或列"命令，在弹出的对话框中选择插入"行"，
行数为 1，位置为"所选之下"，如图 11-94 所示。单击"确定"按钮关闭对话框，即可看到添加的一行，
如图 11-95 所示。

2. 添加可编辑区

选中导航条下方的嵌套表格，执行"插入"|"模板"|"可编辑区域"命令，弹出"新建可编辑区域"
对话框，在"名称"文本框中输入 content，如图 11-96 所示。然后单击"确定"关闭对话框。

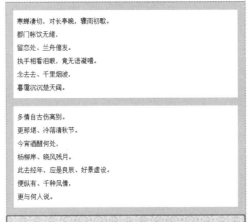

图 11-94　插入行

图 11-95　插入的行

图 11-96　设置可编辑区域的名称

此时，在"设计"视图中可以看到插入的可编辑区域，如图 11-97 所示。

3. 添加第 2 个可编辑区

选中添加的表格行，在"属性"面板上设置背景颜色为 #EBD399。然后按照上一步的方法插入一个可编辑区域 footer。此时的页面效果如图 11-98 所示。

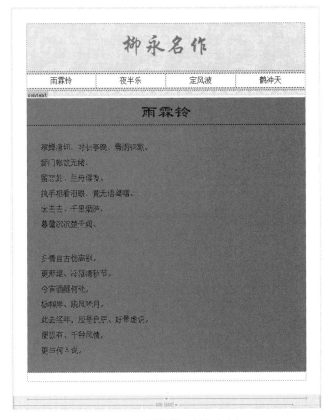

图 11-97　插入的可编辑区域

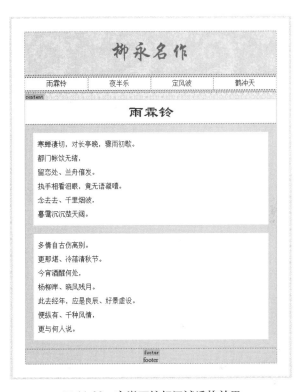

图 11-98　定义可编辑区域后的效果

4. 保存文件

执行"文件"|"保存"命令保存文件。

11-8　制作库项目

11.6.3　制作库项目

1. 新建库项目

打开"资源"面板，单击"库"按钮 切换到"库"面板。单击面板底部的"新建库项目"按钮 ，设置库项目名称为 famous_cp.lbi，如图 11-99 所示。

2. 打开库项目

在库项目列表中双击库项目 famous_cp.lbi，打开库项目编辑窗口。

3. 编辑库项目

（1）插入表格。执行"插入"|"表格"命令，插入一个 4 行 1 列的表格，宽度为 90%，边框粗细、单元格边距和单元格间距均为 0。选中表格，在属性面板上的"对齐"下拉列表中选择"居中对齐"。

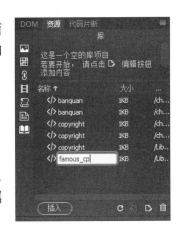

图 11-99　新建库项目

（2）输入文本。选中所有单元格，在属性面板上设置单元格内容水平和垂直对齐方式均为"居中"，然后在第 1 行插入水平线，其他行输入版权文本，并指定邮箱链接，如图 11-100 所示。

图 11-100　版权声明文本

（3）格式化文本。打开"CSS 设计器"面板，单击"添加 CSS 源"按钮，选择在页面中定义；单击"添加选择器"按钮，输入选择器名称 .footstyle；然后在属性列表中设置文本颜色为 #333333，大小为 14px，居中对齐，如图 11-101 所示。

4. 保存库项目

执行"文件" |"保存"命令，保存文件。

5. 应用库项目

打开模板文件 famous.dwt，将鼠标指针定位在第 2 个可编辑区域中，删除其中的占位文本，然后打开"库"面板，选中上一步制作好的库项目，单击"插入"按钮插入库项目。此时的模板如图 11-102 所示。

图 11-101　设置 CSS 属性

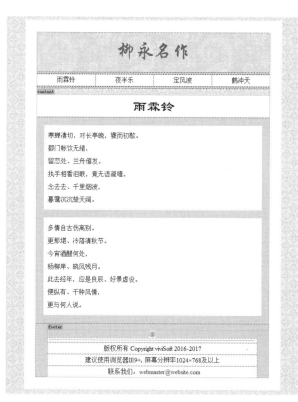

图 11-102　模板效果

6. 保存模板

执行"文件" |"保存"命令，保存模板文件。

11.6.4　套用模板制作新页面

1. 创建页面

11-9　套用模板制作新页面

打开"模板"面板，在模板文件 famous.dwt 上单击鼠标右键，在弹出的快捷菜单中选择"从模板新建"命令，新建基于模板的文档。可以发现在文档中只有诗词内容是可编辑的，其他区域处于锁定状态，如图 11-103 所示。

2. 保存文件

执行"文件"|"保存"命令，将文件保存为 yulinling.html，完成第一张网页的制作。

3. 生成其他页面

重复以上两步的操作，通过修改诗词内容，生成其他页面，如图 11-104 所示。

图 11-103　使用模板创建新网页

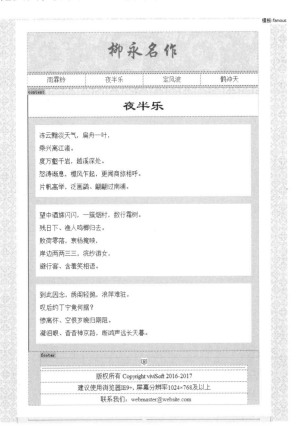

图 11-104　第二张网页效果

4. 添加导航链接

打开模板文件 famous.dwt，为导航文本指定链接目标，使之链接到上面制作的目标文件。

5. 更新模板文件

执行"文件"|"保存"命令，弹出"更新模板文件"对话框，如图 11-105 所示。单击"更新"按钮，弹出如图 11-106 所示的"更新页面"对话框。更新完成后，在"状态"域显示更新成功消息。单击"关闭"按钮关闭对话框。

图 11-105　"更新模板文件"对话框

图 11-106　"更新页面"对话框

至此，文件制作完成。打开浏览器即可对作品进行浏览测试。

11.7 答疑解惑

1. 模板和库的应用有何区别？

答：应用模板和库能大大提高网站维护的效率，因为更新库和模板时，能使所有应用该模板和库的页面同时自动更新。模板和库在本质上差异不大，不同的是，模板针对的是页面大框架的、整体上的控制，用于制作整体网页的重复部分，保持网站风格的统一，文件保存在站点根目录下的 Templates 文件夹中；库用于制作网页局部的重复部分，如网站图标和版权声明，保持局部元素的统一，文件保存在站点根目录下的 Libraly 文件夹中。

2. 怎样使用 Dreamweaver CC 2018 套用从 Internet 下载的模板和整站程序？

答：整站程序一般都有模板文件，有专用的模板目录，用户可以根据需要直接修改模板。如果要套用模板生成网页，可以在 Dreamweaver CC 2018 中先新建文件，然后执行"工具"|"模板"|"应用模板到页"菜单命令，在打开的"选择模板"对话框中选择需要的模板。读者要注意的是，这些操作的前提是首先在 Dreamweaver CC 2018 中建立站点文件夹。

3. 如何将 Dreamweaver CC 2018 模板的可编辑区域变为锁定区域？

答：首先在 Dreamweaver CC 2018 中打开可编辑区域所在的模板文件。在模板文件中，可编辑区域的名称是蓝底黑字，编辑区域有蓝色的边框，单击可编辑区域的名称可以选中它，然后执行"工具"|"模板"|"删除模板标记"命令，即可将该可编辑区域变为锁定区域。

11.8 学习效果自测

一、选择题

1. Dreamweaver CC 2018 的模板文件的扩展名是（   ）。

    A. .html   B. .lib   C. .dwt   D. .txt

2. 在命名可编辑区域时，（   ）字符可以用于设置可编辑区域的名称。

    A. 双引号   B. | C. 小括号   D. &

3. "资源"面板中包括的资源类别有（   ）。

    A. 图像   B. 颜色   C. 链接   D. 媒体

4. 下面关于"资源"面板的说法中错误的是（   ）。

    A. 有两种显示方式   B. 站点列表方式可以显示网站的所有资源

    C. 收藏夹方式只显示自定义的收藏资源   D. 模板和库不在"资源"面板中显示

5. 下列关于可编辑区的说法中正确的是（   ）。

    A. 只有定义了可编辑区，才能创建大同小异的网页

    B. 在编辑模板时，可编辑区是可以编辑的，锁定区是不可以编辑的

    C. 一般把共同特征的标题和标签设置为可编辑区

    D. 以上说法都错

二、判断题

1. 在模板文档中，可编辑区是指页面中变化的部分。（   ）

2. Dreamweaver CC 2018 默认把所有区域标记为可编辑区。（   ）

3. 可以将网页中的整个表格定义为可编辑区。（   ）

4. 可选区域是在创建网页时定义的，其中的内容不可以是图片。（   ）

5. 某用户在基于模板生成的页面中无法插入 Div，其原因可能是该用户没有定义锁定区域。（　　　）

三、填空题

1. 模板的（　　　）指的是在某个特定条件下该区域可编辑。

2. 模板有两种类型的区域：（　　　）和（　　　）。

3. 在 Dreamweaner CC 2018 中，模板文件存放在（　　　）文件夹中。

4. 除模板之外，还可以利用（　　　）快速在文档中输入具有相同格式和内容的文档元素组合。

5. 如果只需要把库项目中的内容加到页面中，而不需要与库进行关联，可以在拖动库项目到网页的同时按住（　　　）键。

四、操作题

试着动手创建一个模板，在模板中插入一个可编辑区域和一个重复区域，然后在此模板基础上创建新的网页。

第 12 章

旅游网站综合实例

本章导读

本章将详细介绍在 Dreamweaver CC 2018 中利用模板、结构元素、CSS 样式等技术制作"旅游网站"的具体方法。本章运用到了网页制作的大部分技术，包括运用布局块进行页面排版、利用 CSS+Div 制作下拉菜单、实现滚动文本的效果，以及利用模板和库项目创建统一的网页风格等。

学习要点

- ◆ 掌握制作下拉菜单的方法
- ◆ 使用 CSS 设置布局块外观
- ◆ 创建和使用库项目
- ◆ 掌握使用模板创建网页的操作

12.1 实例效果

本实例制作一个简单的旅游资讯网站，用到了众多的知识点，包括制作下拉菜单、模板技术、库项目以及滚动文本的制作等，整张页面使用 CSS+Div 进行布局。首页效果如图 12-1 所示。

图 12-1　首页效果

鼠标指针移到导航条上的文本时，文本显示为灰底红字，且弹出下拉菜单，如图 12-2 所示；将鼠标指针移动子菜单上时，对应菜单项高亮显示，如图 12-3 所示。

图 12-2　鼠标指针移过导航文本

图 12-3　选择子菜单

　　本例有多个页面，但内容主要集中介绍模板制作方面，然后在模板的基础上制作首页及"大九湖"页面，效果如图 12-4 所示。读者可以依照本章的讲解制作其他页面。

图 12-4　页面效果

12.2　设 计 思 路

　　首先新建一个空白的 HTML 模板，使用 HTML5 中的语义元素和 Div 创建页面的整体框架，创建 CSS 样式表，定义各个布局块的外观。

　　接下来使用 Div 标签和 CSS 样式制作下拉菜单，同样的方法，格式化页面中的其他部分。然后制作库项目和可编辑区域。

　　最后基于模板生成新的网页，并修改可编辑区域中的内容生成不同的页面。

12.3 制 作 步 骤

本实例对页面的各个组成部分分别进行讲解，制作步骤如下。

12-1 制作页面基本框架

12.3.1 制作页面基本框架

1.新建模板文件

执行"文件"|"新建"命令，在弹出的"新建文档"对话框中选择文档类型为"HTML 模板"，新建一个空白的 HTML 模板文件。

2.制作页面主结构

（1）在"设计"视图中执行"插入"|"Div"命令，在弹出的"插入 Div"对话框中输入 ID 为 main，如图 12-5 所示。单击"确定"按钮关闭对话框。该布局块用于定位整个页面。

图 12-5 "插入 Div"对话框

（2）删除布局块中的占位文本，执行"插入"|"HTML"|"Header"命令，在弹出的"插入 Header"对话框中输入 ID 为 header，如图 12-6 所示。单击"确定"按钮关闭对话框。该布局块用于放置页面的顶栏图片。

图 12-6 "插入 Header"对话框

（3）在状态栏上选中 #header 标签，将鼠标指针放在该布局块右侧，执行"插入"/"HTML"/"Navigation"命令，在弹出的"插入 Navigation"对话框中输入 ID 为 nav，如图 12-7 所示。单击"确定"按钮关闭对话框。该布局块用于放置导航菜单。

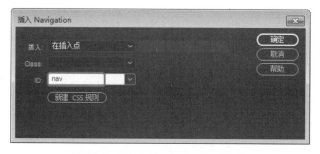

图 12-7 "插入 Navigation"对话框

（4）重复上面同样的方法，依次插入一个 Div 标签（ID 为 container）和一个 Footer 标签（ID 为 footer），分别用于放置页面内容和页脚，此时的页面如图 12-8 所示。

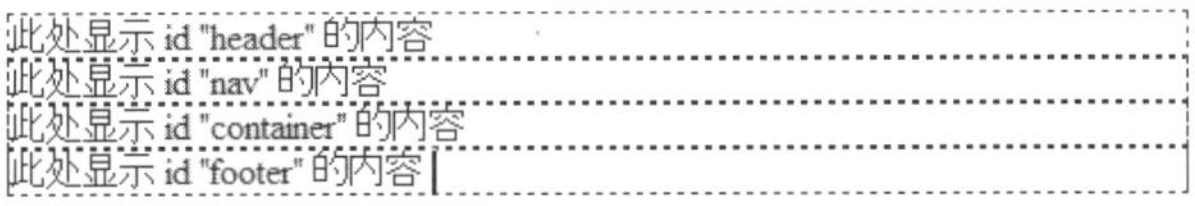

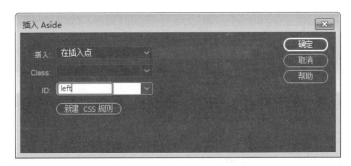

图 12-8　页面主结构

3. 制作内容布局块

（1）删除 container 布局块中的占位文本，执行"插入"|"HTML"|"Aside"命令，在弹出的"插入 Aside"对话框中输入 ID 为 left，如图 12-9 所示。该布局块用于放置左侧边栏。同样的方法，在 left 布局块下方插入一个 ID 为 right 的 Aside 布局块，用于放置右侧边栏。

图 12-9　"插入 Aside"对话框（1）

（2）在状态栏上选中 #right 标签，将鼠标指针放在该布局块右侧，执行"插入"|"HTML"|"Article"命令，在弹出的"插入 Article"对话框中输入 ID 为 content，如图 12-10 所示。单击"确定"按钮关闭对话框。该布局块用于放置页面正文。

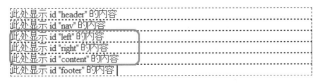

图 12-10　"插入 Article"对话框（2）

此时的页面效果如图 12-11 所示。

图 12-11　内容布局块效果

4. 创建样式表

打开"CSS 设计器"面板，单击"添加 CSS 源"按钮，在弹出的下拉菜单中选择"创建新的 CSS 文件"

命令。单击"浏览"按钮,在弹出的对话框中指定样式表的保存位置,名称为 common.css,添加方式为"链接",如图 12-12 所示。单击"确定"按钮关闭对话框。

图 12-12　"创建新的 CSS 文件"对话框

5. 设置页面属性

执行"文件"|"页面属性"命令,在"页面属性"对话框中设置页面的背景图像,页面字体大小为 14,页边界为 0;然后切换到"链接"页面,设置链接颜色为 #333,已访问链接颜色为 #4A0E03,变换图像链接和活动链接颜色均为 #FF0000,仅在变换图像时显示下画线,如图 12-13 所示。单击"确定"按钮关闭对话框。

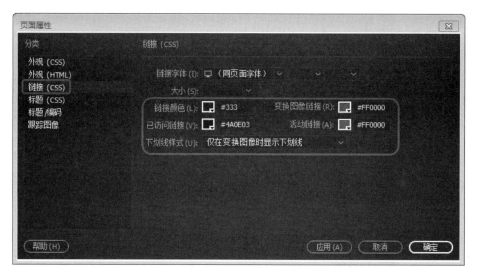

图 12-13　设置链接样式

为保持页面内容与样式分离,可以在"代码"视图中将自动生成的样式代码(<style> 和 </style> 之间的代码)剪切到样式表文件 common.css 中,然后删除多余的 <style> 标签。

6. 定位主结构

在"CSS 设计器"面板中选择 CSS 源为 common.css,单击"添加选择器"按钮,输入选择器名称 #main,然后在属性列表中设置宽(width)为 1000px,左、右外边距(margin)为 auto,上、下外边距(margin)为 0,如图 12-14 所示。这样,整个页面将水平居中显示。

7. 制作 topbar

按照上一步同样的方法添加选择器 #header,在属性列表中设置高(height)为 332px;然后设置背景图像,且图像不重复,如图 12-15 所示。此时的页面效果如图 12-16 所示。

图 12-14　设置主结构的 CSS 属性　　　　图 12-15　设置 header 的 CSS 属性

图 12-16　topbar 的效果

8. 设置导航条的外观

重复上一步的方法添加选择器 #nav，设置 CSS 属性如下：

```
#nav {
    width: 1000px;
    height: 40px;
    margin: 0px auto 5px auto;
    border: 1px solid #666666;
    background-color: #67C6ED;
}
```

此时的页面效果如图 12-17 所示。

图 12-17　导航条的外观效果

9. 定位内容显示区域

（1）设置左侧边栏属性。在"CSS 设计器"面板中添加选择器 #left，然后在属性列表中定义属性。或者直接在 common.css 文件中编写样式定义，代码如下：

```
#left {
    width: 210px;
    float: left;
    background-color:#91D5EF;
    margin-top:0px;
    border:1px solid #666;
}
```

（2）设置右侧边栏属性。在"CSS 设计器"面板中添加选择器 #right，然后在属性列表中定义属性。或者直接在 common.css 文件中编写样式定义，代码如下：

```
#right {
    float: right;
    width: 210px;
    margin:0px;
    border:1px solid #666;
    background-color:#91D5EF;
}
```

（3）设置正文显示区域的属性。在"CSS 设计器"面板中添加选择器 #content，然后在属性列表中定义属性。或者直接在 common.css 文件中编写样式定义，代码如下：

```
#content {
    width: 570px;
    margin-left: 214px;
    margin-right: 5px;
    border:1px solid #666;
    background-color:#91D5EF;
    }
```

此时的页面在"实时视图"中的显示效果如图 12-18 所示。

图 12-18 内容显示区域定位

10. 格式化页脚区域

在"CSS 设计器"面板中添加选择器 #footer，然后在属性列表中定义属性。或者直接在 common.css 文件中编写样式定义，代码如下：

```
#footer {
    width:1000px;
    background-color:#91D5EF;
    text-align: center;
    line-height: 120%;
    font-size: 14px;
    border:1px solid #666;
    margin-top:3px;
```

```
    padding-top:5px;
    padding-bottom:5px;
}
```

此时的页面在"实时视图"中的显示效果如图 12-19 所示。

图 12-19　页面效果

11. 保存模板

执行"文件"｜"保存"命令，在弹出的对话框中输入模板名称 lvyou.dwt。

12.3.2　制作导航条

12-2　制作导航条

1. 添加一级导航文本

删除 nav 标签中的占位符文本，输入文本，以回车符分隔。然后选中文本，单击 HTML 属性面板上的"项目列表"按钮，创建无序列表，并为文本添加链接，效果如图 12-20 所示。

2. 定义无序列表的列表样式

（1）取消显示项目符号。在"CSS 设计器"面板中添加选择器 ul li，然后在属性列表中定义属性。或者直接在 common.css 文件中编写样式定义，代码如下：

```
ul li {
    list-style-image: none;
    list-style-type: none;
}
```

此时的显示效果如图 12-21 所示，列表项左侧不显示项目符号。

图 12-20　无序列表效果

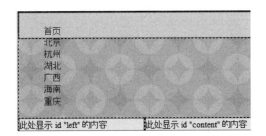

图 12-21　取消显示项目符号效果

（2）定义列表项的显示方式。在"CSS 设计器"面板中添加选择器 #nav ul li，然后在属性列表中定义属性。或者直接在 common.css 文件中编写样式定义，代码如下：

```
#nav ul li {
  float: left;
  margin-left: 40px;
  text-align:center;
  height: 40px;
  width: 100px;
}
```

此时的显示效果如图 12-22 所示，列表项目横向排成一行，顶部对齐。将鼠标指针移到导航文本周围，可以看到列表项的区域范围。

图 12-22　列表项横向排列效果

（3）定义列表项的链接样式。在"CSS 设计器"面板中添加选择器 #nav ul li a，然后在属性列表中定义属性。或者直接在 common.css 文件中编写样式定义，代码如下：

```
#nav ul li a{
  diaplay:block;
  width:100px;
  height:40px;
  text-align:center;
  line-height:40px;
  color: #333;
}
```

此时，页面在"实时视图"中的显示效果如图 12-23 所示，文本垂直居中，将鼠标指针移到导航文本上时，文本下方显示下画线。

图 12-23　列表项的链接效果

（4）定义鼠标指针经过的链接样式。在"CSS 设计器"面板中添加选择器 #nav ul li a:hover，然后在属性列表中定义属性。或者直接在 common.css 文件中编写样式定义，代码如下：

```
#nav ul li a:hover{
  display:block;
  background-color:#999;
  color: #F00;
}
```

此时，页面在"实时视图"中的显示效果如图 12-24 所示，将鼠标指针移到导航文本上时，列表项的区域显示为灰底，文本显示为红色，且下方显示下画线。

图 12-24　鼠标指针经过的链接样式效果

3. 定义二级菜单的显示效果

（1）添加二级菜单文本。切换到"代码"视图，单击文档窗口左上角的"源代码"按钮，修改
<nav> 标签的代码，添加二级菜单。修改后的代码如下：

```
<nav id="nav">
    <ul>
      <li><a href="#"> 首　页 </a></li>
      <li><a href="#"> 北　京 </a>
        <ul>
          <li><a href="#"> 故宫博物院 </a></li>
          <li><a href="#"> 天安门 </a></li>
          <li><a href="#"> 颐和园 </a></li>
        </ul>
      </li>
      <li><a href="#"> 杭　州 </a>
        <ul>
          <li><a href="#"> 西　湖 </a></li>
          <li><a href="#"> 龙井山 </a></li>
          <li><a href="#"> 灵隐寺 </a></li>
        </ul>
      </li>
      <li><a href="#"> 湖　北 </a>
        <ul>
          <li><a href="wuyinshan.html"> 大九湖 </a></li>
          <li><a href="#"> 神农顶 </a></li>
        </ul>
      </li>
      <li><a href="#"> 广　西 </a>
        <ul>
          <li><a href="#"> 北　海 </a></li>
          <li><a href="#"> 南　宁 </a></li>
        </ul>
      </li>
      <li><a href="#"> 海　南 </a></li>
      <li><a href="#"> 重　庆 </a></li>
    </ul>
</nav>
```

此时，页面在"实时视图"中的显示效果如图 12-25 所示。默认情况下，二级菜单与一级菜单同屏显示，
且显示样式相同。

图 12-25　添加二级菜单文本效果

（2）定义二级列表的显示样式。在"CSS 设计器"面板中添加选择器 #nav ul li ul li，然后在属性列
表中定义属性。或者直接在 common.css 文件中编写样式定义，代码如下：

```
#nav ul li ul li{
  float:none;
  width:100px;
  background:#eee;
  margin:0;
```

```
}
#nav ul li ul{
  display:none;
  border:1px solid #ccc;
  position:absolute;
}
#nav ul li:hover ul{
  float:none;
  display:block;
}
```

上面的代码首先使用 float:none; 清除二级菜单的浮动，然后定义二级菜单的宽度、背景色。使用 margin:0 清除继承自一级菜单中的左边距 margin-left:40px。

接下来使用 display:none; 隐藏二级菜单，然后在规则 #nav ul li:hover ul 中使用 display:block 指定当鼠标指针划过时显示二级菜单。如果二级菜单显示，将会把下边的内容挤跑，所以使用 position:absolute; 对 #nav ul li ul 绝对定位。

此时，页面在"实时视图"中的显示效果如图 12-26 所示。二级菜单隐藏，将鼠标指针移到导航文本上时，显示二级菜单。

图 12-26　二级菜单的显示效果

（3）定义二级菜单的链接样式。在"CSS 设计器"面板中添加选择器 #nav ul li ul，然后在属性列表中定义属性。或者直接在 common.css 文件中编写样式定义，代码如下：

```
#nav ul li ul li a{
  background:none;
}
#nav ul li ul li a:hover{
  background:#333;
  color:#fff;
}
```

首先使用 background:none 清除继承自一级菜单的背景，然后指定鼠标指针划过链接时的背景颜色和文本颜色。

此时，页面在"实时视图"中的显示效果如图 12-27 所示，将鼠标指针移到二级菜单上时，二级列表背景显示为深灰色，文本显示为白色，且带有下画线。

图 12-27　二级菜单的链接样式效果

4. 保存文件

执行"文件"|"保存"命令，保存模板文件和样式表文件。

12.3.3　制作侧边栏

1. 制作"实时天气"栏目

（1）插入栏目布局块。删除布局块 left 中的占位文本。执行"插入"|"Div"命令，在弹出的对话框中设置布局块 ID 为 weather。

12-3　制作侧边栏

（2）删除布局块中的占位文本，切换到"代码"视图，添加布局块 weather 的显示内容。编辑后的相关代码如下：

```
<aside id="left">
    <div id="weather">
        <div> 实时天气 </div>
        <div>  白天到夜间：晴朗干燥，有霾；东北风 2~3 级；早晨最低气温 8 度，白天最高气温 15 度；相对湿度 35%
到 70%；森林火险等级五级，极度危险。 </div>
        <br>
    </div>
</aside>
```

此时的页面效果如图 12-28 所示。

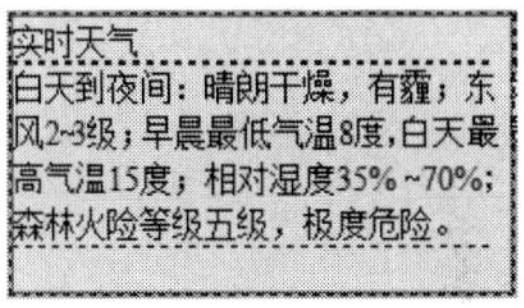

（3）格式化栏目标题。在"CSS 设计器"面板中添加选择器 .title，然后在属性列表中定义属性。或者直接在 common.css 文件中编写样式定义，代码如下：

图 12-28　添加文本效果

```
.title {
  background-image: url(images/index_bg9.gif);
  background-repeat: no-repeat;
  height: 40px;
  padding-left: 30px;
  padding-top: 10px;
  color: #FFF;
  font-family: " 新宋体 ";
  font-size: 18px;
  line-height: 100%;
  margin-left:5px;
  margin-top:5px;
}
```

应用类定义。切换到"源代码"视图，将 <div> 实时天气 </div> 修改为 <div class="title"> 实时天气 </div>，此时的页面效果如图 12-29 所示。

（4）格式化栏目内容。在"CSS 设计器"面板中添加选择器 .title，然后在属性列表中定义属性。或者直接在 common.css 文件中编写样式定义，代码如下：

```
.info {
  padding-left: 6px;
  padding-right: 6px;
  font-size: 14px;
  line-height: 150%;
}
```

应用类定义。切换到"源代码"视图，将天气信息所在的 div 标签修改为 <div class="info">，此时的页面效果如图 12-30 所示。

图 12-29　应用 .title 类的效果

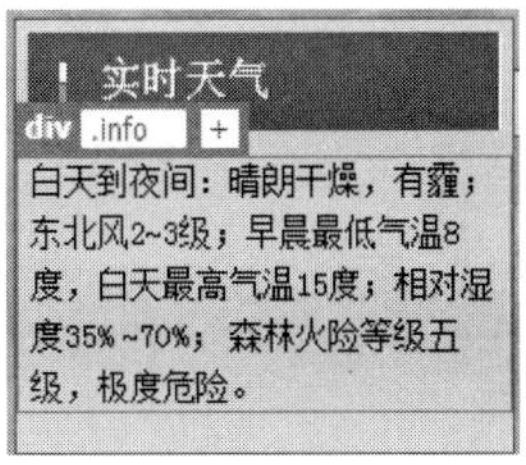

图 12-30　应用 .info 类的效果

2. 制作"美景欣赏"栏目

（1）添加内容。在状态栏上选中 weather 标签，将指针放在该布局块右侧，执行"插入"|"Div"命令，在弹出的对话框中设置布局块 ID 为 view。然后切换到"代码"视图，为该布局块添加内容，代码如下：

```
<div id="view">
  <div class="title"> 美景欣赏 </div>
    <ul>
      <li><a href="#"><img src="../ch12/images/timg004.jpg" width="200" height="138"></a></li>
      <li><a href="#"> 风景一 </a></li>
      <li><a href="#"><img src="../ch12/images/timg012.jpg" width="200" height="138"></a></li>
      <li><a href="#"> 风景二 </a></li>
      <li><a href="#"><img src="../ch12/images/timg009.jpg" width="200" height="138"></a></li>
      <li><a href="#"> 风景三 </a></li>
    </ul>
  <br>
</div>
```

此时的页面效果如图 12-31 所示。

（2）格式化列表。在"CSS 设计器"面板中添加选择器 #view ul 和 #view ul img，然后在属性列表中定义属性。或者直接在 common.css 文件中编写样式定义，代码如下：

```
#view ul{
    list-style:none;
    padding:0px;
    margin:0px;
    text-align:center;
}
#view ul img{
    border: 1px solid #FFF;
}
```

CSS 规则 #view ul 用于定义列表项居中，无项目符号，无内外边距；#view ul img 用于为列表中的图片指定边框，以美化图片，此时的页面效果如图 12-32 所示。

图 12-31　页面效果

图 12-32　左侧边栏效果

3. 制作"特价机票"栏目

（1）插入栏目布局块。删除布局块 right 中的占位文本。执行"插入"|"Div"命令，在弹出的对话框中设置布局块 ID 为 news。

（2）删除布局块中的占位文本，切换到"代码"视图，添加布局块 news 的显示内容。编辑后的相关代码如下：

```
<div id="news">
    <div class="title">特价机票 </div>
    <div class="info">
        <p align="center">北京 – 上海    机票 9 折 </p>
        <p align="center">北京 – 成都    机票 6 折 </p>
        <p align="center">北京 – 杭州    机票 7 折 </p>
        <p align="center">北京 – 武夷山    机票 9 折 </p>
    </div>
    </div>
```

图 12-33　"特价机票"栏目效果

此时的页面效果如图 12-33 所示。

（3）实现滚动文本效果。切换到"代码"视图，在要滚动的文本前、后分别添加 <marquee behavior="scroll" direction="up" hspace="0" height="120" vspace="5" loop="-1" scrollamount="1" scrolldelay="80"> 和 </marquee> 标签，如图 12-34 所示。

```
<div class="title">特价机票</div>
<div class="info">
<marquee behavior="scroll" direction="up" hspace="0" height="120" vspace="5" loop="-1" scrollamount="1" scrolldelay="80">

    <p align="center">北京-上海   机票9折</p>
    <p align="center">北京-成都   机票6折</p>
    <p align="center">北京-杭州   机票7折</p>
    <p align="center">北京-武夷山   机票9折</p>
</marquee>
</div>
```

图 12-34　实现文本滚动

4. 制作其他栏目

按照上面同样的方法制作其他栏目。相应的代码如下：

```
// 插入"自由搭配"图片
<div class="free"><img src="../ch12/images/page_left_bg4.gif" alt="free" title="free">
</div>
// 制作"旅游小贴士"栏目
<section id="tips">
    <div class="title">旅游小贴士 </div>
        <div class="info">
              1. 提前列出行李打包清单 <br>
              2. 为重要证件留底 <br>
              3. 一定要准备迷你医药包 <br>
        </div>
        <br>
</section>
// 制作"我们的服务"栏目
<section id="service">
    <div class="title">我们的服务 </div>
<div class="info">  免费为您制订旅游计划、推荐优秀景区和高素质的导游、提供交通和宾馆等各类信息。
</div>
    <br>
</section>
```

```
// 插入 "服务热线" 图片
<div class="free"><img src="../ch12/images/tel.gif" alt="tel" title="tel"></div>
// 插入 "返回" 图片
<div class="free"><img src="../ch12/images/s_bg7.gif" alt="return" title="return"></div>
  <br>
```

其中，.free 用于定义图片的左外边距，代码如下：

```
.free{
  margin-left:5px;
  }
```

此时的页面效果如图 12-35 所示。

图 12-35　侧边栏效果

5. 保存文件

执行"文件"|"保存"命令，保存模板文件和样式表文件。

12.3.4　制作库项目

12-4　制作库项目

1. 制作 "weather" 库项目

在"设计"视图中选中"实时天气"栏目中的天气信息，执行"工具"|"库"|"增加对象到库"命令，在打开的"库"面板中输入库项目的名称为 weather，然后按 Enter 键。此时页面中的选中内容以淡黄底色高亮显示，如图 12-36 所示。

2. 制作 "news" 库项目

在"设计"视图中选中"特价机票"栏目中的天气信息，按照上一步同样的方法增加对象到库，在打开的"库"面板中输入库项目的名称为 news，然后按 Enter 键。此时页面中的选中内容以淡黄底色高亮显示，如图 12-37 所示。

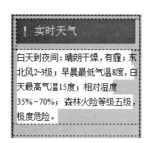

图 12-36　库项目 weather

图 12-37　库项目 news

3. 制作"lvyou_cp"库项目

删除布局块 footer 中的占位文本,输入版权信息。选中输入的文本,执行"工具"|"库"|"增加对象到库"命令,在打开的"库"面板中输入库项目的名称为 lvyou_cp,然后按 Enter 键。此时页面中的选中内容以淡黄底色高亮显示,如图 12-38 所示。

图 12-38　库项目 lvyou_cp

4. 保存模板

执行"文件"|"保存"命令,保存模板文件。为便于查看页面效果,可在 #content 的 CSS 属性定义设置 height 属性的值为 728px,此时的页面在浏览器中的显示效果如图 12-39 所示。

图 12-39　实例效果

至此，模板基本制作完成，接下来添加可编辑区域。

12.3.5 添加可编辑区域

12-5 添加可编辑区域

1. 添加可编辑区 weather

在"设计"视图中选中"实时天气"栏目中的天气信息，执行"插入"｜"模板"｜"可编辑区域"命令，弹出"新建可编辑区域"对话框，在"名称"文本框中输入 weather，单击"确定"关闭对话框。此时，页面上显示可编辑区域的名称，如图 12-40 所示。

2. 添加可编辑区 news 和 lvyou_cp

在"设计"视图中选中"特价机票"栏目中的天气信息，按照上一步同样的方法插入可编辑区域 news，如图 12-41 所示。在"设计"视图中选中页脚中的版权信息，使用同样的方法插入可编辑区域 lvyou_cp。

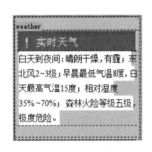

图 12-40 可编辑区域 weather

图 12-41 可编辑区域 news

3. 制作可编辑区 intro

（1）添加布局块。删除布局块 content 中的占位文本，切换到"代码"视图，修改布局块 content 的结构如下：

```
<article id="content">
 <h3>title</h3>
 <div class="info">my article</div>
 </article>
```

（2）插入可编辑区域。在"设计"视图中选中布局块 content，执行"插入"｜"模板"｜"可编辑区域"命令，在弹出的"新建可编辑区域"对话框中输入"名称"为 intro，然后单击"确定"按钮关闭对话框。

此时，在"设计"视图中可以看到插入的可编辑区域，如图 12-42 所示。

4. 保存文件

执行"文件"｜"保存"命令保存文件。

12.3.6 制作首页

12-6 制作首页

1. 套用模板生成页面

打开"模板"面板，在模板文件 lvyou.dwt 上单击鼠标右键，在弹出的快捷菜单中选择"从模板新建"命令，如图 12-43 所示，基于模板生成一个新文档。

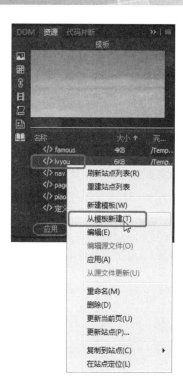

图 12-42　插入的可编辑区域　　　　　　　　　图 12-43　从模板新建文件

2. 添加内容

（1）插入图片。切换到"代码"视图，修改布局块 content 中的内容，代码如下：

```
<article id="content">
    <div class="free"><img src="file:///C:/inetpub/wwwroot/test/ch12/images/timg001.jpg"
width="560" height="380" alt="jiuhu" title="jiuhu"></div>
    </article>
```

此时的页面效果如图 12-44 所示。

图 12-44　插入图片的效果

（2）制作"精品路线"栏目。打开"代码"视图，在上一步插入图片的 Div 标签下方添加如下代码：

```
    <div id="luxian">
        <div class="title"> 精品路线 </div>
```

```
    <ul>
      <li><a href="#">1.丝绸之路 </a></li>
      <li> 西安（秦始皇陵兵马俑）- 兰州 - 西宁 - 青海湖 - 茶卡盐湖 - 柴达木盆地 - 敦煌（鸣沙山、月牙泉） -
嘉峪关 - 张掖市（七彩丹霞）</li>
      <li><a href="#">2.京杭运河 </a></li>
      <li> 北京故宫 - 天津盘山 - 济宁孔府孔庙孔林 - 台儿庄古城 - 周恩来故居 - 无锡灵山大佛 - 周庄 - 嘉兴乌镇 -
杭州西湖 - 绍兴 - 宁波奉化溪口 </li>
      <li><a href="#">3.南海风情 </a></li>
      <li> 三亚（南山文化旅游区、南山大小洞天旅游区、呀诺达雨林文化旅游区、分界洲岛旅游区、槟榔谷黎苗文
化旅游区 )- 海口（骑楼老街）- 西沙 - 东沙 - 南沙 - 北部湾 </li>
      <li><a href="#">4.香格里拉 </a></li>
      <li> 昆明（石林）- 丽江（玉龙雪山、丽江古城）- 虎跳峡 - 香格里拉（普达措国家公园）- 德钦（梅里雪山
)- 左贡（帕巴拉神湖）- 波密（米堆冰川）- 林芝（南迦巴瓦峰、桃花沟）- 拉萨（布达拉宫）</li>
    </ul>
        <br>
    </div>
```

此时的页面效果如图 12-45 所示。

图 12-45　页面效果

（3）格式化文本。在 "CSS 设计器" 面板中添加选择器 #luxian ul，然后在属性列表中定义属性。或者直接在 common.css 文件中编写样式定义，代码如下：

```
#luxian ul{
  padding:8px;
  margin:0px;
  line-height: 160%;
}
```

上面代码用于定义布局块 luxian 中的内容边距及行距，效果如图 12-46 所示。

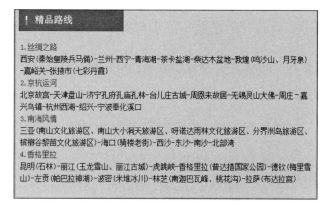

图 12-46　应用样式后的效果

3. 保存文件

执行"文件"|"保存"命令，将文件保存为 default.html，完成首页的制作。在浏览器中的预览效果如图 12-1 所示。

12.3.7　制作其他页面

12-7　制作其他页面

1. 创建新页面

打开"模板"面板，在模板文件 lvyou.dwt 上单击鼠标右键，在弹出的快捷菜单中选择"从模板新建"命令，基于模板生成一个新文档。

2. 添加页面内容

（1）修改标题。在"设计"视图中，将可编辑区域 intro 中的 title 修改为"大九湖国家湿地公园"。

（2）删除布局块中的占位文本"my article"，输入需要的文本内容，并插入图片。

此时的页面效果如图 12-47 所示，图片默认左对齐，不居中显示。

图 12-47　页面效果

（3）定义规则使图片居中。在"CSS 设计器"面板中添加选择器 #luxian ul，然后在属性列表中定义属性。或者直接在 common.css 文件中编写样式定义，代码如下：

```
.img-1 {
  text-align: center;
}
```

切换到"代码"视图，将图片所在的 <img> 标签放在 <div> 标签中，并应用定义的类 .img-1。修改后的代码如下：

`<div class="img-1"><img src="images/timg.jpg" width="300" height="220"></div>`

此时的页面效果如图 12-48 所示。

图 12-48　图片居中显示效果

3. 保存文件

执行"文件"|"保存"命令，将文件保存为 jiuhu.html。

至此，文件制作完成。打开浏览器即可对作品进行浏览测试，效果如图 12-1 所示。

附录 1

HTML标签概述

HTML 是 Hypertext Markup Language（超文本标记语言）的首字母缩写，是一种用于建立 Web 页面的描述性语言。使用 HTML 编写的网页文件是标准的 ASCII 文件，扩展名通常为 .htm 或 .html。

通常所说的 HTML 是指 W3C 网络标准化组织 1999 年 12 月推出的 HTML4.01，该语言相当成熟可靠，一直沿用至今。Dreamweaver CC 2018 默认的 HTML 文档类型为 HTML5，是 W3C 与 WHATWG 合作创建的一个新版本 HTML，将成为 HTML、XHTML 以及 HTML DOM 的新标准。

HTML 5 的设计原则就是在不支持它的浏览器中能够平稳地退化。也就是说，老式浏览器不认识新元素，则完全忽略它们，但是页面仍然会显示，内容仍然是完整的。为了实现更好的灵活性和更强的互动性，HTML5 引入和增强了更为强大的特性，包括控制、APIs、多媒体、结构和语义等，使建构网页变得更容易。

1. HTML 的语法结构

可以用任何文本编辑器建立 HTML 页面，例如 Windows 的"记事本"，与一般的文本文件不同的是，HTML 文件不仅包含文本内容，还包含一些 Tag（标签）。标准的 HTML 由标签和标签元素构成，并用一组"<"与">"括起来，例如：

`<img src="images/fantasy5float5.gif" width="90" height="51" /><b> 点击这里 </b>`

在用浏览器显示时，标签 <b> 和 </b> 不会被显示，浏览器在文档中发现了这对标签，就将其中包容的文字以粗体形式显示。

> 💡 **注意**：XHTML 是 HTML 向 XML 的过渡。与 HTML 不一样，XHTML 是区分大小写的。在 XHTML 下的 Web 标准中，所有的 XHTML 元素和属性的名字都必须使用小写，否则文档不能通过 W3C 校验。

标签通常是成对出现的。每当使用一个标签，例如 <blockquote>，则必须用相应的结束标签 </blockquote> 将它关闭。但是也有一些标签例外，例如，<input> 标签就不需要。

> 💡 **注意**：在 XHTML 中，每一个打开的标签都必须关闭。空标签也要在标签尾部使用一个正斜杠 "/" 来关闭，例如
、<img src="logo.gif" alt=" 点击返回首页 " />。

严格地说，标签和标签元素不同，标签元素是位于"<"和">"符号之间的内容，而标签则包括了标签元素和"<"和">"符号本身。但是，脱离了"<"和">"符号的标签元素毫无意义，因此在本书中，如不作特别说明，将标签和标签元素统一称作"标签"。

HTML 的语法有以下几种表达方式。

1）<标签>对象</标签>

这种语法结构显示了使用封闭类型标签的形式，一个起始标签总是搭配一个结束标签，在起始标签的标签名前加上符号"/"便是其终止标签，如 <head> 与 </head>。起始标签和终止标签之间的内容受标签的控制。

> 💡 **注意**：如果一个应该封闭的标签没有结束标签，则可能产生意想不到的错误，随浏览器不同，可能出错的结果也不同。建议读者在使用 HTML 标签时，最好先弄清标签是否为封闭类型。

2）＜标签 属性 1＝参数 1 属性 2＝参数 2＞对象＜/ 标签＞

这种语法结构利用属性设置对象的外观。每个 HTML 标签都可以有多个属性，属性名和属性值之间用 "＝" 连接，构成一个完整的属性，多个属性之间用空格分开。使用示例：

```
<font face= " 隶书 " size= "20 " color="#FF0000"> 爱就在你身边 </font>
```

爱就在你身边

上述语句表示将 "爱就在你身边" 的字体设置为隶书，字号设置为
20，颜色设置为红色，效果如图 1 所示。

图 1　＜font＞标签的示例效果

> 💡 **注意**：在 HTML5 中，属性值必须加引号，如果属性值中有引号，可以使用编码 ' 表示，
> 例如 ＜alt="say'yes'"＞。

3）＜标签＞

这种表示方法用于不成对出现的标签（也称为非封闭类型标签），读者最常见的应该是换行标签
＜br＞。使用示例：

```
<font face= " 隶书 " size= "5" color="#006600"> 溪水急着要流向海
洋 <br> 浪潮却渴望重回土地  </font>
```

溪水急着要流向海洋
浪潮却渴望重回土地

在浏览器中的显示效果如图 2 所示。

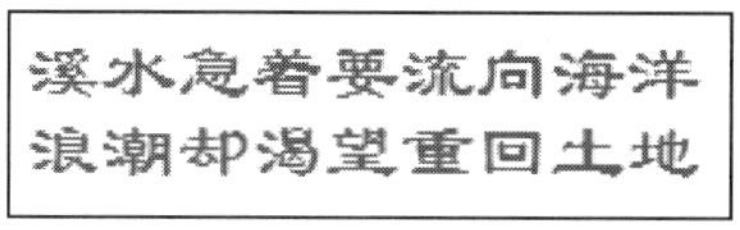

使用 ＜br＞ 标签使一行文字在中间换行，显示为两行，但结构上仍
属于同一个段落。

图 2　＜br＞标签的示例效果

4）标签嵌套

几乎所有的 HTML 代码都是上面三种形式的组合，标签之间可以相互嵌套，形成更为复杂的语法。
例如，如果希望将一行文本同时设置粗体和斜体格式，则可以采用下面的语句：

```
<b><i> 十里香 </i></b>
```

在嵌套标签时需要注意标签的嵌套顺序，如果标签的嵌套顺序发生混乱，则可能会出现不可预料的
结果。例如，将上面的示例写成如下形式：

```
</i><i><b> 十里香 </i></b>
```

上面的语句中，标签嵌套发生了错误。在状态栏上可以看到 linting 图标显示为 🔳，表明代码中存在
错误。单击 linting 图标，在弹出的 "输出" 面板上可以查看错误所在的代码行和错误可能原因。

2. 常用的 HTML 标签

详细介绍 HTML 中常用的一些标签。掌握这些标签的用法，对网页制作可以起到事半功倍的效果。

1）文档的结构标签

在 Dreamweaver CC 2018 中创建了一个空白的 HTML 5 文档后，切换到 "代码" 视图，可以看到如
下所示的源代码：

```
<!doctype html>
<html>
<head>
<meta charset="utf-8">
<title> 无标题文档 </title>
</head>

<body>
</body>
</html>
```

上面的代码包括了一个标准的 HTML 文件应该具有的组成部分。

（1）<!doctype> 标签。

该标签声明是文档中的第一个组成部分，声明文档的类型，告知浏览器文档所使用的 HTML 规范，对大小写不敏感。该声明必须放在每一个 HTML 文档最顶部，在所有代码和标识之上，否则文档声明无效。

在 HTML 4.01 中有三个不同的文档类型，在 HTML 5 中只有一个：<!doctype html>。

（2）<html> 标签。

<html>…</html> 标签是 HTML 文档的开始和结束标签，告诉浏览器整个 HTML 文件的范围。

（3）<head> 标签。

<head>…</head> 标签用于包含当前文档的有关信息，例如标题和关键字等，通常将这两个标签之间的内容统称作 HTML 的"头部"。

位于头部的内容一般不会在网页上直接显示，而是通过另外的方式起作用。例如，在 HTML 的头部定义的关键字不会显示在网页中，但是会在搜索网页时起作用。

（4）<title> 标签。

<title> 和 </title> 标签位于 <head> 和 </head> 标签之间，用于定义页面的标题。

（5）<body> 标签。

<body>…</body> 用于定义 HTML 文档的正文部分，定义在 </head> 标签之后，<html>…</html> 标签之间。有如下六个常用的可选属性：

- background：用于为文档指定一幅图像作为背景。
- text：用于定义文档中文本的默认颜色。
- link：用于定义文档中一个未被访问过的超级链接的文本颜色。
- alink：用于定义文档中一个正在打开的超级链接的文本颜色。
- vlink：用于定义文档中一个已经被访问过的超级链接的文本颜色。
- bgcolor：定义文档的背景颜色。

使用示例：

```
<body background="001.gif" text="black" link="green" alink="blue" vlink="red">
```

在浏览器中的预览效果如图 3 所示。

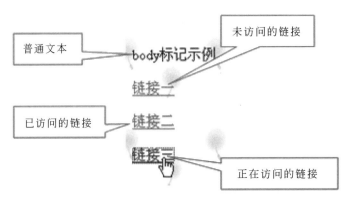

图 3　<body> 标签的示例效果

此外，HTML 5 添加了一些新元素专门用来标识常见的结构。

- section：表示文章或应用程序的通用部分，如一个章节，实际上是在 HTML 4 中有自己标题的任何东西。
- header：定义 section 或 page 的页眉；与 head 元素不一样。

↘ footer：页脚，可以显示电子邮件中的签名。

↘ nav：导航标签，指向其他页面的一组链接。

↘ article：blog、杂志、文章汇编等中的一篇文章。

↘ aside：侧边栏，通常用于关联周边参考内容。

↘ main：主内容区。

2）注释标签

HTML 的客户端注释标签为 <!--……-->，在这个标签内的文本不会在浏览器窗口中显示。一般将客户端的脚本程序放在此标签中。

使用示例：

```
<! -- <p><a href="index.html">链接三 </a></p>-->
```

被注释的文本不会在浏览器中显示。但是，如果是服务器端程序代码，即使在这个注释标签内也会被执行。

3）文本格式标签

文本格式标签用于控制网页中文本的样式，如大小、字体、段落样式等。

（1）<font> 标签。

<font > ... </font> 标签用于设置文本字体格式，包括字体、字号、颜色、字型等。常用的有如下三个属性。

↘ face：用于设置字体名称，多个字体名称用逗号分隔。

↘ Size：用于设置字体大小，数字越大字体越大。

↘ Color：用于设置文本颜色，可以用 red、white 和 green 等助记符，也可以用 16 进制数表示，如红色为 "#FF0000"。

使用示例：

```
<font face=" 华文彩云 " size="7" color="black">欢迎光临 </font>
```

图 4 font 标签示例效果

在浏览器中的显示效果如图 4 所示：

（2）<b>、<i>、<em> 标签。

● <b>…</b>：定义粗体文本。

● <i>…</i>：定义斜体文本。

● <em>…</em>：将标签之间的文字加以强调。不同的浏览器效果有所不同，通常会设置成斜体。

（3）<h#> 标签。

<h#>...</h#>（#=1, 2, 3, 4, 5, 6）：用于设置标题字体，有一级到六级标题，显示为黑体字，数字越大字体越小。<h#>...</h#> 标签自动插入一个空行，例如：

```
<h1>这是一级标题 </h1>
<h2>这是二级标题 </h2>
<h3>这是三级标题 </h3>
<h4>这是四级标题 </h4>
<h5>这是五级标题 </h5>
<h6>这是六级标题 </h6>
```

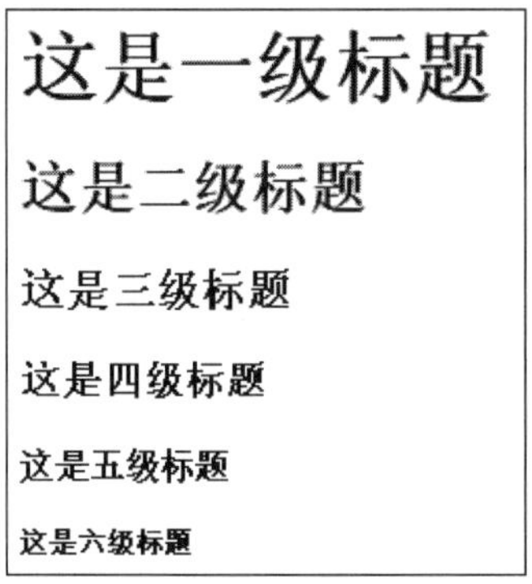

这是一级标题

这是二级标题

这是三级标题

这是四级标题

这是五级标题

这是六级标题

显示效果如图 5 所示。

（4）<pre> 预格式化标签。

默认情况下，Dreamweaver CC 2018 会将两个字符之间的多个空格替换为一个空格，然后在浏览器中显示。<pre>…</pre> 标签用于设定浏览器在输出时，对标签内部的内容几乎不做修改地输出。

图 5 h# 标签示例效果

例如，在 Dreamweaver CC 2018 的代码视图中输入以下代码：

`<pre> 再别　　　康桥 </pre>`
再别　　　康桥

在浏览器中的显示效果如图 6 所示。

再别　　　康桥

再别 康桥

图 6　pre 标签示例效果

4）排版标签

（1）`<br>` 标签。

用于在文本中添加一个换行符，不需要成对使用。

（2）`<p>` 标签。

用于定义段落。

（3）`<hr>` 标签。

HTML 4.01 中，该标签仅仅显示为一条水平线；在 HTML 5 中，该标签定义内容中的主题变化，并显示为一条水平线。

（4）`<sub>` 标签。

将标签之间的文本设置成下标。

（5）`<sup>` 标签。

将标签之间的文本设置成上标。

（6）`<div>` 标签。

用于块级区域的格式化显示。该标签可以把文档划分为若干部分，并分别设置不同的属性值，常用于设置 CSS 样式。

（7）`<span>` 标签。

用于定义内嵌的文本容器或区域，主要用于一个段落、句子甚至单词中。

使用示例：

`<span style = "color: red; font-size: 18pt">18 点大小的红色字体 </span>`

Div 标签和 span 标签的区别在于，Div 是一个块级元素，可以包含段落、标题、表格，乃至诸如章节、摘要和备注等。而 span 是行内元素，span 的前、后是不会换行的，它纯粹应用样式。下面的使用示例可以说明这两个属性的区别。

```
<span> 第一个 span</span>
<span > 第二个 span</span>
<span > 第三个 span</span>
<div> 第一个 div</div>
<div> 第二个 div</div>
<div> 第三个 div</div>
```

图 7　Div 和 span 标签比较示例效果

"设计"视图中的页面效果如图 7 所示。

5）列表标签

在 HTML 中，列表标签分为无序列表、有序列表和普通列表三种。

（1）无序列表 `<ul>`。

列表项之间没有先后次序之分，标签格式为：`<ul><li>...</li></ul>`。其中每一个 `<li>` 标签表示一个列表项值。

（2）有序列表 `<ol>`。

列表项左侧标有序号。`<ol>...</ol>` 用于标签有序列表的开始和结束。

（3）普通列表。

普通列表通过 `<dl><dt>...</dt><dd>...</dd>...</dl>` 的形式实现，通常用于排版。其中，`<dl>...</dl>` 标签用于创建一个普通的列表；`<dt>...</dt>` 用于创建列表中的上层项目；`<dd>...</dd>` 用于创建列表中最下层的项目。<dt>…</dt> 和 <dd>…</dd> 都必须放在 <dl>…</dl> 标签之间。例如：

```
<dl>
<dt> 网页制作 </dt>
<dd>FLASH</dd>
<dd>FIREWORK</dd>
<dt> 程序设计 </dt>
<dd>JAVASCRIPT</dd>
<dd>VBSCRIPT</dd>
</dl>
```

在浏览器中的显示效果如图 8 所示。

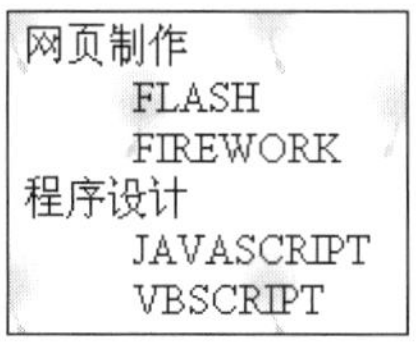

图 8　普通列表效果

6）表格标签

（1）<table> 标签。

表格由 <table>…</table> 标签构成，HTML 5 不支持 <table> 标签的任何属性。

（2）<tr> 标签。

<tr>…</tr> 标签用于标记表格一行的开始和结束。

（3）<th> 标签。

<th>…</th> 用于标记表格内表头的开始和结束，该标签内的文本通常显示为粗体。<th> 的常用属性如下。

- colspan：设置 <th>…</th> 内的内容跨越的列数。
- rowspan：设置 <th>…</th> 内的内容跨越的行数。
- scope：设置是否提供指定部分的表头信息。row 表示包含此单元格的行的其余部分；col 表示包含此单元格的列的其余部分；rowgroup 表示包含此单元格的行组的其余部分；colgroup 表示包含此单元格的列组的其余部分。

（4）<td> 标签。

<td>…</td> 用于标记表格内一个单元格的开始和结束。<td> 标签应位于 <tr> 标签内部。在 HTML 5 中，<td> 仅仅支持 colspan 和 rowspan 属性。

使用示例：

```
<table width="300" border="1" cellpadding="2" cellspacing="2">
  <tr>
    <th width="83" scope="col"> 名称 </th>
    <th colspan="2" scope="col"> 参数 </th>
  </tr>
  <tr>
    <td>123</td>
    <td width="119">qwe</td>
    <td width="70">zxc</td>
  </tr>
  <tr>
    <td>456</td>
    <td>asd</td>
    <td>fgh</td>
  </tr>
</table>
```

上面的代码表明表格包含 3 行 3 列，第一行设置了跨两列的合并形式。该表格在浏览器中的效果如图 9 所示。

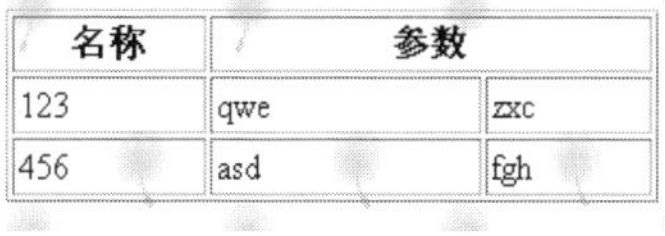

名称	参数	
123	qwe	zxc
456	asd	fgh

图 9　表格合并列的效果

7）表单标签

（1）<form> 标签。

<form>…</form> 标签用于表示一个表单的开始与结束，并且通知服务器处理表单的内容，表单中的各种表单控件都要放在这两个标签之间。常用属性介绍如下。

↘ name：用于指定表单唯一的名称。HTML 5 用 ID 代替该属性。

↘ action：指定提交表单后，将对表单进行处理的文件路径及名称（即 URL）。

↘ method：用于指定发送表单信息的方式，有 GET 方式（通过 URL 发送表单信息）和 POST 方式（通过 HTTP 发送表单信息）。POST 方式适合传递大量数据，但速度较慢；GET 方式适合传送少量数据，但速度快。

↘ enctype：用于指定对表单内容进行编码的 MIME 类型。

↘ accept-charset：用于指定表单数据可能的字符集列表（以逗号分隔），默认值为 unknown。

↘ target：指定打开目标 URL 的方式。

（2）<input> 标签。

<input> 标签用于定义输入字段。它有一个 type 属性，对于不同的 type 属性值，<input> 标签有不同的属性。例如，当 type="text"（文本域）或 type="password"（密码域）时，<input> 标签的属性如下。

↘ size：文本框在浏览器中的显示宽度，实际能输入的字符数由 maxlength 参数决定。HTML 5 不再支持该属性。

↘ maxlength：在文本框中最多能输入的字符数。

当 type="submit"（提交按钮）或 type="reset"（重置按钮）时，<input> 标签有如下属性：

↘ value：在按钮上显示的标签。

当 type="radio"（单选按钮）或 type="checkbox"（复选框）时，<input> 标签参数介绍如下：

↘ value：用于指定单选按钮或复选框被选中时，对应的值。

↘ checked：用于指示 input 元素被选中。同一组 radio 单选按钮中最多只能有一个单选按钮带 checked 属性。复选按钮则无此限制。

当 type="image"（图像按钮）时，<input> 标签有如下属性：

↘ src：图像文件的 URL。

↘ alt：图像无法显示时的替代文本。

↘ align：图像对象的对齐方式，取值可以是 top、left、bottom、middle 和 right。HTML5 不支持该属性，可用 CSS 属性指定。

使用示例：

```
<form action="login_action.jsp" method="POST">
姓名: <input type="text" name=" 姓名 " size="16"><br>
密码: <input type="password" name=" 密码 " size="16"><br>
性别: <input name="radiobutton" type="radio" value="radiobutton"> 男
<input name="radiobutton" type="radio" value="radiobutton"> 女 <br>
爱好: <input type="checkbox" name="checkbox" value="checkbox"> 运动
<input type="checkbox" name="checkbox2" value="checkbox"> 音乐 <br>
图像: <input name="imageField" type="image" src="dd.gif" width="16" height="16" border="0"><br>
<input type="submit" value=" 发送 "><input type="reset" value=" 重设 ">
</form>
```

上述代码在浏览器中的显示效果如图 10 所示：

（3）<select> 和 <option> 标签。

<select>…</select> 标签用于在表单中创建下拉列表。它与 <option>…</option> 标签一起使用，<option> 标签用于添加列表项。<select> 标签的常用属性简要介绍如下。

↘ name：指定列表框的名称。

↘ size：指定列表框中可见项目的数目，如果列表项数目大于 size 属性值，

图 10　input 标签的示例效果

则通过滚动条来滚动显示。

⬆ multiple：指定在列表框是否可以选中多项，默认下只能选择一项。

⬆ disabled：是否在页面中禁用菜单列表。

⬆ form：指定下拉列表所属的一个或多个表单。

⬆ autofocus：指定页面加载时是否使 select 字段获得焦点。

<option> 标签常用的属性如下。

⬆ selected：用于设置初始时，列表项是被默认选中的。

⬆ value：用于指定列表项的选项值，如果不指定，则默认为标签后的内容。

使用示例：

```
<select name="fruits" size="3" multiple>
    <option selected>Apple
    <option selected>Peach
    <option value=My_Favorite>Orange
    <option>Banana
</select>
```

图 11   示例效果

在浏览器中的效果如图 11 所示。

（4）<textarea> 标签。

<textarea>…</textarea> 标签的作用与 <input> 标签的 type 属性值为 text 时的作用相似，不同之处在于，<textarea> 显示的是多行多列的文本区域，而 <input> 文本框只有一行。<textarea> 和 </textarea> 之间的文本是文本区域的初始文本。<textarea> 标签的常用属性如下。

⬆ name：指定文本区域的名称。

⬆ rows：文本区域可见的行数。

⬆ cols：文本区域可见的列数。

⬆ readonly：用于设置用户是否无法修改文本区的内容。

⬆ required：用于设置提交表单时，该标签的值是否必填。

使用示例：

```
<textarea name="comment" rows="5" cols="20">
    在这里输入要查询的内容
</textarea>
```

在这里输入要查询的内容

图 12   示例效果

在浏览器中的显示效果如图 12 所示。

8）其他标签

（1）<img> 标签。

该标签用于定义图像，除 src 属性是不可缺省的以外，其他属性均为可选项。常用属性如下。

⬆ src：用于指定要插入图像的 URL。

⬆ alt：用于设置当图像无法显示时的替换文本，或载入图像后，将鼠标移到图像上时显示的提示文本。

⬆ width：用于设置图像的宽度，以像素为单位。

⬆ height：用于设置图像的高度，以像素为单位。

（2）<a> 标签。

<a> 标签用于实现超链接，其起止标签之间的内容即为锚标。常用的属性如下：

⬆ href：用于指定目标文件的 URL，该属性不能与 name 属性（HTML5 中替换为 ID 属性）同时使用。

⬆ name：用于命名一个锚。HTML5 使用 ID 代替该属性。

⬆ type：用于指定目标 URL 的 MIME 类型，该属性与 href 属性配合使用。

⬆ target：用于指定打开目标 URL 的方式，与 href 属性配合使用。

（3）<meta> 标签。

<meta> 标签用于指定文档的关键字、作者、描述等多种信息，在 HTML 的头部可以包含任意数量的 <meta> 标签。<meta> 标签是非成对使用的标签，它的参数介绍如下。

- name：用于定义 content 属性关联的名称。
- content：用于定义 http-equiv 或 name 属性相关的信息。
- http-equiv：用于替代 name 属性，HTTP 服务器可以使用该属性来从 HTTP 响应头部收集信息。
- charset：用于定义文档的字符解码方式。

使用示例：

```
<meta name = "description" content = "comey 制作 ">
<meta charset = "gb2312">
```

（4）<link> 标签。

用于定义文档之间的包含，通常用于链接外部样式表。<link> 标签是一个非封闭性标签，只能在 <head>…</head> 中使用。

在 HTML 的头部可以包含任意数量的 <link> 标签，常用的属性如下。

- href：用于设置链接资源所在的 URL。
- rel：用于定义文档和所链接资源的链接关系，可能的取值有 Alternate、Stylesheet、Start、Next、Prev、Contents、Index、Glossary、Copyright、Chapter、Section、Subsection、Appendix、Help 和 Bookmark 等。如果希望指定不止一个链接关系，可以在这些值之间用空格隔开。
- media：用于指定文档将显示在什么设备上。
- rev：用于定义所链接资源与当前文档之间的关系。其可能的取值与 rel 属性相同。

例用示例：

```
<link rel= "Shortcut Icon" href="soim.ico">
```

上述语句表示将浏览器地址栏里面的 e 图标替换为 href 属性指向的图标，当收藏该页面时，收藏夹中的图片也将随之改变。

（5）<base> 标签。

<base> 标签是一个非封闭性的标签，用于定义页面中所有链接的基准 URL。文档中所有的相对地址都是相对于这里定义的 URL 而言的。一篇文档中的 <base> 标签不能多于一个，必须定义于标签 <head> 与 </head> 之间，并且应该在任何包含 URL 地址的语句之前。<base> 标签的常用属性简要介绍如下。

- href：指定了文档的基础 URL 地址。该属性在 <base> 标签中是必须存在的。
- target：用于指定页面上链接的打开方式。该属性会被每个链接中的 target 属性覆盖。

（6）<style> 标签。

该标签用于在网页中创建样式，它把 CSS 直接写入到 HTML 的 head 部分。但笔者不建议这样使用，应将网页结构与样式分离，便于维护。常用属性如下。

- type：用于定义内容类型。
- media：用于定义样式信息的目标媒介。
- scoped：指定样式是否仅仅应用到 style 元素的父元素及其子元素。

> **提示：** 在 HTML 5 中，所有元素都不支持 style 属性，若要为一个元素添加样式，应在 style 元素中使用 scoped 属性。如果没有定义 scoped 属性，则 <style> 元素必须是 head 元素的子元素，或者是 noscript 元素的子元素。

（7）<marquee> 标签。

该标签用于在页面中设置滚动字幕。常用的属性如下。

➥ direction：用于设置字幕的滚动方向，属性值可设置为 left 和 right。

➥ behavior：用于设置字幕的滚动方式，属性值可设置为 slide、alternate、scroll，分别表示只滚动一次、来回滚动和单方向循环滚动。

➥ loop：用于设置字幕滚动时的循环次数，属性值可设置为整数，若未指定则循环不止（infinite）。

➥ scrollamount：用于设置字幕滚动的速度，属性值为整数。

➥ scrolldelay：用于设置字幕滚动的延迟时间，属性值为整数。

（8）<iframe> 标签。

该标签用于在网页中设置浮动帧网页。常用的主要属性有 src 和 name 属性。

➥ src：该属性用于设置浮动帧的初始页面的 URL。

➥ name：该属性用于设置浮动帧窗口的标识名称。

使用示例：

```
<iframe src="yulinling.html" name="window">
   Here is a Floating Frame
</iframe>
<br><br>
<a href="dingfengbo.html" target="window">Load A</A><BR>
<a href="hechongtian.html" target="window">Load B</A><BR>
<a href="yebanle.html" target="window">Load C</A><BR>
```

如果用户的浏览器不支持框架技术，则显示 <iframe>…</iframe> 标签之间的文字 "Here is a Floating Frame"；如果支持，则显示 <iframe> 标签的 src 属性指定的页面，效果如图 13（a）所示。点击 Load A、Load B 或 Load C 文字链接，则在浮动帧区域中显示相应的链接文件，效果如图 13（b）所示。

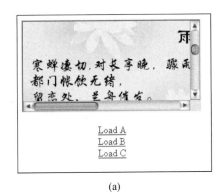
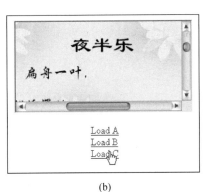

(a)　　　　　　　　　　　　(b)

图 13　iframe 标签示例效果

附录 2

参考答案

第 1 章

一、选择题

1. B　2. A　3. C　4. A　5. B

二、判断题

1. ×　2. ×　3. √

三、填空题

1. 开发人员　标准
2. 设计　代码　拆分
3. INS（插入）　OVR（覆盖）

四、操作题

略

第 2 章

一、选择题

1. D　2. B　3. A　4. B

二、判断题

1. ×　2. ×　3. √　4. ×　5. ×

三、填空题

1. 删除　编辑　复制　导出　导入　新建
2. 本地 / 网络
3. 文档相对路径　站点根目录相对路径

四、操作题

略

第 3 章

一、选择题

1. A　2. C　3. D　4. D

二、判断题

1. √　2. √　3. ×　4. √　5. √

三、填空题

1. 左对齐　居中对齐　右对齐　两端对齐
2. 回车或 Enter
3. 实体参考

四、操作题

略

第 4 章

一、选择题

1. D　2. A　3. C　4. BCD　5. D

二、判断题

1. √　2. √　3. ×　4. √　5. ×

三、填空题

1. <img>

2. GIF　　JPEG　　PNG

3. 第一张图像　　第二张图像

四、操作题

略

第 5 章

一、选择题

1. C　2. D　3. C　4. D

二、判断题

1. ×　2. ×　3. √　4. √

三、填空题

1. 行　　列　　单元格

2. 像素　　百分比

3. Shift

4. <table>

四、操作题

略

第 6 章

一、选择题

1. A　2. A　3. B　4. C

二、判断题

1. √　2. √　3. ×　4. ×

三、填空题

1. mailto: 邮件地址

2. # 或 javascript:;

3. 绝对路径

4. 锚点

5. 颜色

四、操作题

略

第 7 章

一、选择题

1. B 2. ABCD 3. A

二、判断题

1. × 2. × 3. √ 4. × 5. ×

三、填空题

1. 器乐

2. Flash 动画 Flash 视频

3. 视频格式 "Alt 源 1" "Alt 源 2" 第一个可被识别的格式

四、操作题

略

第 8 章

一、选择题

1. A 2. B 3. B 4. A 5. C

二、判断题

1. √ 2. × 3. × 4. ×

三、填空题

1. "CSS 设计器" 面板

2. .css

3. 类 ID 标签 复合内容

4. a:link a:visited a:hover a:active

5. <head>

四、操作题

略

第 9 章

一、选择题

1. D 2. ACD 3. B 4. A 5. C

二、判断题

1. √ 2. √ 3. × 4. √ 5. ×

三、填空题

1. 最多

2. 表单

3. 相同的名称　　域值

4. POST　　GET

5. 红色虚线框

四、操作题

略

五、简答题

表单的处理过程是：当用户填写了表单并提交后，填写的信息发送到服务器上，服务器脚本或应用程序对信息进行处理，并将处理结果反馈给浏览者，或执行某些特定的操作。

第 10 章

一、选择题

1. B　2. A　3. D　4. AB　5. C

二、判断题

1. ×　2. ×　3. ×　4. √

三、填空题

1. 动作　　事件　　动作　　事件

2. 一种运行在浏览器中的 JavaScript 代码　　选择对象　　添加动作　　调整事件

3. 标签选择器　　<body>

4. 事件　　动作

四、操作题

略

第 11 章

一、选择题

1. C　2. B　3. ABCD　4. D　5. A

二、判断题

1. √　2. ×　3. √　4. ×　5. ×

三、填空题

1. 可编辑区域

2. 可编辑区域　　锁定区域

3. 站点根目录下的 Templates

4. 库项目

5. Ctrl

四、操作题

略